异步图书
www.epubit.com

深度学习系列
SHENDUXUEXIKILIE

U0267718

Python深度学习
与项目实战

Deep Learning in Action with Python

周北／著

人民邮电出版社

北 京

图书在版编目（CIP）数据

Python深度学习与项目实战 / 周北著. -- 北京 ：
人民邮电出版社，2021.2（2021.11重印）
（深度学习系列）
ISBN 978-7-115-55083-5

Ⅰ．①P… Ⅱ．①周… Ⅲ．①软件工具－程序设计
Ⅳ．①TP311.561

中国版本图书馆CIP数据核字(2020)第203779号

内 容 提 要

本书基于 Python 以及两个深度学习框架 Keras 与 TensorFlow，讲述深度学习在实际项目中的应用。
本书共 10 章，首先介绍线性回归模型、逻辑回归模型、Softmax 多分类器，然后讲述全连接神经网络、
神经网络模型的优化、卷积神经网络、循环神经网络，最后讨论自编码模型、生成对抗网络、深度强化
学习。本书结合计算机视觉、自然语言处理、金融领域等方面的项目，系统讲述深度学习技术，可操作
性强。

本书适合人工智能方面的专业人士阅读。

◆ 著　　　　周　北

　　责任编辑　谢晓芳

　　责任印制　王　郁　焦志炜

◆ 人民邮电出版社出版发行　　北京市丰台区成寿寺路 11 号

　　邮编　100164　　电子邮件　315@ptpress.com.cn

　　网址　https://www.ptpress.com.cn

　　北京天宇星印刷厂印刷

◆ 开本：800×1000　1/16

　　印张：15.5　　　　　　　　　　2021 年 2 月第 1 版

　　字数：352 千字　　　　　　　　2021 年 11 月北京第 3 次印刷

定价：79.00 元

读者服务热线：(010)81055410　印装质量热线：(010)81055316
反盗版热线：(010)81055315

广告经营许可证：京东市监广登字 20170147 号

前　　言

最近几年，随着深度学习技术的飞速发展，各种各样的应用层出不穷。从计算机视觉中的人脸识别与物体识别、自然语言处理中的机器翻译与聊天机器人，到强化学习中的无人驾驶汽车与阿尔法围棋，随处可见深度学习技术的应用。

很多人希望自己能够走进人工智能领域，但是目前的一些图书要么注重原理部分的讲解，其中各种各样的公式让人望而却步；要么专注技术本身的讲解，使读者只能从应用层面来掌握一些实际案例，没有一定数学或者编程基础的人很难在短时间内同时掌握深度学习技术的原理与项目应用。

基于这样的情况，本书的写作目的如下。

❑ 兼顾理论与应用，关于每一个理论知识点，都有对应的代码，使读者既能知其然，又能知其所以然。每年都会有很多论文与新的研究成果发布，这些新的内容都基于目前已有的技术，从这个角度看，掌握现有技术的工作原理与实际应用，必然会对新技术的学习有推进作用。

❑ 通过足够多的实际项目来帮助读者，使所学知识有"用武之地"，本书的读者不局限于计算机专业的学生和相关从业者。各行各业的人都能从本书中获益，并将所学知识应用到相关的领域。本书讲解的项目不仅涉及计算机视觉、自然语言处理等领域，还涉及金融领域。

❑ 知识全面，尽可能包括目前深度学习领域全部的主流知识，让读者学习完本书以后，能够对深度学习有深入、全面的认识。

本书分为三部分。第一部分（第 1～3 章）介绍线性回归模型、逻辑回归模型与 Softmax 多分类器。第二部分（第 4～7 章）讲述全连接神经网络、神经网络模型的优化、卷积神经网络与循环神经网络。第三部分（第 8～10 章）讨论自编码模型、生成对抗网络与深度强化学习。本书中的深度学习框架主要使用 Keras 和 TensorFlow，这两个框架是目前较流行的深度学习框架。所有代码使用 Jupyter Notebook 作为编辑器，因为 Notebook 具有交互式的功能，适合用于深度学习模型的构建与训练。

有些读者可能有一定的机器学习基础，但是建议读者从第一部分开始学习。因为第 1～3 章的内容可以为后续构建深度学习模型做准备，内容的讲解按照循序渐进的方式，并着重展现基础知识与深度学习模型之间的联系。

线性回归模型是一个回归模型，逻辑回归模型是一个二分类器，Softmax 多分类器模型是一个多分类器，掌握这 3 个模型有助于理解有监督学习中的回归模型与分类模型的工作原理。当使用深度学习模型来完成多分类任务时，本质上就在其最后一层中使用 Softmax 多分类器模型。

第 4 章主要介绍激活函数、模型参数的初始化、模型的训练与损失函数、梯度下降优化算法等，并通过两个实际项目来讲述理论知识的应用。

第 5 章介绍深度学习中防止过拟合的方法、批量标准化，以及模型的使用、保存与加载，并讨论使用 Keras 框架构建一种新的模型的方式等。

第 6 章首先讲解图片的表示形式，然后讲述卷积神经网络中的卷积层和池化层，并分析如何将所学知识应用到猫与狗图片数据集的分类项目中。接下来，该章讲解经典 CNN 模型的设计思路，并介绍如何实现这些模型。

第 7 章讨论情感分析项目、文本生成项目、股票价格预测项目等。除此之外，得益于 2018 年自然语言处理领域取得的突破性进展，该章还会对其中最重要的 3 个模型（分别为 ELMo、BERT 和 GPT-2）进行讲解，并将这 3 个模型应用到实际项目中，使读者能够走在自然语言处理领域的前沿。

第 8 章讲述深度学习中一种独热模型——自编码模型，讨论如何完成数据降维项目、信用卡异常交易检测项目、图片去噪项目。

第 9 章介绍深度学习中一种非常有趣的模型——生成对抗网络，通过生成对抗网络能够生成看起来"完全真实"的假图片。这句话读起来是不是感觉比较"诡异"？这就是生成对抗网络能够让人兴奋的原因。

第 10 章介绍深度强化学习。在阿尔法围棋中应用的主要技术就是深度强化学习。该章会详细讲解 Deep Q-Learning 算法、策略梯度算法、演员-评判家算法，并将每一个算法应用在《月球登陆》游戏中（结果表明每一个模型都能够"精通"这个游戏）。在掌握了这 3 个深度学习算法以后，你可以将其应用在曾经让你"无比抓狂"的游戏中。对于当时没能玩好的游戏，现在你能够使用人工智能技术来"精通"。

总的来说，目前市面上以公式为主的人工智能图书很难理解。当然，深度学习离不开数学，所以本书会将原理部分的公式与项目实战进行融合，使读者既能掌握技术应用又能明白为什么这样应用，这样可以为未来的进一步学习打下良好的基础。如果你已经被深度学习中各种模型的构建公式弄得一头雾水，或者掌握了一些原理内容，但是不知道如何应用，那么希望本书能够帮助你走出目前的困境，使你精通深度学习技术，并在深度学习技术的发展中贡献自己的力量。

虽然我对书中的原理部分以及实战代码进行了反复推敲与更改，但是由于能力有限，书中纰漏在所难免，真诚地希望读者不吝批评、指正。

　　最后，感谢我的父母对我无私的爱、对我的每一个决定的支持、对我默默的付出，帮助与鼓励我克服每一个困难。感谢恩师韦玮对我多年来的支持、帮助与照顾。感谢人民邮电出版社的编辑的悉心审稿。

周北

服务与支持

本书由异步社区出品，社区（https://www.epubit.com/）为您提供相关资源和后续服务。

提交勘误

作者和编辑尽最大努力来确保书中内容的准确性，但难免会存在疏漏。欢迎您将发现的错误反馈给我们，帮助我们提升图书的质量。

当您发现错误时，请登录异步社区，按书名搜索，进入本书页面，单击"提交勘误"，输入勘误信息，单击"提交"按钮即可（见下图）。本书的作者和编辑会对您提交的勘误进行审核，确认并接受后，您将获赠异步社区的 100 积分。积分可用于在异步社区兑换优惠券、样书或奖品。

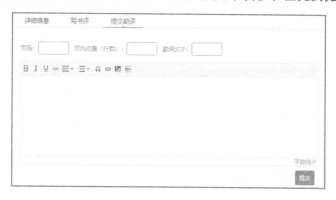

扫码关注本书

扫描下方二维码，您将会在异步社区微信服务号中看到本书信息及相关的服务提示。

与我们联系

我们的联系邮箱是 contact@epubit.com.cn。

如果您对本书有任何疑问或建议，请您发邮件给我们，并请在邮件标题中注明本书书名，以便我们更高效地做出反馈。

如果您有兴趣出版图书、录制教学视频，或者参与图书翻译、技术审校等工作，可以发邮件给我们；有意出版图书的作者也可以到异步社区在线投稿（直接访问 www.epubit.com/contribute 即可）。

如果所在是学校、培训机构或企业想批量购买本书或异步社区出版的其他图书，也可以发邮件给我们。

如果您在网上发现有针对异步社区出品图书的各种形式的盗版行为，包括对图书全部或部分内容的非授权传播，请您将怀疑有侵权行为的链接通过邮件发送给我们。您的这一举动是对作者权益的保护，也是我们持续为您提供有价值的内容的动力之源。

关于异步社区和异步图书

"**异步社区**"是人民邮电出版社旗下 IT 专业图书社区，致力于出版精品 IT 图书和相关学习产品，为作译者提供优质出版服务。异步社区创办于 2015 年 8 月，提供大量精品 IT 图书和电子书，以及高品质技术文章和视频课程。更多详情请访问异步社区官网 https://www.epubit.com。

"**异步图书**"是由异步社区编辑团队策划出版的精品 IT 专业图书的品牌，依托于人民邮电出版社近几十年的计算机图书出版积累和专业编辑团队，相关图书在封面上印有异步图书的 LOGO。异步图书的出版领域包括软件开发、大数据、人工智能、测试、前端、网络技术等。

异步社区

微信服务号

目　　录

第一部分　基础知识

第一部分主要讲解了机器学习中 3 个重要的算法模型，分别为线性回归模型、逻辑回归模型与 Softmax 多分类器模型。在人工智能领域中，深度学习是机器学习中的一个重要分支，第一部分详解的这 3 个模型与深度学习有着千丝万缕的联系，并且对深度学习模型工作原理的理解很有帮助。

第 1 章从线性回归模型能够解决的问题入手，逐步介绍线性回归模型的构建与训练方式。读者可以从中会学习到一个在机器学习中至关重要的算法——梯度下降算法，梯度下降算法是机器学习中寻找模型最优参数值的方法，在本书后续所有章节中都会使用这个算法来完成对模型的训练。读者通过对这一章的学习能够理解机器学习模型中各种术语（如数据的特征与标签、损失函数、正则项等）的含义，模型的构建与训练的过程，以及在模型训练过程中会经常遇到的过拟合现象出现的原因与解决办法。该章最后应用线性回归模型来对实际房价进行预测，展示线性回归模型在实际项目中的应用。

逻辑回归模型与 Softmax 多分类器模型分别为二分类器与多分类器。在深度学习模型中，通常将逻辑回归模型放到模型的最后一层中完成二分类的分类任务，或者在最后一层使用 Softmax 多分类器模型来完成多分类任务。第 2 章中的二元交叉熵与第 3 章中的多元交叉熵在深度学习中有着广泛的应用，希望读者能够深入掌握其原理并通过实战代码来彻底掌握其应用。这两章会分别介绍如何使用泰坦尼克数据集与 MNIST 数据集来应用逻辑回归模型和 Softmax 多分类器模型完成二分类与多分类项目。

第1章 线性回归模型

在机器学习中，所有的算法分为 3 类，分别为有监督学习（supervised learning）算法、无监督学习（unsupervised learning）算法、强化学习（reinforcement learning）算法。有监督学习算法分为回归（regression）算法与分类（classification）算法。本章主要讲解回归算法中的线性回归（linear regression）算法的工作原理和线性回归算法在实际项目中的应用。

1.1 线性回归详解

考虑这样一个情况，现在有一套房子需要出售。房子的主人并不清楚如何对这套房子进行定价，因此他就在房屋出售的相关网站上查找这套房子附近已经售出的房子的交易价格，可是没有找到一套和他的房子地理位置、房子大小、房间格局等都很类似的房子的交易信息。虽然可以随便给这套房子定一个较高的价格，但是如果把这套房子的价格定得过高，使得其性价比远远低于附近正在售卖的房子，就会直接导致这套房子在短时间内很难卖出去。如果将这套房子的价格定得过低，低于这套房子的市值，房主就会觉得很不甘心。这个时候就可以根据网站上已有的附近正在售卖的房子信息与其对应的价格数据来构建并训练一个线性回归模型，然后使用这个经过训练的线性回归模型来实现对当前房子价格的预测。将预测出的房价作为实际的售卖价格，就能够保证这套房子的性价比不会与周围其他正在售卖的房子差距过大。以下几节将详细讲解如何构建并训练一个线性回归模型来实现对房价的预测。

1.1.1 数据集的构建

首先需要搜集用于训练线性回归模型的数据集，可以在网上搜集并记录这套房子附近正在出售的房子相关的详细信息（包括房子大小、房间数、距市中心的距离等）以及每套房子对应的价格数据。这些房子相关的描述信息称为特征（feature），对应的房价称为标签（label）。一套房子的数据，包括描述信息（特征）与房价（标签），称为一个样本。搜集到的所有样本的集合称为数据集。数据集中样本的个数使用 N 来表示。为了简化描述，可以假设房价只取决于房子大小、房间数、距市中心的距离这 3 个特征值。因此数据集中每个样本表示一套房子的数据，每个样本都有 3 个特征值与一个对应的标签值。

在机器学习中，通常使用 X 来表示数据集中所有样本的特征的集合，使用 y 来表示数据集中所有样本的标签的集合。数据集中第 i 个样本的特征使用 x^i 来表示。使用特征加下标的方式来分别表示样本中每一个单独的特征值，对于这个房价数据集，分别使用 x_1^i、x_2^i、x_3^i 来表示第 i 个样本中的 3 个特征值。使用 y^i 表示第 i 个样本的标签值，也就是其对应的房价。

1.1.2　线性回归模型的构建

构建数据集以后，就可以构建一个线性回归模型，然后使用数据集中的数据对模型进行训练。在线性回归模型中，使用样本特征值与模型的参数的线性组合作为模型的预测值。如数据集中第 i 个样本使用线性回归模型得到的预测值为

$$\hat{y}_i = w_1 x_1^i + w_2 x_2^i + w_3 x_3^i + b$$

$$= \sum_{n=1}^{3} w_n x_n^i + b$$

$$= \boldsymbol{w} \cdot \boldsymbol{x}^i + b$$

其中，$\hat{y}_i$ 表示线性回归模型对第 i 个样本的预测值；w_1、w_2、w_3、b 为模型的参数；参数 $\boldsymbol{w} = [w_1\ w_2\ w_3]$ 称为线性回归模型的权重（weight）；参数 b 称为线性回归模型的偏差（bias）。模型中所有的参数需要在初始化之后，使用数据集中的样本数据对模型进行训练才能够得到合适的值，1.4 节会详细讲解如何训练线性回归模型。线性回归模型中的权重值的大小决定了对应特征对预测结果的重要程度。如该模型经过训练得到的 3 个权重 w_1、w_2、w_3 的值分别为 100、10、1，这就说明房子的大小对房价影响最大，其次是房间数，距市中心的距离相对来说对房价影响最小。

1.1.3　损失函数详解

构建好了线性回归模型以后，需要制定一个标准来衡量模型的好坏。例如，对于第 i 个样本，它的标签值（实际的房价）为 y^i，模型的预测值（模型预测的房价）为 $\hat{y}_i$，这个标准需要能够衡量模型的预测值与标签值之间的差值，差值越小说明模型的预测值与标签值越接近，也就是模型的预测效果越好。在机器学习中，把这个衡量模型预测值与标签值之间差值的函数称

为损失函数（loss function）。

我们首先来看一下可以用来衡量线性回归模型的预测值与标签值的损失函数表达式，如下所示。

$$L(\boldsymbol{w}, b) = \frac{1}{N} \sum_{i=1}^{N} \left(\hat{y}^i - y^i \right)^2$$

$$= \frac{1}{N} \sum_{i=1}^{N} (\boldsymbol{w} \cdot \boldsymbol{x}^i + b - y^i)^2$$

其中，$\hat{y}_i = \boldsymbol{w} \cdot \boldsymbol{x}^i + b$，$\boldsymbol{w} = [w_1\ w_2\ w_3]$ 与 b 为线性回归模型的参数，同时也是损失函数的参数；N 为数据集中样本个数；y^i 与 $\hat{y}_i$ 分别为第 i 个样本的标签值与线性回归模型对第 i 个样本的预测值。在损失函数中，首先把模型的预测值与标签值相减，得到模型的预测值与标签值的误差，然后对误差求平方。接下来把所有的平方值加起来，并将最后的结果除以样本的个数 N，得到所有样本误差平方的平均值。公式中的平方运算是为了防止相加后的结果正、负抵消：对于一些样本，标签值与模型的预测值相减得到的是正数；对于另一些样本，相减的值会是负数。无论正数还是负数，都代表了模型预测值与实际值之间的差值，但是如果直接把这些值相加，正、负值就会抵消，从而不能准确地衡量损失值。把所有相减得到的值都求平方以后，所有的差距值都变为正数，这样相加后的结果能够更加准确地衡量模型的预测值与标签值之间的差距。

损失函数中的参数 $\boldsymbol{w}$ 与 b 决定了损失函数输出值的大小。因为损失函数的输出值代表了模型对数据集中全部样本的预测值与标签值之间的差值，差值越小说明模型的预测值越准确，所以需要得到参数 $\boldsymbol{w}$ 与 b 合适的值，使损失函数的输出值最小。在机器学习中，通常使用梯度下降算法来求使损失函数取最小值的参数的值。

1.2 梯度下降算法

梯度下降算法是一种用来求使函数取最小值的参数的值的算法。在梯度下降算法中，首先，随机选取一个自变量的值，作为自变量的初始值。然后，在函数中自变量初始值的位置计算函数对于自变量的梯度。接下来，根据计算的梯度值，对自变量的值进行一次调整。接着，从改变过的自变量值的位置处，对函数求梯度，并再次根据计算出的梯度值对自变量的值进行调整。像这样对自变量的值进行一次调整的过程称为一次迭代（iteration），经过多次这样的迭代以后，就能够找到让函数取最小值的自变量的值。这里为了统一术语，把一元函数的导数统称为梯度，但是实际上多元函数的导数才是梯度。

可以通过一个实例来应用梯度下降算法找到使得函数取最小值的自变量的值。例如，当应用梯度下降算法求函数 $y = x^2 + 1$ 的最小值时，先求这个函数的导数。

$$\frac{\mathrm{d}y}{\mathrm{d}x} = 2x$$

按照梯度下降算法的工作原理，首先随机初始化自变量 x 的值，将自变量初始化为-18，即 $x_0 = -18$，接下来算一下在 x_0 点处的梯度值（导数值），梯度值为-36（即 $2x_0$）。利用这个梯度值就可以对自变量的值进行调整，调整的方式为 $x_1 = x_0 - \mathrm{lr}x_0$，这里的 $\mathrm{lr} = 0.1$ 是自定义的一个常数，称为学习率（learning rate）。学习率决定了每次更新自变量值的幅度。当学习率的值设置为较大的值时，每次使用梯度值对自变量的调整较大；当学习率的值设置为较小的值时，每次对自变量的调整较小。自变量经过第一次调整以后，得到的自变量 x_1 的值是-14.4。这样就完成了一次对自变量的更新，更新以后的自变量的值（x_1）能够让函数的值比在 x_0 点处的值更小。接下来对自变量的值进行第二次更新。同样地，首先计算在 x_1 点处的梯度值，结果为-28.8，然后通过公式 $x_2 = x_1 - \mathrm{lr}x_1$ 自变量进行更新，更新以后的自变量的值记为 x_2。x_2 能够让函数的值比在 x_1 点处的值小。这样经过多次对梯度值的计算，使用梯度值与学习率对自变量的值进行更新，最终就能够找到让函数取得最小值的自变量的值，或者让函数取得接近最小值的自变量的值，这个变量的值记为 x^*。

掌握了梯度下降算法的原理以后，通过代码来实际学习如何应用梯度下降算法求得函数 $y = x^2 + 1$ 的最小值。很显然，让这个函数 y 取得最小值的自变量 x^* 的值为 0。接下来，学习一下如何应用梯度下降算法来找到让该函数取得最小值的自变量 x^* 的值。首先在程序中加载用于数值计算的 NumPy 库和用于绘制函数图像的 Matplotlib 库，然后定义 $y=x^2+1$ 这个函数，如以下代码所示。

```python
# 加载依赖库
import numpy as np
import matplotlib.pyplot as plt
# 定义 y=x^2+1 函数
def function(x):
    y = x ** 2 + 1
    return y
```

接下来开始应用梯度下降算法求函数 $y = x^2 + 1$ 的最小值。首先把自变量 x 的值随机初始化为-18，记为 x_0。然后通过 get_gradient 函数求对应的梯度值，get_gradient 函数用于求这个函数在指定位置处的梯度值。得到了函数在 x_0 点处的梯度值以后，把梯度值乘以学习率，并和 x_0 的值相减，最后把相减以后得到的自变量的值记为 x_1，这样就完成了一次对自变量的更新。依次类推，在这里一共进行了 50 次更新。更新的次数使用 epochs 变量来表示。定义一个名为 trajectory 的列表来存储每次更新后 x_i 的值，以便在找到 x^* 值以后，可视化使用梯度下降算法对自变量更新的过程。具体代码如下。

```python
# 指定自变量更新的次数（迭代的次数）
epochs = 50
# 指定学习率的值
lr = 0.1
```

```
# 对自变量的值进行初始化
xi = -18
# 求函数的梯度值
def get_gradient(x):
    gradient = 2 * x
    return gradient
# 用于存储每次自变量更新后的值
trajectory = []
# 利用梯度下降算法找到使得函数取最小值的自变量的值 x_star
def get_x_star(xi):
    for i in range(epochs):
        trajectory.append(xi)
        xi = xi - lr * get_gradient(xi)
    x_star = xi
    return x_star
# 运行 get_x_star 函数
get_x_star(xi)
```

在 get_x_star 函数中传入初始化的自变量的值后，运行以上代码，就可以利用梯度下降算法找到让函数 $y=x^2+1$ 取最小值的自变量的值 x*。get_x_star 函数的输出值为-0.000 25，实际上，x^* 的值为 0。可以看出，使用梯度下降算法计算出的函数最小值与实际的函数最小值几乎没有任何差别。

接下来可以将自变量在更新过程中对应的函数值减小的过程进行可视化。以下这段代码可以把自变量每次更新的值以及对应的函数值画在函数图像上。

```
x = np.arange(-20, 20, 0.1)
y = function(x)
# 画出函数图像
plt.plot(x, y)
x_trajectory = np.array(trajectory)
y_trajectory = function(trajectory)
# 画出更新过程中的自变量及其对应的函数的值
plt.scatter(x_trajectory, y_trajectory)
plt.show()
```

可视化的结果如图 1.1 所示，从图中可以看出，将自变量的值初始化为-18 以后，每一次使用梯度下降算法对自变量的值进行调整都会让函数的值变得更小，最终得到让函数取得最小值的自变量的值。

在梯度下降算法中，如果把学习率的值设置为很小的值（如 0.001），就需要很多次更新才能得到让函数取最小值的自变量的值；如果把学习率的值设置为比较大的值（如 0.5），自变量每次更新的幅度就会比较大，可能使自变量很难更新到让函数取最小值对应的值。因此，选取合适的学习率的值，对得到让函数取最小值对应的自变量的值至关重要。

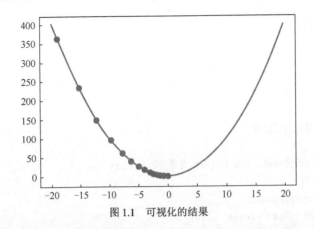

图 1.1 可视化的结果

1.3 求损失函数的最小值

掌握了梯度下降算法以后，接下来就可以应用梯度下降算法找到使得损失函数取最小值的线性回归模型中的参数值，模型的参数就是损失函数的自变量。与 1.1.3 节中的损失函数一样，线性回归模型的损失函数如下所示。

$$L(w,b) = \frac{1}{N}\sum_{i=1}^{N}\left(\hat{y}^i - y^i\right)^2$$

$$= \frac{1}{N}\sum_{i=1}^{N}\left(w \cdot x^i + b - y^i\right)^2$$

$$= \frac{1}{N}\sum_{i=1}^{N}\left(w_1 x_1^i + w_2 x_2^i + w_3 x_3^i + b - y^i\right)^2$$

根据梯度下降算法的工作原理，首先对参数值进行初始化，$w^0 = [w_1^0 \ w_2^0 \ w_3^0]$，$b$ 的初始值为 b_0。然后对损失函数求梯度 $\nabla L(w,b)$。计算出梯度值以后，就可以应用梯度下降算法逐步找到使得损失函数取最小值的参数值。损失函数的梯度使用 ∇L 来表示，如下所示。

$$\nabla L(w,b) = \left[\frac{\partial L(w,b)}{\partial w_1}, \frac{\partial L(w,b)}{\partial w_2}, \frac{\partial L(w,b)}{\partial w_3}, \frac{\partial L(w,b)}{\partial b}\right]$$

其中各项的值分别如下。

$$\frac{\partial L(w,b)}{\partial w_1} = \frac{2}{N}\sum_{i=1}^{N}\left(\hat{y}^i - y^i\right)x_1^i$$

$$\frac{\partial L(w,b)}{\partial w_2} = \frac{2}{N}\sum_{i=1}^{N}\left(\hat{y}^i - y^i\right)x_2^i$$

$$\frac{\partial L(w,b)}{\partial w_3} = \frac{2}{N}\sum_{i=1}^{N}\left(\hat{y}^i - y^i\right)x_3^i$$

$$\frac{\partial L(w,b)}{\partial b} = \frac{2}{N}\sum_{i=1}^{N}\left(\hat{y}^i - y^i\right)$$

模型中对权重 $w = [w_1\ w_2\ w_3]$ 逐个求偏导数的过程可以使用向量的形式进行表示，如下所示。

$$\frac{\partial L(w,b)}{\partial w} = \frac{2}{N}\sum_{i=1}^{N}\left(\hat{y}^i - y^i\right)\cdot x^i$$

通过以上的方式就能够分别计算出损失函数对于参数值 w 与 b 的梯度值。计算出梯度值以后，就可以应用梯度下降算法对模型中的所有参数按照指定的学习率 lr 进行逐次迭代更新。将模型参数初始化为 w^0 与 b^0 后，使用梯度下降算法进行一次更新以后的参数使用 $w^1 = [w_1^1\ w_2^1\ w_3^1]$ 与 b^1 来表示，如下所示。

$$w^1 = w^0 - \text{lr}\frac{\partial L(w,b)}{\partial w}$$

$$b^1 = b^0 - \text{lr}\frac{\partial L(w,b)}{\partial b}$$

同理，按照同样的方式可以继续对参数进行多次迭代更新，最后得到参数值 w^*、b^*，使损失函数取最小值。w^*、b^* 的值就是这个线性回归模型的最优参数值。

1.4 线性回归代码实战

掌握了线性回归模型的构建方式与使用梯度下降算法来求解模型的最优参数的方法后，接下来使用代码实现线性回归模型，并对其进行训练。为了实现可视化，数据集中的每一个样本只有一个特征 x，与其对应的标签使用 y 来表示。

接下来分别使用两个不同的线性回归模型来拟合数据，这样能对线性回归模型有全面的理解和掌握。在对机器学习中的模型进行训练时，会经常遇到模型在训练过程中出现过拟合（overfitting）的现象。本节的第 2 个模型在训练时会出现过拟合的现象，在实际遇到过拟合的现象后再来学习过拟合出现的原因与解决办法会加深对过拟合的理解。

1.4.1 线性回归模型的构建与训练

首先在程序中加载数据集，数据集中的全部样本存储在 dataset.csv 文件中，文件中有两列数据，列名分别为 x 与 y。x 这一列的数据为所有样本的特征值，y 这一列的数据为所有样本的标签值。可以使用 Pandas 模块将数据集加载到程序中，然后将数据集中所有样本的特征值与标签值取出，分别使用变量 X 与变量 y 来保存，如以下代码所示。

```
import pandas as pd
import numpy as np
# 加载数据集
dataset = pd.read_csv('dataset.csv')
# 取出每个样本的特征值
X = np.array(dataset['X'])
# 取出每个样本的标签值
y = np.array(dataset['y'])
```

在实际项目中，通常不是使用数据集中全部的样本数据对线性回归模型进行训练，而是将整个数据集按照一定比例分为训练集（train set）与测试集（test set），然后只使用训练集的数据对模型进行训练。使用训练集中的数据训练好模型以后，再使用测试集数据对模型进行评估。因为模型在训练时没有接触过测试集的数据，所以能够保证使用测试集对模型评估时结果更准确。例如，对于一个学生来说，在平时学习过程中做的练习题需要和考试中出现的题尽可能地不同，这样才能够检测出这个学生在平时是否学得好。如果练习题与考试的题完全一样，学生可以背下每一道题目的答案，而不是掌握题目的解题思路，那么会直接导致当遇到练习题以外的题目时，完全不知道怎么解决。这就是为什么要把数据集分成训练集与测试集。

在刚刚加载的数据集中，共有 40 个样本数据。可以把其中的前 30 个样本数据作为训练集，训练集中所有样本的特征值与标签值分别使用 X_train 与 y_train 变量来存储，使用变量 n_train 来表示训练集中的样本个数。将数据集中最后 10 个样本作为测试集，测试集中所有样本中的特征值与标签值分别使用 X_test 与 y_test 变量来存储，使用 n_test 变量来表示测试集中的样本个数。实现方式如以下代码所示。

```
# 训练集
X_train = X[0: 30]
y_train = y[0: 30]
n_train = len(X_train)
# 测试集
X_test = X[30:]
y_test = y[30:]
n_test = len(X_test)
```

将数据集划分为训练集与测试集以后，构建一个线性回归模型来拟合训练集数据。这个线性回归模型的表达式为 $\hat{y} = wx + b$。其中，x 与 $\hat{y}$ 分别表示样本的特征值与线性回归模型对样本的预测值，w、b 为模型的参数。

为了使用梯度下降算法对这个线性回归模型进行训练，进而找到模型的最优参数值 w^*、b^*，需要使用损失函数来衡量模型的预测值与样本实际标签值之间的差值。这个模型的损失函数如下。

$$L(w,b) = \frac{1}{N} \sum_{i=1}^{N} \left(\hat{y}^i - y^i \right)^2$$

$$= \frac{1}{N} \sum_{i=1}^{N} \left(wx^i + b - y^i \right)^2$$

其中，N 为训练集中的样本个数，$\hat{y}^i$ 与 y^i 分别为模型对第 i 个样本的预测值与样本的标签值。为了应用梯度下降算法求让损失函数取值最小的参数值，需要对模型参数 w、b 求梯度，参数 w、b 的梯度分别为

$$\frac{\partial L(w,b)}{\partial w} = \frac{2}{N} \sum_{i=1}^{N} \left(\hat{y}^i - y^i \right) x^i$$

$$\frac{\partial L(w,b)}{\partial b} = \frac{2}{N} \sum_{i=1}^{N} \left(\hat{y}^i - y^i \right)$$

求出线性回归模型中参数的梯度值后，再对参数进行初始化，然后就可以使用合适的学习率来利用梯度下降算法对模型参数进行多次迭代更新，直到找到模型的最优参数值 w^* 和 b^*。

$$w_i = w_{i-1} - \mathrm{lr} \frac{\partial L(w_{i-1}, b)}{\partial w_{i-1}}$$

$$b_{i-1} = b_{i-1} - \mathrm{lr} \frac{\partial L(w, b_{i-1})}{\partial b_{i-1}}$$

现在，可以利用梯度下降算法，使用训练集中的数据对模型进行多次迭代训练，最终得到最优参数值。首先构建线性回归模型，并对模型的参数进行随机初始化。将模型的参数 w、b 分别初始化为-0.3 与 0.6。将在梯度下降算法中使用的学习率的值设置为 0.001。指定模型使用梯度下降算法迭代更新参数的次数为 5 000。最后构建 $\hat{y} = wx + b$ 线性回归模型，如以下代码所示。

```
# 把模型的参数 w 与 b 分别随机初始化为-0.3 和 0.6
w = -0.3
b = 0.6
# 指定学习率的值
lr = 0.001
# 指定模型使用梯度下降法迭代更新参数的次数
epochs = 5000
# 构建线性回归模型
def model(x):
    y_hat = w * x + b
    return y_hat
```

将线性回归模型构建好，并对其参数进行初始化以后，使用梯度下降算法对其训练。按照上面推导出的对损失函数求梯度的计算公式，更新参数 w。首先，从训练集中依次取出每一个样本的特征值 x_i，使用线性回归模型对其进行预测得到预测值 $\hat{y}^i$，将样本的预测值 $\hat{y}^i$ 与标签

值 y^i 相减，并乘以对应样本的特征值 x_i。然后，将每一个样本的计算结果相加，再除以训练集中样本的个数。最后，乘以 2，结果即为参数 w 的梯度值。求参数 b 的梯度值与求参数 w 的梯度值的方式类似。得到了参数的梯度值以后，就可以对参数使用梯度下降算法进行更新。具体实现方式如以下代码所示。

```
for epoch in range(epochs):
    # sum_w 与 sum_b 用于存储计算梯度时相加的值
    sum_w = 0.0
    sum_b = 0.0
    # 求参数 w 与 b 的梯度值
    for i in range(n_train):
        xi = X_train[i]
        yi = y_train[i]
        yi_hat = model(xi)
        sum_w += (yi_hat - yi) * xi
        sum_b += (yi_hat - yi)
    # grad_w 与 grad_b 分别为参数 w、b 对应的梯度值
    grad_w = (2.0 / n_train) * sum_w
    grad_b = (2.0 / n_train) * sum_b
    # 使用梯度下降算法更新模型参数
    w = w - lr * grad_w
    b = b - lr * grad_b
```

训练好模型以后，为了直观地看出这个线性回归模型对数据的拟合程度，可以将数据集中的样本与线性回归模型的图像画在一张图上。首先，在程序中加载用于数据可视化的 Matplotlib 库，为了能够在可视化的图像中显示中文字体，需要对其中的字体参数进行配置。然后，在图像中依次以散点图的方式画出数据集中的样本、以线条的形式画出函数的图像。具体实现方式如以下代码所示。

```
import matplotlib.pyplot as plt
plt.rcParams['font.sans-serif']=['SimHei']
%matplotlib inline
def plots(w, b, X, y):
    fig, ax = plt.subplots()
    # 画出数据集中的样本
    ax.scatter(X, y)
    # 画出线性回归模型的图像
    ax.plot([i for i in range(0, 20)],
            [model(i) for i in range(0, 20)])
    plt.legend(('模型', '数据'),
               loc='upper left',
               prop={'size': 15})
    plt.title("线性回归模型", fontsize=15)
    plt.show()
plots(w, b, X, y)
```

运行以上代码，将数据集中的样本与线性回归模型的图像可视化的结果如图 1.2 所示。从图 1.2 中可以看出，数据集中几乎所有的样本点分布在线性回归模型的图像两侧，这说明线性

回归模型能够较好地拟合数据集中的数据。

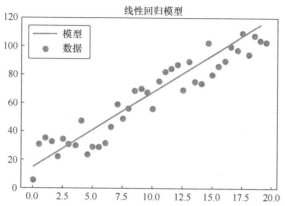

图 1.2　数据集中的样本与线性回归模型的图像的可视化结果

对线性回归模型有一个直观的理解后，使用损失函数来分别计算出模型在训练集与测试集上的损失值，并将损失值进行对比，进而分析出模型在训练集数据上的预测效果。损失函数的定义如以下代码所示。首先依次取出传入损失函数中数据集的每一个样本，使用线性回归模型对其进行预测，然后将模型对样本的预测值与标签值相减并求平方，接下来将模型对每个样本的预测误差值累加，最后除以样本的个数得到平均损失值。

```python
def loss_funtion(X, y):
    total_loss = 0
    # 数据集中样本的个数
    n_samples = len(X)
    # 依次取出每一个数据中的每一个样本
    for i in range(n_samples):
        xi = X[i]
        yi = y[i]
        # 使用模型根据样本特征值进行预测
        yi_hat = model(xi)
        # 计算模型预测值与标签值的差值的平方
        total_loss += (yi_hat - yi) ** 2
    # 对于给定数据集，计算模型预测的平均损失值
    avg_loss = (1 / n_samples) * total_loss
    return avg_loss
```

定义好损失函数以后，分别使用其计算出训练好的线性回归模型在训练集与测试集上的平均损失值，如以下代码所示。

```python
train_loss = loss_funtion(X_train, y_train)
test_loss = loss_funtion(X_test, y_test)
```

运行以上代码，可以得出，模型在训练集上的平均损失值为 95.2，在测试集上的平均损失值为 96.2，说明模型在训练集与测试集上的效果都比较好。

在 1.4.2 节中，我们将构建另一个较复杂的线性回归模型来拟合训练集数据。介绍这个模型的构建与训练主要为了讲解过拟合现象，在后续模型的学习中我们会经常遇到过拟合现象，所有在本章中通过人为制造过拟合现象的方式可以让我们更加深入理解过拟合现象出现的原因，以及知道如何对过拟合现象进行处理。

1.4.2　复杂线性回归模型的构建

这个复杂线性回归模型的表达式为 $\hat{y} = w_1 x + w_2 x^2 + b$。其中，$x$ 与 $\hat{y}$ 分别表示样本的特征值与线性回归模型对样本的预测值，w 和 b 为模型的参数。

为了找到模型的最优参数值 w^* 和 b^*，需要使用梯度下降算法对这个线性回归模型进行训练，因此需要构建这个模型在训练时使用的损失函数。这个模型的损失函数如下。

$$L(w,b) = \frac{1}{N} \sum_{i=1}^{N} \left(\hat{y}^i - y^i \right)^2$$

$$= \frac{1}{N} \sum_{i=1}^{N} \left[w_1 x^i + w_2 (x^i)^2 + b - y^i \right]^2$$

其中，N 为训练集样本个数，$\hat{y}^i$ 与 y^i 分别为模型对第 i 个样本的预测值与样本的标签值。为了应用梯度下降算法求让损失函数取最小值的参数值，需要对模型参数 w 和 b 求梯度，参数 w、b 的梯度分别为如下。

$$\frac{\partial L(w,b)}{\partial w_1} = \frac{2}{N} \sum_{i=1}^{N} \left(\hat{y}^i - y^i \right) x^i$$

$$\frac{\partial L(w,b)}{\partial w_2} = \frac{2}{N} \sum_{i=1}^{N} \left(\hat{y}^i - y^i \right) (x^i)^2$$

$$\frac{\partial L(w,b)}{\partial b} = \frac{2}{N} \sum_{i=1}^{N} \left(\hat{y}^i - y^i \right)$$

求出损失函数对线性回归模型中参数的梯度值后，再对参数进行初始化，然后就可以使用合适的学习率来利用梯度下降算法对模型参数进行多次迭代更新，直到找到模型的最优参数值 w^*、b^*。

$$w_{1i} = w_{1(i-1)} - \mathrm{lr} \frac{\partial L\left(w_{i-1}, b \right)}{\partial w_{1(i-1)}}$$

$$w_{2i} = w_{2(i-1)} - \mathrm{lr} \frac{\partial L\left(w_{i-1}, b \right)}{\partial w_{2(i-1)}}$$

$$b_i = b_{i-1} - \mathrm{lr} \frac{\partial L\left(w, b_{i-1} \right)}{\partial b_{i-1}}$$

由此就可以利用计算出的梯度值对模型的参数值进行更新。首先将模型的参数值进行初始化,然后利用梯度下降算法对模型的参数进行多次迭代更新,更新的方式与上文中的方式一致,在这里就不赘述了,如以下代码所示。

```python
import numpy as np
# 把模型的参数 w 与 b 进行随机初始化
w = np.random.rand(2)
b = 1.1
# 指定学习率的值
lr = 1e-6
# 指定模型使用梯度下降算法迭代更新参数的次数
epochs = 50000
# 构建复杂线性回归模型
def model(x):
    y_hat = w[0]*x + w[1]*(x**2) + b
    return y_hat
# 使用梯度下降算法更新模型参数
for epoch in range(epochs):
    sum_w = np.zeros(2)
    sum_b = 0.0
    for i in range(n_train):
        xi = X_train[i]
        yi = y_train[i]
        yi_hat = model(xi)
        sum_w[0] += (yi_hat - yi) * xi
        sum_w[1] += (yi_hat - yi) * (xi**2)
        sum_b += (yi_hat - yi)
    grad_w = (2.0 / n_train) * sum_w
    grad_b = (2.0 / n_train) * sum_b
    w = w - lr * grad_w
    b = b - lr * grad_b
```

将这个复杂线性回归模型训练好了以后,调用之前定义的 plots 函数在一张图中同时画出数据中的样本与复杂线性回归模型的图形,如以下代码所示。

```python
plots(w, b, X, y)
```

可视化的结果如图 1.3 所示,可以很明显地看出,这个复杂的线性回归模型对数据中的部分数据没能很好地拟合。

接下来,使用上一节中定义的损失函数来分别查看模型在训练集与测试集上的平均损失值,如以下代码所示。

```python
train_loss = loss_funtion(X_train, y_train)
test_loss = loss_funtion(X_test, y_test)
```

运行以上代码可以得到,在训练集上模型的平均损失值为230.6,在测试集上模型的平均损失值为1 705.6。可以发现,模型在测试集上得到的平均损失值比训练集上的平均损失值大很多。

模型在测试集上的效果比在训练集上的效果差很多的这种现象称为过拟合。过拟合在模型的训练过程中经常发生,尤其在模型较复杂的情况下,如对于本节使用的数据集来说,线性回

归模型 $\hat{y} = w_1 x + w_2 x^2 + b$ 比较复杂，因此出现了较严重的过拟合现象。

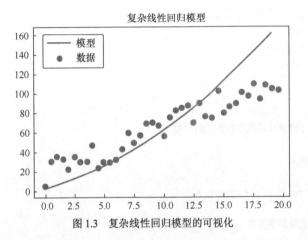

图 1.3　复杂线性回归模型的可视化

1.4.3　使用正则项防止过拟合

这个复杂线性回归模型经过训练以后，得到模型的权重值，$w^* = [3.44\ 0.25]$。这个模型出现严重过拟合，除了模型较复杂以外，还因为模型的权重值较大。模型固定了以后，一种常用的防止模型出现过拟合的方法为在损失函数中加入正则项。

在机器学习中，通常在损失函数中加入正则项来防止过拟合现象的发生。正则项通过"惩罚"模型中值大的权重，使得模型的权重值变小，从而有效防止过拟合现象的发生。

因为损失函数用来衡量模型对样本的预测值与实际值之间的差距，所以可使用梯度下降算法来找到合适的权重值，使得这些权重值能够让损失函数取得最小值。为了防止过拟合现象的出现，需要减小模型的权重值。所以可以把权重值放到损失函数中组成新的损失函数，这样在通过梯度下降算法来降低新的损失函数值的时候，就可以同时降低损失值与模型的权重值，一举两得。在损失函数中加入模型权重值后，组成的新的损失函数如下。

$$L(w,b) = \frac{1}{N} \sum_{i=1}^{N} \left(\hat{y}^i - y^i \right)^2 + \lambda w^2$$

$$= \frac{1}{N} \sum_{i=1}^{N} \left(w_1 x^i + w_2 (x^i)^2 + b - y^i \right)^2 + \lambda w^2$$

其中，$w^2 = w_1^2 + w_2^2$ 称为 L2 正则（L2-regularization）项。常数 λ 为权衡模型损失值与模型权重值的重要程度的一个超参数。模型的超参数为在模型进行训练之前需要人为设定的值，这个值在模型训练过程中保持不变。如果希望新的损失函数在训练的时候将模型参数值降低得多一些，就设置 λ 为较大的值，如 1 000；如果希望在训练的时候主要降低模型的预测损失值，就设置 λ 为较小的值，如 0.1。

构建了这个新的损失函数以后，同样利用梯度下降算法来求使得损失函数取最小值时的权重值。首先求模型参数的梯度值，对新的损失函数中权重 $\boldsymbol{w}$ 求梯度的方法如下所示。

$$\frac{\partial L(\boldsymbol{w},b)}{\partial w_1} = \frac{2}{N}\sum_{i=1}^{N}\left(\hat{y}^i - y^i\right)x^i + 2\lambda w_1$$

$$\frac{\partial L(\boldsymbol{w},b)}{\partial w_2} = \frac{2}{N}\sum_{i=1}^{N}\left(\hat{y}^i - y^i\right)(x^i)^2 + 2\lambda w_2$$

同理，对其他权重求偏导数与求 w_1 的偏导数类似。但是因为防止过拟合时一般不考虑参数 b，所以对参数 b 求梯度的公式与之前的一样。

$$\frac{\partial L(\boldsymbol{w},b)}{\partial b} = \frac{2}{N}\sum_{i=1}^{N}\left(\hat{y}^i - y^i\right)$$

掌握了在损失函数中加入正则项来防止过拟合的原理以后，将其应用到实际的代码中。首先对模型的参数进行随机初始化，将模型的权重使用随机函数进行初始化，将偏移项的值随机初始化为1.1。指定好模型在使用梯度下降算法进行训练时需要使用的学习率的值与模型迭代训练的次数以后，定义与上文一样的复杂线性回归模型。实现方式如以下代码所示。

```python
import numpy as np
w = np.random.rand(2)
b = 1.1
lr = 1e-6
epochs = 10000000
# 定义复杂线性回归模型
def model(x):
    y_hat = w[0]*x + w[1]*(x**2) + b
    return y_hat
```

接下来在损失函数中加入正则项，利用梯度下降算法对模型的参数进行更新。在加入了正则项以后，在梯度下降算法中唯一需要改动的地方为在求权重 $\boldsymbol{w}$ 对损失函数的梯度时，需要加入 $2\lambda w$ 的值。其余部分均保持不变，如以下代码所示。

```python
# 指定正则项中 lambda 的值
reg = 10000
for epoch in range(epochs):
    sum_w = np.zeros(2)
    sum_b = 0.0
    for i in range(n_train):
        xi = X_train[i]
        yi = y_train[i]
        yi_hat = model(xi)
        sum_w[0] += (yi_hat - yi) * xi
        sum_w[1] += (yi_hat - yi) * (xi**2)
        sum_b += (yi_hat - yi)
    # 正则项在梯度下降算法中的应用
    grad_w = (2.0 / n_train) * sum_w + (2.0 * reg * w)
```

```
    grad_b = (2.0 / n_train) * sum_b
    w = w - lr * grad_w
    b = b - lr * grad_b
```

在使用正则项来防止模型在训练过程中出现过拟合的现象以后,这个模型分别在训练集与测试集上的平均预测损失值可以通过之前定义的 loss_function 函数得到,如以下代码所示。

```
train_loss = loss_funtion(X_train, y_train)
test_loss = loss_funtion(X_test, y_test)
```

运行以上代码,得到模型在训练集上的平均预测损失值为 348.3,在测试集上的平均预测损失值为 490.4。当应用正则项来防止过拟合现象发生时,模型在测试集上的平均预测损失值为 1 705.6,过拟合现象得到了很大程度的缓解。最重要的是,使用了正则项以后,模型经过训练以后的权重值 w^*=[0.006 0.100],相对,于之前没有使用正则项时训练后得到的权重值 w^*=[3.44 0.25],它减小了很多。正是权重值的减小,有效地降低了过拟合现象发生的概率。

1.5 线性回归项目实战

1.5.1 波士顿房价数据集简介

波士顿房价数据集是美国波士顿 1970 年的真实房价数据。在这个数据集中共有 506 个样本,其中每一个样本代表一所房子相关的特征与房价。每一所房子都有 13 个特征值与 1 个对应的标签值,标签值即为房子的价格。因为每一所房子的相关信息都使用 13 个特征值来描述,所以这些特征值能够很好地捕获房子的属性,有利于模型的训练与预测。这 13 个特征值分别表示城镇人均犯罪率、住宅平均房间数、到波士顿 5 个中心区域的加权距离、城镇师生比例、自住房平均价格等。

因为在 sklearn(scikit-learn)模块中已经封装了波士顿房价数据集,所以可以直接在程序中使用 sklearn 模块加载数据集。sklearn 模块是使用 Python 编程语言编写的机器学习工具,在本书中主要应用其对数据集进行预处理。使用 sklearn 模块加载波士顿房价数据集的代码如下所示。

```
from sklearn.datasets import load_boston
dataset = load_boston()
X = dataset.data
y = dataset.target
```

1.5.2 数据集特征值的标准化

在把训练集数据加载到模型中用于模型训练之前,需要把训练集的全部样本的特征值进行标准化（standardization）。其原因可以通过下面这个示例进行解释。如果训练集数据中的每个样本都由 3 个特征值组成，分别记为 x_1、x_2、x_3，其中特征值 x_1 的范围为 0~1，特征值 x_2 的范围为 0~100，特征值 x_3 的范围为 0~1 000。因为样本的每一个特征值的范围有很大的不同，使模型训练变得非常困难，所以应用标准化将每一个特征值的范围都转换成 0~1，能够提高模型的训练速度。

当将数据集中的样本进行标准化时，实际为对数据集中所有样本在同一个位置的特征值进行标准化。对于一个有 N 个样本的数据集，每一个样本中的特征使用 x^i 来表示。每一个样本有 3 个特征值，分别使用 x_1^i、x_2^i、x_3^i 来表示第 i 个样本的 3 个特征值。可以通过以下几个公式对这个数据集中所有样本的特征值进行标准化。

首先计算出所有样本中特征值的均值 μ，均值的计算公式为将所有值相加再除以值的总数，如下所示。

$$\mu = \frac{1}{N}\sum_{n=1}^{N}x^i$$

计算出均值后，根据均值计算出所有样本特征值的方差 σ^2，计算公式如下所示。

$$\sigma^2 = \frac{1}{N}\sum_{n=1}^{N}\left(x^i - \mu\right)^2$$

最后，将所有样本特征值减去均值 μ 并除以方差 σ^2，即可得到训练集中每一个样本经过标准化以后的特征值，如下所示。

$$x^i = \frac{x^i - \mu}{\sigma^2}, \, i \in [1, N]$$

如果训练集的数据已经被分割成训练集与测试集，则需要对训练集与测试集的数据分别进行标准化。在训练集中计算出的用于标准化样本中每一个特征值的均值 μ 与方差 σ^2 会同样应用于测试集数据的标准化。也就是说，标准化测试集的数据时，不需要重新计算测试集的样本中每一个特征值的均值与方差，而应该使用标准化训练集样本时使用的均值与方差。当训练集与测试集用同样的方式进行标准化以后，才可以将训练集用于模型训练，将测试集用于测试模型预测的准确率。

对于波士顿房价数据集的标准化可以使用以下代码实现。首先求数据集中所有样本特征值的均值，然后求数据集中所有样本特征值的方差，最后利用计算出的均值与方差完成对数据集的标准化。

```
# 求数据集中所有样本特征值的均值
mean = X.mean(axis=0)
# 求数据集中所有样本特征值的方差
std = X.std(axis=0)
# 对数据集进行标准化
X = (X - mean) / std
```

1.5.3　线性回归模型的构建与训练

在将数据集进行标准化以后，需要将整个数据集分为用于线性回归模型训练的训练集与用于模型验证的测试集。在 sklearn 模块中提供了 train_test_split 函数用于按照指定比例划分数据集，函数中的 test_size 参数为划分的测试集占全部数据集中数据的比例，如将其指定为 0.2 时，会将数据集中 80%的数据划分为训练集数据，其余的 20%划分为测试集数据。将数据集划分好以后，分别使用 n_train 变量与 n_features 变量表示训练集中的样本个数与每个样本的特征值个数。具体代码如下。

```python
# 将数据集分为训练集与测试集
from sklearn.model_selection import train_test_split
X_train, X_test, y_train, y_test = train_test_split(X, y, test_size=0.2)
# 训练集中的样本个数
n_train = X_train.shape[0]
# 训练集中每个样本的特征值个数
n_features = X_train.shape[1]
```

接下来，对模型的参数 w 与 b 进行初始化。模型的权重 w 中值的个数必须与每个样本中特征值的个数一致。指定模型在使用梯度下降算法进行训练时的学习率为 0.001，对模型进行 3 000 次迭代训练，并定义线性回归模型。具体代码如下。

```python
import numpy as np
# 模型参数中的权重
w = np.random.rand(n_features)
# 模型参数中的偏差
b = 1.1
# 指定学习率的值
lr = 0.001
# 指定模型迭代训练的次数
epochs = 3000
# 定义线性回归模型
def model(x):
    y_hat = w.dot(x) + b
    return y_hat
```

最后对模型使用梯度下降算法进行训练。在训练过程中，为了防止严重过拟合现象的出现，在损失函数中加入了正则项。模型训练的代码如下所示。

```python
# 指定正则项中 lambda 的值
reg = 0.5
# 使用梯度下降算法对模型进行迭代训练
for epoch in range(epochs):
    sum_w = 0.0
    sum_b = 0.0
    for i in range(n_train):
        xi = X_train[i]
        yi = y_train[i]
```

```
        yi_hat = model(xi)
        sum_w += (yi_hat - yi) * xi
        sum_b += (yi_hat - yi)
    grad_w = (2.0 / n_train) * sum_w + (2.0 * reg * w)
    grad_b = (2.0 / n_train) * sum_b
    w = w - lr * grad_w
    b = b - lr * grad_b
```

接下来使用在之前定义的 `loss_function` 函数来计算当前训练好的线性回归模型分别在训练集与测试集上的平均预测损失值，如以下代码所示。

```
train_loss = loss_funtion(X_train, y_train)
test_loss = loss_funtion(X_test, y_test)
```

这个线性回归模型在训练集与测试集上的平均预测损失值分别为 26.7 与 23.7，因为模型在测试集上得到的平均预测损失值比训练集上的平均预测损失值还要小，说明正则项有效地减小了过拟合现象出现的概率。

1.6 本章小结

线性回归模型在机器学习中是一个重要的回归模型。除了线性回归模型以外，后续的章节会详细讲解如何利用深度学习模型来解决回归问题，因此深入理解线性回归模型对后续算法的学习很有帮助。

本章从实际问题出发，讲解构建线性回归模型的应用场景，通过损失函数衡量模型对样本预测值与样本标签值之间的误差，还利用梯度下降算法找到使损失函数取最小值的参数的值，这样的参数值能够让模型有更好的预测能力。

本章展示构建了两个线性回归模型，分别为简单模型与复杂模型，并应用梯度下降算法对模型进行训练。在训练复杂模型的过程中出现了严重的过拟合现象，我们通过在损失函数中加入正则项对其进行了有效的缓解。在最后的项目实战中应用了 L2 正则项，除了 L2 正则项以外，还可以在损失函数中加入 L1 正则项 $|w|=|w_1|+|w_2|+\cdots+|w_n|$ 防止过拟合，其中 n 表示模型中权重的个数。

第 2 章　逻辑回归模型

在有监督学习的算法模型中，回归模型（如线性回归模型）主要应用在数据集中样本的标签为连续值的情况下，如对房价的预测、对某一个城市温度的预测等。分类模型应用在数据集中样本的标签为离散值的情况下，如对猫与狗的图片进行分类，猫的图片类别为第 1 类，狗的图片类别为第 2 类。逻辑回归模型是分类模型的一种，用于完成二分类任务。

本章首先介绍通过逻辑回归模型实现二分类的原理，对原理部分中使用到的函数与公式使用代码来实现。在之后的实际项目中，应用逻辑回归模型完成对泰坦尼克数据集中样本的分类。

2.1　逻辑回归详解

在逻辑回归模型中，最主要的部分是 Sigmoid 函数，正是因为有 Sigmoid 函数，逻辑回归模型才能够实现二分类。本节首先详细介绍 Sigmoid 函数的表达式与性质，然后讲述如何应用 Sigmoid 函数构建逻辑回归模型。在构建好逻辑回归模型以后，需要导入损失函数来计算模型预测的误差。最后通过梯度下降算法求损失函数的最小值，得到模型的最优参数值。

2.1.1　Sigmoid 函数

Sigmoid 函数的表达式如下所示。

$$\sigma(x) = \frac{1}{1 + e^{-x}}$$

其中，x 为自变量，$\sigma(x)$ 为函数的输出值。在机器学习中，通常使用 $\sigma(x)$ 这个符号来表示 Sigmoid 函数。对于 $f(x) = e^{-x}$ 这个函数，当自变量的取值在 $(-\infty, +\infty)$ 时，函数值 $f(x)$ 的取值范围是（0，+∞）。所以当自变量的取值在（−∞，+∞）时，$\sigma(x)$函数的值域是（0,1），最小值取不到 0，最大值也取不到 1。特别地，当自变量 $x = 0$ 时，函数 $f(0) = \dfrac{1}{1 + e^{-0}} = 0.5$。

在了解了 Sigmoid 函数的基本性质后，通过代码实现 Sigmoid 函数，进一步探索 Sigmoid 函数的高级性质。首先加载需要的 NumPy 库，然后按照 Sigmoid 函数的表达式来定义 Sigmoid 函数，如以下代码所示。

```
import numpy as np
def sigmoid(x):
    y = 1 / (1 + np.exp(-x))
    return y
```

接下来使用 Matplotlib 库画出函数图像，并标出当自变量 $x = 0$ 时 $\sigma(x)$函数的值，以便于直观了解 Sigmoid 函数，如以下代码所示。

```
import matplotlib.pyplot as plt
%matplotlib inline
x = np.arange(-10, 10, 0.1)
y = sigmoid(x)
plt.plot(x, y)
plt.scatter(0, sigmoid(0))
plt.show()
```

运行上面这段代码，在程序中画出 Sigmoid 函数的图像，如图 2.1 所示。

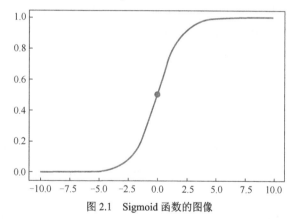

图 2.1　Sigmoid 函数的图像

从 Sigmoid 函数的图像可以看出，当自变量 x 的值小于 0 时，函数值小于 0.5；当自变量 x 的值大于 0 时，函数值大于 0.5。根据这个性质，可以把 0.5 用作函数 $\sigma(x)$的分界点。逻辑回归模型正是利用 Sigmoid 函数的这个性质来实现二分类的。

虽然到现在没有学习到逻辑回归模型，但是与线性回归模型一样，逻辑回归模型也需要在构建好模型以后，定义损失函数来衡量模型的预测误差，接下来对损失函数中的参数求梯度值，最后应用梯度下降算法来找到模型的最优参数值。因为逻辑回归模型需要使用到 Sigmoid 函数，所以在这里先对 $\sigma(x)$函数求导数。对 $\sigma(x)$函数求导数的过程就是对复合函数求导，$\sigma(x)$函数可以看成$f(x)$与$g(x)$两个函数的复合函数，$f(x)$与$g(x)$的函数表达式分别如下。

$$f(x) = e^{-x}$$
$$g(x) = \frac{1}{1+f(x)}$$

由此，对$\sigma(x)$函数求导数的详细步骤如下所示。

$$
\begin{aligned}
\frac{d\sigma(x)}{dx} &= -\frac{1}{(1+f(x))^2}\frac{df(x)}{dx} \\
&= \frac{1}{(1+e^{-x})^2}e^{-x} \\
&= \frac{1}{1+e^{-x}}\frac{1}{1+e^{-x}}e^{-x} \\
&= \frac{1}{1+e^{-x}}\left(1-\frac{1}{1+e^{-x}}\right) \\
&= \sigma(x)(1-\sigma(x))
\end{aligned}
$$

最后可以发现$\sigma(x)$函数的导数为$\sigma(x)(1-\sigma(x))$。从这个式子可以看出$\sigma(x)$函数的导数可以由其函数值$\sigma(x)$直接计算出。也就是说，当需要求 Sigmoid 函数在某一值的导数时，只需要计算这一值处的函数值就可以。例如，在$x=0$时，函数的导数如下。

$$f'(0) = f(0)(1-f(0)) = 0.5 \times (1-0.5) = 0.25$$

通过函数值直接可以计算出导数是 Sigmoid 函数的一个很重要的性质。在理解了 Sigmoid 函数的表达式与性质以后，学习逻辑回归模型是如何应用 Sigmoid 函数实现二分类的。

2.1.2　逻辑回归模型的工作原理

逻辑回归模型是一个用于二分类的分类器。逻辑回归模型只能应用在数据集中样本的标签只有两类的情况，通常把第一类记为 0，第二类记为 1。例如，为了对猫与狗的图片进行分类，可以把猫记为第一类，用 0 来表示；把狗记为第二类，用 1 来表示。

然后，来看一下数据集样本的符号表示。用 N 表示数据集中所有样本的个数，用 n 来表示每个样本的特征值个数。使用向量 x^i 来表示数据集中第 i 个样本的全部特征值，y^i 来表示第 i 个样本的标签。在逻辑回归模型中，样本的标签 y^i 的取值为 0 或者 1。使用 $x_1^i, x_2^i, x_3^i, \cdots, x_n^i$ 分别表示第 i 个样本 x^i 中的每一个特征值。

在逻辑回归模型中，模型的参数分别为权重向量 w 与偏差 b，其中权重向量 $w=[w_1\ w_2\ w_3\ \cdots\ w_n]$，权重值的个数必须与样本中特征值的个数一致，均为 n 个。当使用逻辑回归模型对数据集中第 i 个样本进行预测时，首先计算这个样本中的每一个特征值

$x^i = [x_1^i \ x_2^i \ x_3^i \ \cdots \ x_n^i]$ 与权重 $w = [w_1 \ w_2 \ w_3 \ \cdots \ w_n]$ 的点积，然后加上偏差 b，把结果赋值给变量 z^i，如下所示。

$$z^i = w \cdot x^i + b$$
$$= w_1 x_1^i + w_2 x_2^i + w_3 x_3^i + \cdots + w_n x_n^i + b$$

其中，w、b 为模型的参数。模型的参数需要在进行初始化以后，通过梯度下降算法得到合适的值。在得到了 z^i 的值之后，把 z^i 的值作为 Sigmoid 函数的自变量，Sigmoid 函数的输出为这个逻辑回归模型的预测值，记为 $\hat{y}^i$，如下所示。

$$\hat{y}^i = \sigma(z^i)$$
$$= \frac{1}{1 + e^{-z^i}}$$

计算出逻辑回归模型对第 i 个样本的预测值 $\hat{y}^i$ 后，就可以利用这个预测值 $\hat{y}^i$ 来确定对这个样本的类别的预测值。当 $\hat{y}^i$ 的值小于 0.5 时，把这个样本预测为第一类，记为 0；当 $\hat{y}^i$ 的值大于 0.5 时，把这个样本预测为第二类，记为 1。这样，就通过逻辑回归模型样本中的特征值对样本所属类别进行了预测。

为了让逻辑回归模型能够对样本的所属类别进行准确的预测，需要找到模型的最优参数值 w^* 与 b^*，使得样本的预测值与样本的标签值的误差最小。可构建一个损失函数，用于衡量模型的预测值与实际的标签值的损失值或差值。接下来就可以利用梯度下降算法来逐步减小损失函数的值，最后找到合适的参数值 w^* 与 b^*，使损失函数取最小值。

2.1.3 损失函数的构建

首先，从直观的角度来分析如何构建出衡量逻辑回归模型预测值与实际标签值之间误差的损失函数。如果样本为第一类，其标签为 0，当使用逻辑回归模型对其进行预测时，如果模型的预测值 $\hat{y}^i$ 小于 0.5，那么这个样本就被正确地划分到第一类。与此同时，如果预测值 $\hat{y}^i$ 越接近 0，说明预测值与标签值的误差越小。也就是说，$1 - \hat{y}^i$ 的值越接近 1，误差越小。同理，如果样本属于第二类，其标签为 1。如果使用逻辑回归模型得到的预测值 $\hat{y}^i$ 大于 0.5，那么这个样本就被正确地划分到第二类，并且预测值 $\hat{y}^i$ 越接近 1，模型的预测值与这个样本的标签值的误差越小。

根据这个思路，对于数据集中第 i 个样本，预测值 $\hat{y}^i$ 与标签值 y^i 的误差可以通过以下损失函数来衡量。

$$L(w, b) = \left(\hat{y}^i\right)^{y^i} \left(1 - \hat{y}^i\right)^{1 - y^i}$$

如果第 i 个样本的标签为 0，即 $y^i = 0$，那么损失函数如下。

$$L(\boldsymbol{w},b) = \left(\hat{y}^i\right)^0 \left(1 - \hat{y}^i\right)^{1-0} = 1 - \hat{y}^i$$

如果第 i 个样本的标签为 1，即 $y^i = 1$，那么损失函数如下。

$$L(\boldsymbol{w},b) = \left(\hat{y}^i\right)^1 \left(1 - \hat{y}^i\right)^{1-1} = \hat{y}^i$$

无论样本的标签是 0 或者 1，都可以通过这个损失函数衡量模型对样本的预测误差。通过这个损失函数衡量模型预测损失时，损失函数的输出值越大，模型预测能力越好。但是，梯度下降算法只能用于计算损失函数的最小值，所以可以通过对损失函数取负数的方式，把求最大值变为求最小值。然后通过这个损失函数就能够衡量模型对训练集中所有样本的平均预测误差，如下所示。

$$L(\boldsymbol{w},b) = -\frac{1}{N}\sum_{i=1}^{N}\left(\hat{y}^i\right)^{y^i}\left(1 - \hat{y}^i\right)^{1-y^i}$$

因为损失函数中有指数运算，指数在实际的运算过程中比较不方便，所以可以对损失函数取以 e 为底数的对数，将指数运算转换为对数运算，而且对损失函数取对数，并不会影响损失函数的输出值的相对大小。因为以 e 为底数的对数函数为递增函数，所以当自变量的值增加时，对数函数的函数值也增加；当自变量的值减小时，对数函数的函数值也相应减小。把损失函数作为对数函数的自变量构成一个新的损失函数，这个新的损失函数依然能够用来衡量模型预测误差的大小。新的损失函数的构建过程如下所示。

$$\ln(L(\boldsymbol{w},b)) = -\frac{1}{N}\sum_{i=1}^{N}\ln\left[\left(\hat{y}^i\right)^{y^i}\left(1 - \hat{y}^i\right)^{1-y^i}\right]$$

$$= -\ln\left[\frac{1}{N}\sum_{i=1}^{N}\left(\hat{y}^i\right)^{y^i}\left(1 - \hat{y}^i\right)^{1-y^i}\right]$$

$$= -\frac{1}{N}\sum_{i=1}^{N}\left[y^i\ln\left(\hat{y}^i\right) + \left(1 - y^i\right)\ln\left(1 - \hat{y}^i\right)\right]$$

这样就得到了一个新的损失函数。为了保证一致性，新的损失函数仍然使用 $L(\boldsymbol{w},b)$ 来表示。在新的损失函数中，已经将所有的指数运算转换为对数运算，如下所示。

$$L(\boldsymbol{w},b) = -\frac{1}{N}\sum_{i=1}^{N}\left[y^i\ln\left(\hat{y}^i\right) + \left(1 - y^i\right)\ln\left(1 - \hat{y}^i\right)\right]$$

其中，$\hat{y}^i$ 为模型对第 i 个样本的预测值，N 为训练集中样本的个数。构造了合适的损失函数之后，就可以通过梯度下降算法找到使损失函数取最小值的参数值。

刚刚得出的新的损失函数称为二元交叉熵（binary cross entropy）函数。二元交叉熵函数通常被用作二分类模型，如逻辑回归模型的损失函数，因为它可以准确地衡量二分类模型对样本的预测值与样本实际标签的误差。

2.1.4 二元交叉熵函数的代码实战

为了加深对二元交叉熵函数的理解，使用代码来更加直观地展示交叉熵的作用。因为二元交叉熵函数中需要使用以 e 为底数的对数函数，所以首先从 NumPy 依赖库中导入 log 函数，这里 log 函数就是以 e 为底数的对数函数。然后根据二元交叉熵函数定义 binary_cross_entropy 函数，其中 y 为样本的标签值，y_hat 为逻辑回归模型的预测值，二元交叉熵函数的构建代码如下所示。

```
from numpy import log
def binary_cross_entropy(y, y_hat):
    loss = - y * log(y_hat) - (1 - y) * log(1 - y_hat)
    return loss
```

定义好二元交叉熵函数以后，分别使用它衡量样本标签值与模型预测值很接近（如 $y=0$ 与 $\hat{y}=0.01$，$y=1$ 与 $\hat{y}=0.99$）时和样本标签值与模型预测值相差较大（如 $y=0$ 与 $\hat{y}=0.8$，$y=1$ 与 $\hat{y}=0.2$）时二元交叉熵函数的输出值的差别，如以下代码所示。

```
binary_cross_entropy(0, 0.01)
binary_cross_entropy(1, 0.99)
binary_cross_entropy(0, 0.8)
binary_cross_entropy(1, 0.2)
```

上面代码的输出结果分别为 0.010 05、0.010 05、1.609 4、1.609 4。从结果可以看出，当样本标签值与模型预测值很接近时，二元交叉熵的输出值较小；当样本标签值与模型预测值相差较大时，二元交叉熵的输出值随之增大。由此可见，二元交叉熵的这个性质使它能够很好地作为损失函数衡量逻辑回归模型对样本的预测值与样本实际的标签值的误差。

2.1.5 求模型的最优参数

定义了衡量逻辑回归模型预测值与样本标签值的误差的损失函数后，可以利用梯度下降算法来找到使损失函数取最小值时的参数值，损失函数如下所示。

$$L(\boldsymbol{w},b)=-\frac{1}{N}\sum_{i=1}^{N}y^i\ln\left(\hat{y}^i\right)+\left(1-y^i\right)\ln\left(1-\hat{y}^i\right)$$

其中，$\boldsymbol{w}=[w_1\ w_2\ w_3\ \cdots\ w_n]$ 与 b 为损失函数中的参数。逻辑回归模型对第 i 个样本的预测值 $\hat{y}^i$ 如下所示。

$$\hat{y}^i=\sigma(\boldsymbol{w}\cdot\boldsymbol{x}^i+b)$$
$$=\sigma\left(w_1x_1^i+w_2x_2^i+w_3x_3^i+\cdots+w_nx_n^i+b\right)$$

为了使用梯度下降算法，需要分别求损失函数关于参数 $\boldsymbol{w}=[w_1\ w_2\ w_3\ \cdots\ w_n]$ 与 b 的梯度（偏导数）。在对损失函数求导数时，根据 Sigmoid 函数的导数可以直接利用其函数计算的性质，对损失函数求梯度的过程变得很容易，如下所示。

$$\frac{\mathrm{d}\sigma(x)}{\mathrm{d}x} = \sigma(x)(1-\sigma(x))$$

首先计算出逻辑回归模型对第 i 个样本的预测值 $\hat{y}^i$ 关于参数 w_1 的偏导数，如下所示。

$$
\begin{aligned}
\frac{\partial(\hat{y}^i)}{\partial w_1} &= \frac{\partial\left(\sigma\left(\boldsymbol{w}\cdot\boldsymbol{x}^i+b\right)\right)}{\partial w_1} \\
&= \sigma\left(\boldsymbol{w}\cdot\boldsymbol{x}^i+b\right)\left(1-\sigma\left(\boldsymbol{w}\cdot\boldsymbol{x}^i+b\right)\right)x_1^i \\
&= \hat{y}^i\left(1-\hat{y}^i\right)x_1^i
\end{aligned}
$$

由此，损失函数 $L(\boldsymbol{w},b)$ 关于参数 w_1 的偏导数的计算过程如下所示。

$$
\begin{aligned}
\frac{\partial L(\boldsymbol{w},b)}{\partial w_1} &= -\frac{1}{N}\sum_{i=1}^{N}\left[y^i\frac{1}{\hat{y}^i}\hat{y}^i\left(1-\hat{y}^i\right)\boldsymbol{x}^i + (1-y^i)\frac{1}{1-\hat{y}^i}(-1)\hat{y}^i\left(1-\hat{y}^i\right)\boldsymbol{x}^i\right] \\
&= \frac{1}{N}\sum_{i=1}^{N}(\hat{y}^i-y^i)x_1^i
\end{aligned}
$$

同理，得到关于其余的权重（w_2, w_3, $\cdots$, w_n）的偏导数。

$$\frac{\partial L(\boldsymbol{w},b)}{\partial w_2} = \frac{1}{N}\sum_{i=1}^{N}(\hat{y}^i-y^i)x_2^i$$

$$\frac{\partial L(\boldsymbol{w},b)}{\partial w_3} = \frac{1}{N}\sum_{i=1}^{N}(\hat{y}^i-y^i)x_3^i$$

$$\vdots$$

$$\frac{\partial L(\boldsymbol{w},b)}{\partial w_n} = \frac{1}{N}\sum_{i=1}^{N}(\hat{y}^i-y^i)x_n^i$$

以上关于权重 $\boldsymbol{w}$ 中每个参数的偏导数可以使用以下的形式表示。

$$\frac{\partial L(\boldsymbol{w},b)}{\partial \boldsymbol{w}} = \frac{1}{N}\sum_{i=1}^{N}(\hat{y}^i-y^i)\boldsymbol{x}^i$$

其中，$\boldsymbol{x}^i$ 表示训练集数据中第 i 个样本的全部特征值。最后，关于参数 b，对损失函数求偏导数的过程如下所示。

$$
\begin{aligned}
\frac{\partial L(\boldsymbol{w},b)}{\partial b} &= -\frac{1}{N}\sum_{i=1}^{N}\left[y^i\frac{1}{\hat{y}^i}\hat{y}^i\left(1-\hat{y}^i\right) + (1-y^i)\frac{1}{1-\hat{y}^i}(-1)\hat{y}^i\left(1-\hat{y}^i\right)\right] \\
&= \frac{1}{N}\sum_{i=1}^{N}(\hat{y}^i-y^i)
\end{aligned}
$$

这样就得到了损失函数关于参数 $\boldsymbol{w}$、b 的梯度值。这些参数经过初始化以后，就可以利用梯度下降算法对参数进行多次更新迭代，从而得到使损失函数取最小值的参数值 w^* 与 b^*，参数 w^* 与 b^* 即为模型的最优参数值。使用梯度下降算法对模型参数的更新迭代过程如下所示。

$$w_i = w_{i-1} - \text{lr}\frac{\partial L(w_i, b)}{\partial w_i}$$

$$b_i = b_{i-1} - \text{lr}\frac{\partial L(w, b_{i-1})}{\partial b_{i-1}}$$

每一次对参数进行迭代更新时，需要在全部参数按照上面的公式依次对模型的权重与偏差完成更新，再进行下一次的更新，只有这样才能对模型的参数进行有效的更新。在掌握了逻辑回归模型的原理以后，将逻辑回归模型应用在实际的项目中，这样不仅能够加深对逻辑回归的理解，还能够掌握逻辑回归模型的应用。

2.2 逻辑回归项目实战

2.2.1 泰坦尼克数据集简介

这个逻辑回归模型的实战项目使用的数据集为泰坦尼克数据集（Titanic Dataset），也称为泰坦尼克生存数据集。该数据集表示 1912 年泰坦尼克沉船事件中一些船员的个人信息以及存活状况。

泰坦尼克数据集分为训练集与测试集。训练集有 891 个样本数据，测试集有 418 个样本数据。数据集可以从网络上直接下载，但是没有提供测试集样本对应的标签。可以把原训练集的 891 个样本数据中的 80% 的样本数据用作训练集，余下的 20% 的样本数据用作测试集。对于训练集中每一个样本，都有 11 个特征值，包括乘客编号（PassengerID）、乘客性别（Sex）、乘客年龄（Age）、乘客的船舱等级（Pclass）、票价（Fare）等，并有对应的标签（Survived），标签对应的信息为该乘客在事故中是否存活。因为标签值只有两种——去世与存活，分别使用数字 0 和数字 1 来表示，所以这个项目为二分类项目。为了简化模型的训练过程，这里从 11 个特征值中选择 4 个特征值作为样本的特征值，用于模型的训练。

在这个实战项目中，首先，加载数据集，并对数据集进行预处理。然后，构建逻辑回归模型，在初始化模型参数与指定模型的超参数以后，使用梯度下降算法训练模型得到模型最优的参数。最后，使用测试集数据来评估模型的训练效果。除此以外，还会讲解一种使用矩阵来加速模型训练的方式。使用矩阵来训练模型可以大幅度地提升模型的训练速度。这样的方式被广泛应用于深度学习的模型中，在本章中深入理解这种模型的训练方式对后续的学习有一定的帮助。

2.2.2　数据集的加载

首先，在程序中加载数据集，数据集中的数据全部存放在 `dataset.csv` 文件中，如以下代码所示。

```
import pandas as pd
dataset = pd.read_csv('dataset.csv')
```

然后，需要对数据集中的数据进行预处理。由于性别特征在数据集中使用两个单词来表示，分别为"male"与"female"，因此需要将这样的表示类别的单词转换为数字。由于数据集中的部分样本中的年龄特征值有缺失，因此使用所有样本中年龄的均值替换掉缺失值。在所有样本的 11 个特征值中，选择乘客的船舱等级、乘客性别、票价、乘客年龄这 4 个特征值用于逻辑回归模型的训练，在数据集中取出 Pclass、Sex、Fare 和 Age 这 4 列，使用变量 X 来存储。数据集中 Survived 这一列表示每一个样本所对应的标签值，将这一列的值取出，使用变量 y 来存储。最后，将所有的特征值进行标准化处理，如以下代码所示。

```
# 将性别特征转换为数字
dataset['Sex'] = dataset['Sex'].astype('category').cat.codes
# 将年龄特征缺失的样本使用年龄的均值替换
dataset['Age'] = dataset['Age'].fillna(dataset['Age'].mean())
# 所有样本的特征值
X = dataset[['Pclass','Sex','Fare','Age']].values
# 所有样本的标签值
y = dataset['Survived'].values
# 将数据集所有样本的特征值进行标准化
mean = X.mean(axis=0)
std = X.std(axis=0)
X = (X - mean) / std
```

将数据集中数据的特征值与标签值分开，并对特征值进行标签化以后，将数据集分为训练集与测试集。数据集中 80%的数据用作训练集，其余 20%的数据用作测试集；使用 n_train 变量来表示训练集中样本的个数，使用 n_features 变量表示训练集中样本的特征值个数。具体代码如下。

```
from sklearn.model_selection import train_test_split
# 将数据集分为训练集与测试集
X_train, X_test, y_train, y_test = train_test_split(X, y, test_size=0.2)
# 训练集中样本的个数
n_train = X_train.shape[0]
# 每个样本中的特征值个数
n_features = X_train.shape[1]
```

2.2.3　模型的构建与训练

将数据集按照指定比例划分为训练集与测试集以后，构建逻辑回归模型，并使用训练集数据对其进行训练。在逻辑回归模型中，需要用到 sigmoid 函数，因此首先在程序中定义模型中要用到的 sigmoid 函数，如以下代码所示。

```python
import numpy as np
def sigmoid(x):
    y = 1 / (1 + np.exp(-x))
    return y
```

为了定义逻辑回归模型，首先初始化逻辑回归模型中的参数值，逻辑回归模型中的参数分别为权重 w 与偏差 b。其中权重 w 为一个一维向量，向量的维度必须和训练集数据中样本特征值个数一致。偏差 b 为标量。使用 NumPy 依赖库中的随机函数对权重 w 进行随机初始化，将偏差 b 的值随机初始化为 1.1。逻辑回归模型的输入 x 也为一个一维向量，表示一个样本中所有的特征值，y_hat 为模型的预测值。构建逻辑回归模型的代码如下所示。

```python
# 对逻辑回归模型的参数进行随机初始化
w = np.random.rand(n_features)
b = 1.1
# 构建逻辑回归模型
def model(x):
    z = w.dot(x) + b
    y_hat = sigmoid(z)
    return y_hat
```

将逻辑回归模型构建完成以后，使用梯度下降算法对其进行训练。指定模型的训练次数为 10 000，指定训练时使用的学习率为 0.01。然后对模型依次进行迭代训练。按照对损失函数求梯度的公式，求损失函数关于权重 w 的梯度时，首先得到逻辑回归模型对每一个样本的预测值 yi_hat，将其与样本的标签值 yi 相减，并乘以样本的特征值 xi，然后把所有样本的计算结果相加，最后除以训练集中的样本个数，得到关于权重 w 的梯度值。类似地，可以计算出损失函数关于参数 b 的梯度值。得到模型中所有参数的梯度值以后，就可以利用梯度下降算法完成对参数的更新，如以下代码所示。

```python
# 指定模型的训练次数
epochs = 10000
# 指定学习率
lr = 0.01
# 使用梯度下降算法对逻辑回归模型进行训练
for epoch in range(epochs):
    sum_w = np.zeros(n_features)
    sum_b = 0.0
    for i in range(n_train):
        xi = X_train[i]
        yi_hat = model(xi)
        yi = y_train[i]
        sum_w += (yi_hat - yi) * xi
        sum_b += (yi_hat - yi)
    # 计算损失函数关于权重的梯度值
    grad_w = (1 / n_train) * sum_w
```

```
# 计算损失函数关于偏差的梯度值
grad_b = (1 / n_train) * sum_b
w = w - lr * grad_w
b = b - lr * grad_b
```

2.2.4 模型的评估

模型训练好了以后,分别使用训练集与测试集对模型进行评估。首先定义使用训练好的逻辑回归模型进行预测的函数。使用 preditions 列表保存模型对数据集 X 中每一个样本的预测值;使用 yi_hat 来表示模型对样本 xi 的预测值。当 yi_hat 的值小于 0.5 的时候,样本被模型划分为第一类,标签为 0;当 yi_hat 的值大于或等于 0.5 的时候,样本被模型划分为第二类,标签为 1。具体代码如下。

```
# 使用逻辑回归模型对样本进行预测
def predict(X):
    predictions = []
    n_samples = X.shape[0]
    for i in range(n_samples):
        xi = X[i]
        yi_hat = model(xi)
        if yi_hat < 0.5:
            # 当模型的预测值小于 0.5 时,预测为第一类
            predictions.append(0)
        else:
            # 当模型的预测值大于或等于 0.5 时,预测为第二类
            predictions.append(1)
    return predictions
```

定义好了模型的预测函数——predict 函数以后,可以通过 predict 函数对样本进行预测,然后通过 get_accuracy 函数来分别衡量逻辑回归模型在训练集与测试集上的准确率。在 get_accuracy 函数中,首先计算出模型对数据集 X 中每一个样本的预测值,然后将模型对样本的预测值与样本的标签值进行对比。当模型的预测值与样本标签不一致时,损失值加 1;当模型预测值与样本标签一致时,损失值不变。最后把损失值除以数据集 X 中样本的个数,得到模型对数据集 X 中样本的预测准确率,如以下代码所示。

```
# 计算逻辑回归模型对数据集中样本的预测准确率
def get_accuracy(X, y):
    n_samples = X.shape[0]
    predictions = predict(X)
    loss = 0
    for i in range(n_samples):
        if y[i] != predictions[i]:
            loss += 1
    accuracy = (n_samples - loss) / n_samples
    return accuracy
```

最后，调用 get_accuracy 函数来分别查看这个训练好的逻辑回归模型在训练集与测试集上的准确率，如以下代码所示。

```
train_accuracy = get_accuracy(X_train, y_train)
test_accuracy = get_accuracy(X_test, y_test)
```

运行以上代码，可知模型在训练集上的准确率为 0.79（79%），在测试集上的准确率为 0.83（83%）。模型在测试集上的准确率明显比训练集上的准确率高，说明模型具有较好的泛化能力。在模型训练中，虽然只使用了样本的 4 个特征，但是得到了不错的准确率。读者如果对这个数据集感兴趣，可以使用样本中更多的特征对逻辑回归模型进行训练，这样得到的模型能够在数据集上展现出更高的准确率。

2.2.5 使用矩阵的方式加速模型的训练

之前在逻辑回归模型训练中使用的方法为依次取出训练集中每个样本的特征值 x^i，使用逻辑回归模型对其进行预测，得到预测值 $\hat{y}^i$，然后利用预测值 $\hat{y}^i$、样本标签值 y^i、样本的特征值 x^i 计算出损失函数关于当前参数的梯度值。但是利用循环依次对每个样本进行计算的方式效率很低。另一种更快速的模型训练方法是把整个训练集看成一个矩阵，矩阵的每一行为一个样本，每一列为所有样本的一个特征值。因此矩阵的行数为训练集中样本的个数，矩阵的列数为样本特征值的个数，如下所示。

$$X = \begin{bmatrix} x_1^1 & x_2^1 & x_3^1 & \dots & x_n^1 \\ x_1^2 & x_2^2 & x_3^2 & \dots & x_n^2 \\ \vdots & \vdots & \vdots & & \vdots \\ x_1^N & x_2^N & x_3^N & \dots & x_n^N \end{bmatrix}$$

矩阵 X 表示整个训练集的数据。矩阵中有 N 行，每一行为一个样本；矩阵中有 n 列，每一列表示所有样本的一个特征值。因此，可以利用这个训练集矩阵一次计算出模型对训练集中所有样本的预测值，记为 $\hat{y}^i$。将训练集中所有样本的标签值使用向量 y 来表示。当使用循环的方式来计算参数 w 与 b 的梯度值时，计算方式如下所示。

$$\frac{\partial L(w,b)}{\partial w} = \frac{1}{N} \sum_{i=1}^{N} (\hat{y}^i - y^i) x^i$$

$$\frac{\partial L(w,b)}{\partial b} = \frac{1}{N} \sum_{i=1}^{N} (\hat{y}^i - y^i)$$

将训练集中所有样本的特征值使用矩阵 X 表示，将训练集中所有样本的标签值使用向量 y 表示，将模型对训练集中所有样本的预测值使用向量 $\hat{y}$ 来表示，损失函数关于参数 w 与 b 的梯度计算公式如下所示。

$$\frac{\partial L(w,b)}{\partial w} = \frac{1}{N}(\hat{y}-y)^{\mathrm{T}} \cdot X$$

$$\frac{\partial L(w,b)}{\partial b} = \frac{1}{N}\mathrm{sum}(\hat{y}-y)$$

其中，sum 函数用于将向量中所有的值相加，训练集中所有样本的标签值 y、模型对训练集中所有样本的预测值 $\hat{y}$ 可使用如下的方式表示。

$$y = \begin{bmatrix} y^1 \\ y^2 \\ \vdots \\ y^N \end{bmatrix} \qquad \hat{y} = \begin{bmatrix} \hat{y}^1 \\ \hat{y}^2 \\ \vdots \\ \hat{y}^N \end{bmatrix}$$

通过以上梯度计算公式可以看出，之前的循环运算现在变成了向量与矩阵的乘法运算，所以加快了计算梯度的速度，进而加快了模型的训练速度。计算出参数的梯度值以后，同样利用梯度下降算法来对模型的参数进行迭代更新，如下所示。

$$w_i = w_{i-1} - \mathrm{lr}\frac{\partial L(w_{i-1},b)}{\partial w_{i-1}}$$

$$b_i = b_{i-1} - \mathrm{lr}\frac{\partial L(w,b_{i-1})}{\partial b_{i-1}}$$

掌握了使用矩阵表示数据、通过向量与矩阵乘法的方式计算梯度值以后，应用之前已经预处理过的泰坦尼克数据集，使用矩阵的方式来构建与训练逻辑回归模型。首先初始化逻辑回归模型的参数 w 与 b，然后构建逻辑回归模型。与之前逻辑回归模型构建方式不同的是，现在的逻辑回归模型以矩阵表示的数据集作为输入，模型的输出为对这个数据集中所有样本进行预测后的值向量。具体代码如下。

```
w = np.random.rand(n_features)
b = 0
def model(X):
    z = w.dot(X.T) + b
    y_hat = sigmoid(z)
    return y_hat
```

接下来，通过向量与矩阵乘法的方式计算出损失函数关于权重向量 w 的梯度值，通过将向量中所有值相加的方式计算出损失函数关于偏差 b 的梯度值。最后，使用梯度下降算法完成对参数的迭代更新。具体实现方式与推导出的公式完全一致，如以下代码所示。

```
epochs = 10000
lr = 0.01
for epoch in range(epochs):
```

```
sum_w = np.zeros(n_features)
sum_b = 0.0
# 使用模型一次计算出全部训练集样本的预测结果
y_hat = model(X_train)
# 计算模型参数梯度值
sum_w = np.dot((y_hat - y_train), X_train)
sum_b = np.sum(y_hat - y_train)
grad_w = (1 / n_train) * sum_w
grad_b = (1 / n_train) * sum_b
# 使用梯度下降算法更新模型参数
w = w - lr * grad_w
b = b - lr * grad_b
```

将逻辑回归模型训练好以后，使用之前定义的 `get_accuracy` 函数来查看模型分别在训练集与测试集上的准确率，如以下代码所示。

```
train_accuracy = get_accuracy(X_train, y_train)
test_accuracy = get_accuracy(X_test, y_test)
```

运行以上代码，可知模型在训练集上的准确率为 0.79（79%），在测试集上的准确率为 0.83（83%），与之前使用循环的方式训练出的模型在数据集上的准确率完全一致。将全部训练集样本数据看成一个矩阵，然后使用矩阵的方式对参数进行更新可以极大地加快模型的训练速度。在下一章中，会继续使用这种高效的方式来对模型进行训练。

2.3 逻辑回归模型与神经网络的联系

以数据集中所有样本都有 3 个特征值 $x = [x_1\ x_2\ x_3]$ 为例，介绍逻辑回归模型的工作原理。首先把样本的特征值 $x = [x_1\ x_2\ x_3]$ 与模型的权重 $w = [w_1\ w_2\ w_3]$ 相乘，并加上偏差 b，如下所示。

$$z = w_1x_1 + w_2x_2 + w_3x_3 + b$$

然后，把 z 的值输入 $\sigma(x)$ 函数中，得到模型的预测值 $\hat{y}$。逻辑回归模型的工作原理可以使用图 2.2 中的结构表示。

在图 2.2 中，把逻辑回归模型分为 3 层。第 1 层接收模型的输入 $x = [x_1\ x_2\ x_3]$，称为输入层。最后一层表示模型的输出 $\hat{y}$，称为输出层。介于输入层与输出层之间的单元称为中间层，也可称为隐藏层。把输入层的值 $x = [x_1\ x_2\ x_3]$ 与中间层的权重 $w = [w_1\ w_2\ w_3]$ 相乘，并加上偏差 b，将计算的结果作为中间层中 Sigmoid 函数的输入，最后得到输出层的 $\hat{y}$。这就是一个较基础的神经网络（neural network）结构。通过使用这样的结构来表示逻辑回归模型，可以加深对逻辑回归模型的理解，为接下来了解深度学习做好铺垫。

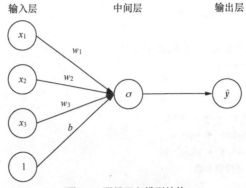

图 2.2　逻辑回归模型结构

2.4　本章小结

本章详细讲解了逻辑回归模型的工作原理。通过使用泰坦尼克数据集对构建好的逻辑回归模型进行训练，完成了一个二分类的项目。

深入理解逻辑回归模型，可以为后续的学习打下良好的基础。逻辑回归模型只能应用于二分类任务。但是在实际项目中，经常会遇到多分类任务，如对手写数字（0～9）分类时，由于数据集的标签一共有 10 类，因此需要使用多分类器。在机器学习中，应用于多分类任务的算法有很多，其中的一个多分类器为 Softmax 多分类器。虽然 Softmax 多分类器单独作为一个多分类器并不常用，但是 Softmax 多分类器被广泛应用在深度学习模型中，如用在深度学习模型的最后一层以完成多分类任务，用在注意力模型中等。第 3 章将详细讲解 Softmax 多分类器的工作原理，并将其应用在实际项目中。

第 3 章　Softmax 多分类器

逻辑回归模型中，主要使用 Sigmoid 函数来实现二分类的功能。在实际项目中，经常会遇到多分类的任务，如对图片中显示的 0～9 的某一个数字进行识别，这就是一个 10 分类的任务，因此需要使用多分类器来对数据集中的样本进行分类。在机器学习中，完成多分类任务的分类器模型有多种，本章将详细介绍其中的一种即 Softmax 多分类器。Softmax 多分类器在深度学习模型中有广泛的应用，深入理解并掌握 Softmax 多分类器能够为接下来学习深度学习的内容打下良好的基础。

3.1　Softmax 函数详解

在逻辑回归模型中，应用 Sigmoid 函数能够完成二分类任务。在 Softmax 多分类器模型中，主要依赖 Softmax 函数，进而实现多分类的功能。本节首先详细介绍 Softmax 函数的工作原理与应用，然后使用代码实现 Softmax 函数。

如果一个数组（array）中有 3 个值，分别为 1、3、5。这个数组中的最大值为 5，即 max ([1, 3, 5]) = 5，max 函数用于找出一个数组或者列表中的最大值，即通过这个 max 函数能够找到数组中的最大值。Softmax 函数是 max 函数的一个衍生函数。Softmax 函数的工作原理如以下。

数组 a 有 n 个元素，分别为 $a_1, a_2, a_3, \cdots, a_n$，即

$$a = [a_1, a_2, a_3, \cdots, a_n]$$

通过以下几个操作来得到对数组 a 应用 Softmax 函数的值。首先，对数组 a 中的每一个元素 a_i 取以 e 为底数的幂，得到一个新的数组，使用 t 来表示，即

$$t = [e^{a_1}, e^{a_2}, e^{a_3}, \cdots, e^{a_n}]$$

接下来，把数组 t 中的每一个元素加起来，并赋值给变量 s，即

$$s = \text{sum}(t)$$

$$= e^{a_1} + e^{a_2} + e^{a_3} + \cdots + e^{a_n}$$

最后，数组 t 中每一个元素除以 s 得到对数组 a 应用 Softmax 函数的结果，即

$$\text{Softmax}(a) = \left[\frac{e^{a_1}}{s}, \frac{e^{a_2}}{s}, \frac{e^{a_3}}{s}, \cdots, \frac{e^{a_n}}{s} \right]$$

把经过 Softmax 函数处理后的数组中所有元素的值相加，得到的结果为 1，原因如下所示。

$$
\begin{aligned}
\text{sum}(\text{Softmax}(a)) &= \frac{e^{a_1}}{s} + \frac{e^{a_2}}{s} + \frac{e^{a_3}}{s} + \cdots + \frac{e^{a_n}}{s} \\
&= \frac{e^{a_1} + e^{a_2} + e^{a_3} + \cdots + e^{a_n}}{s} \\
&= \frac{s}{s} \\
&= 1
\end{aligned}
$$

举例来说，对于数组 $a = [1,3,5]$，对其应用 Softmax 函数的计算过程如图 3.1 所示。首先，对数组 a 的每个元素求以 e 为底数的幂，得到数组 t，即

$$t = [e^1, e^3, e^5]$$

然后，把数组 t 中的每个元素相加，得到 s 的值，即

$$s = \text{sum}(t) = e^1 + e^3 + e^5$$

最后，把数组 t 中的每个元素除以 s 得到最后的结果，即

$$\text{Softmax}(a) = \left[\frac{e^1}{s}, \frac{e^3}{s}, \frac{e^5}{s} \right]$$

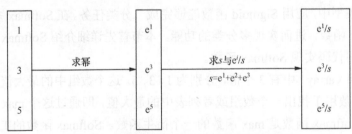

图 3.1　对数组 a 应用 Softmax 函数的计算过程

在理解了 Softmax 函数的工作原理后，使用代码来实现 Softmax 函数并将 Softmax 函数应用于数组。

首先，加载需要的 Numpy 库。然后，定义 `softmax` 函数。

在 `softmax` 函数中，首先，对数组 `array` 中的每个元素求以 e 为底数的幂，并把结果赋值给数组 `t`。然后，把数组 `t` 中的所有元素值相加，并把结果赋值给变量 `s`。最后，把数组 `t` 中的每个元素都除以变量 `s` 的值，得到 `softmax` 函数的输出结果。具体代码如下。

```
import numpy as np
def softmax(array):
t = np.exp(array)
s = np.sum(t)
result = t / s
return result
```

定义好 `softmax` 函数以后，应用 `softmax` 函数来对数组[1,3,5]进行处理。首先，定义数组 a，并将元素值指定为 1、3、5。然后，把数组 a 传入 `softmax` 函数中，得到输出结果。具体代码如下。

```
a = np.array([1, 3, 5])
result = softmax(a)
print(result)
print(sum(result))
```

对数组 a 应用 `softmax` 函数得到的输出结果为[0.015, 0.117, 0.868]（取小数点后 3 位），把最后输出的结果数组中的值相加，其和为 1。正如上面的证明所示，把 `softmax` 函数输出的结果数组中的值相加得到的和一定为 1。

3.2　Softmax 多分类器详解

在掌握了 Softmax 函数的原理以后，我们来学习如何应用 Softmax 函数实现多分类。应用 Softmax 函数实现多分类的分类器称为 Softmax 多分类器。在学习 Softmax 多分类器原理之前，需要首先学习一种新的样本标签值的表示方式，称为独热编码（one-hot encoding）。接下来学习如何应用 Softmax 多分类器实现多分类，最后应用交叉熵函数作为损失函数来计算模型的预测损失值。

3.2.1　独热编码详解

举例来说，数据集中有 N 个样本，分别为 $x^1, x^2, x^3, \cdots, x^m$。每一个样本都有 n 个特征值，对于数据集中的第 i 个样本，其 n 个特征值分别为 $x_1^i, x_2^i, x_3^i, \cdots, x_n^i$。所有样本的标签分为 3 类，分别为 c_1、c_2、c_3，可以把这 3 类标签分别表示为 0、1、2。这样每一个样本的标签都为 0、1、2 中的一个值。

当样本中的标签为离散值时，可以使用另一种方式来表示，这种方式称为独热编码。离散值的标签使用独热编码进行表示后，每个标签都变为一个数组，每个标签数组的长度与数据集中的样本标签值的种类数一致。因为数据集中的样本一共有 3 种，所以经过独热编码后的每个标签数组的长度为 3。标签的独热编码形式的构造原理如下。

如果样本的标签为第 1 类（0），就把数组中第 1 个位置元素设为 1，其他位置的元素设为

0，记为[1, 0, 0]；如果样本的标签为第 2 类（1），就把数组中第 2 个位置元素设为 1，其他位置的元素设为 0，记为[0, 1, 0]；同理，第 3 类标签的独热编码表示形式为[0, 0, 1]。这样就把 0、1、2 这 3 种标签分别用[1, 0, 0]、[0, 1, 0]、[0, 0, 1]这 3 个数组来表示。

下面使用代码实现独热编码。假设数据集中有 10 个样本，全部样本的标签为 3 类，分别记为 0、1、2。我们使用下面这段代码来对这 10 个样本进行独热编码，使用 n_classes 变量来表示数据集中样本标签的种类个数。因为 NumPy 库中的 eye 函数可以用来生成指定维度的对角矩阵，所以可以利用其生成对角矩阵，取出对角矩阵中的离散标签值作为下标值对应的那一行数组，这个数组即为对应离散标签值的独热编码表示形式。具体代码如下。

```python
# 加载依赖库
import numpy as np
# n_classes 表示数据集中样本标签的种类，一共有 3 类
n_classes = 3
# y 表示数据集全部样本的标签
y = np.array([0, 1, 0, 2, 1, 2, 2, 1, 0, 1])
# 定义独热编码函数
# 应用 NumPy 库中的 eye 函数生成对角矩阵来完成独热编码操作
def one_hot_encoding(labels, n_classes):
    result = np.eye(n_classes)[labels]
return result
# 使用独热编码函数将样本标签转换为独热编码的形式
one_hot_encoding(y, n_classes)
```

通过调用这个独热编码函数，成功将数据集中全部样本的标签转换为独热编码的形式，最后的结果如下所示。

```
[[1. 0. 0.]
 [0. 1. 0.]
 [1. 0. 0.]
 [0. 0. 1.]
 [0. 1. 0.]
 [0. 0. 1.]
 [0. 0. 1.]
 [0. 1. 0.]
 [1. 0. 0.]
 [0. 1. 0.]]
```

3.2.2　Softmax 多分类器工作原理

在掌握了独热编码的原理以后，我们学习如何应用 Softmax 函数构建 Softmax 多分类器来实现多分类。例如，数据集中有 N 个样本，每个样本都有 n 个特征值，数据集中所有的样本标签分为 3 类，经过独热编码处理以后，标签值变为[1, 0, 0]、[0, 1, 0]、[0, 0, 1]。对于数据中第 i 个样本 $\boldsymbol{x}^i = [x_1^i \ x_2^i \ x_3^i \cdots x_n^i]$，Softmax 多分类器通过以下几个步骤来对其进行分类。

首先，分别计算第 i 个样本 $\boldsymbol{x}^i$ 与 3 组不同的参数 $\boldsymbol{w}^1$、$\boldsymbol{w}^2$、$\boldsymbol{w}^3$ 的点积。

$$\boldsymbol{w}^1 = \begin{bmatrix} w_1^1 & w_2^1 & w_3^1 & \cdots & w_n^1 \end{bmatrix}$$

$$\boldsymbol{w}^2 = \begin{bmatrix} w_1^2 & w_2^2 & w_3^2 & \cdots & w_n^2 \end{bmatrix}$$

$$\boldsymbol{w}^3 = \begin{bmatrix} w_1^3 & w_2^3 & w_3^3 & \cdots & w_n^3 \end{bmatrix}$$

然后，分别加上偏移项 b^1、b^2、b^3，得到对应的 z^1、z^2、z^3。

$$z^1 = \boldsymbol{w}^1 \cdot \boldsymbol{x}^i + b^1$$

$$z^2 = \boldsymbol{w}^2 \cdot \boldsymbol{x}^i + b^2$$

$$z^3 = \boldsymbol{w}^3 \cdot \boldsymbol{x}^i + b^3$$

最后，把 z_1、z_2、z_3 的值作为一个数组输入 Softmax 函数中，得到模型的预测值 $\hat{y}_1^i$、$\hat{y}_2^i$、$\hat{y}_3^i$。因为 $\hat{y}_1^i$、$\hat{y}_2^i$、$\hat{y}_3^i$ 为 Softmax 函数的输出值，所以相加得到的和一定为 1，即 $\hat{y}_1^i + \hat{y}_2^i + \hat{y}_3^i = 1$。

使用 Softmax 多分类器模型对第 i 个样本 $\boldsymbol{x}^i$ 进行预测的过程如图 3.2 所示。

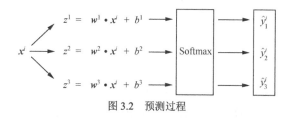

图 3.2　预测过程

在得到模型的预测值以后，如当前模型对第 i 个样本 $\boldsymbol{x}^i$ 的预测值为[0.1, 0.7, 0.2]，如何知道这个样本被预测为哪一类别呢？答案是，预测值中最大值在数组中的位置即为样本被预测的类别。对于样本的预测值[0.1, 0.7, 0.2]，其中第 2 个值 0.7 为预测值中的最大值，所以当前样本被预测为第 2 类，即预测的类别为 1。

得到了模型的预测值以后，需要定义损失函数来衡量模型的预测误差，然后利用梯度下降算法逐步降低损失函数的函数值，最后找到使损失函数取最小值的参数值，即模型的最优参数值。在 Softmax 多分类器中，使用多元交叉熵（categorical cross entropy）函数作为损失函数来计算模型的预测值与样本经过独热编码后的标签值的误差。

3.2.3　多元交叉熵函数详解

当使用逻辑回归模型完成二分类的分类任务时，使用二元交叉熵函数作为损失函数。因为 Softmax 多分类器是一个多分类器，所以需要使用多元交叉熵函数来作为损失函数。如图 3.3 所示，其中 $\hat{\boldsymbol{y}}^i$ 为模型对数据集中第 i 个样本的预测值，$\boldsymbol{y}^i$ 为第 i 个样本经过独热编码后的标签值。通过多元交叉熵函数来衡量模型预测值与标签值的误差。

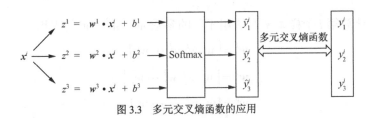

图 3.3　多元交叉熵函数的应用

多元交叉熵函数的表达式如下所示。

$$L\left(\hat{\boldsymbol{y}}^i, \boldsymbol{y}^i\right) = -\sum_{n=1}^{c} y_n^i \ln \hat{y}_n^i$$

其中，$\hat{\boldsymbol{y}}^i$ 与 $\boldsymbol{y}^i$ 分别为模型对第 i 个样本的预测值与第 i 个样本的标签值。c 为样本标签的种类数。对于当前的这个数据集，因为样本标签一共有 3 种，分别为[1, 0, 0]、[0, 1, 0]、[0, 0, 1]，所以 $c = 3$。当前这个用于完成多分类任务的 Softmax 多分类器的损失函数如下所示。

$$L\left(\hat{\boldsymbol{y}}^i, \boldsymbol{y}^i\right) = -\sum_{n=1}^{3} y_n^i \ln \hat{y}_n^i$$

3.2.4　多元交叉熵函数的代码实战

为了深入理解并掌握多元交叉熵函数的工作原理，使用代码实现多元交叉熵函数。首先按照上一节定义的多元交叉熵函数的工作原理，定义 categorical_cross_entropy 函数，其中 n_classes 变量表示经过独热编码后标签的数组长度，即样本标签的种类数，如以下代码所示。然后查看经过独热编码以后的标签值[0, 0, 1]，使用多元交叉熵函数作为损失函数时，对比不同的模型预测值[0.1, 0.1, 0.8]、[0.1, 0.3, 0.6]、[0.4, 0.5, 0.1]得到的损失值。可以看出，对于已知的样本标签值 [0, 0, 1]，预测损失值逐渐增大。接下来，看一下多元交叉熵函数是如何衡量模型预测值与样本标签值之间的损失值的。

```
def categorical_cross_entropy(y, y_hat):
n_classes = len(y)
loss = 0
for i in range(n_classes):
loss += - y[i] * log(y_hat[i])
return loss
```

定义好 categorical_cross_entropy 函数以后，首先来看一下已知的样本标签值[0, 0, 1]与模型预测值[0.1, 0.1, 0.8]通过多元交叉熵函数计算得到的损失值，如以下代码所示。

```
# y 为样本标签值
y = [0, 0, 1]
# y_hat 为使用 Softmax 多分类器得到的预测值
y_hat = [0.1, 0.1, 0.8]
```

```
# 使用多元交叉熵函数计算样本标签值与预测值的损失值
loss = categorical_cross_entropy(y, y_hat)
```

计算出的损失值（loss）为 0.223 1。对于同样的样本标签值，如果模型的预测值为[0.1, 0.3, 0.6]，相对于预测值[0.1, 0.1, 0.8]，可以直观地看出当前的预测值有更高的误差。通过多元交叉熵函数来计算损失值，如以下代码所示。

```
y = [0, 0, 1]
y_hat = [0.1, 0.3, 0.6]
loss = categorical_cross_entropy(y, y_hat)
```

得到的损失值（loss）为 0.510 8，可见该损失值相较于前一个损失值有所增大。最后，对于标签为[0, 0, 1]的样本，如果模型的预测值为[0.4, 0.5, 0.1]，即预测值与样本标签值的差距很大，再来看一下通过多元交叉熵函数计算出的损失值。

```
y = [0, 0, 1]
y_hat = [0.4, 0.5, 0.1]
loss = categorical_cross_entropy(y, y_hat)
```

得到的损失值（loss）为 2.302 5。当样本标签值与模型预测值的差距较小时，使用多元交叉熵函数计算出的损失值也相对较小；当样本标签值与模型的预测值的差距较大时，使用多元交叉熵函数计算出的损失值也随之增大。由此可见，使用多元交叉熵函数作为训练 Softmax 多分类器模型的损失函数可以很好地衡量模型的预测值与样本经过独热编码以后的标签值的误差。

在掌握了 Softmax 多分类器模型的工作原理以及如何应用多元交叉熵函数来作为损失函数以后，可在项目中应用 Softmax 多分类器模型对手写数字图片进行分类。

3.3 数据集的预处理

项目中使用的 MNIST 数据集为手写体数字数据集。首先详细了解 MNIST 数据集，并学习对数据集中所有样本的特征值与标签值处理的方法。然后，对数据集中的样本特征值进行图片归一化（normalization）、扁平化（flatten）操作，并对样本的标签进行独热编码。

3.3.1 MNIST 数据集详解

在机器学习中，经常会用 MNIST 数据集来测试算法。MNIST 数据集中的样本为手写数字图片，其中每一张图片的长和宽都为 28 像素，且都是黑白图片，每一个像素的值都在 0～255，即每一张图片的表示形式为 28×28×1。数据集中一共有 7 万张图片，其中包含 6 万张训练集图片与 1 万张测试集图片。每一张图片的标签为图片中对应的数字，即 0～9，共 10 种。MNIST 数据集中的样本如图 3.4 所示，图中对 0～9 中的每一个数字都列出了 3 张图片。

图 3.4 MNIST 数据集中的样本

3.3.2 数据集特征值的归一化

特征值的归一化是一种将数据集中的特征值进行预处理的常用方式。将特征值进行归一化处理后，所有的特征值的范围都是 0～1。例如，将数据集使用 X 矩阵来表示，矩阵中的数据有 N 行、n 列，每一行代表数据集中的一个样本的特征值，每一列代表所有样本的一个特征值，如下所示。

$$X = \begin{bmatrix} x_1^1 & x_2^1 & x_3^1 & \cdots & x_n^1 \\ x_1^2 & x_2^2 & x_3^2 & \cdots & x_n^2 \\ \vdots & \vdots & \vdots & & \vdots \\ x_1^N & x_2^N & x_3^N & \cdots & x_n^N \end{bmatrix}$$

对数据集 X 中的数据进行归一化，与标准化的处理方式类似，都以数据集中每一列为单位进行操作。归一化的公式如下所示。

$$X' = \frac{X - X.\min}{X.\max - X.\min}$$

其中，X' 是归一化后的值，X 是原始像素值，$X.\min$ 表示矩阵或数据集 X 中每一列的最小值，$X.\max$ 表示数据集 X 中每一列的最大值。经过以上归一化处理后，数据集 X 的所有值都介于 0～1。

掌握了归一化的原理以后，接下来使用代码来实际应用归一化。待处理的数据集为一个只有 4 个样本、每个样本只有两个特征值的数据集 x，如以下代码所示。

```
import numpy as np
X = [[-1, 2],
     [-0.5, 6],
     [0, 10],
     [1, 18]]
X = np.array(X)
```

然后对这个数据集 X 进行归一化处理。求出数据集中每一列数据的最小值与最大值，分别使用 X_min 与 X_max 变量表示。按照以上的归一化公式，对数据集 X 进行归一化，如以下代码所示。

```
X_min = X.min(axis=0)
X_max = X.max(axis=0)
X_normalized = (X - X_min) / (X_max - X_min)
```

经过归一化后的数据集 X 中的值如下所示。从中可以看出，数据集中的最小值变为了 0，最大值变为了 1，其余的值介于 0~1。

```
[[0.  , 0.  ],
 [0.25, 0.25],
 [0.5 , 0.5 ],
 [1.  , 1.  ]]
```

除了可以根据公式来实现归一化以外，在实际项目中，通常使用 sklearn 模块中提供的库函数 MinMaxScaler 来实现归一化。将 feature_range 参数指定为 (0,1)，这样经过处理后的数据集中所有的值都介于 0~1，如以下代码所示。

```
from sklearn.preprocessing import MinMaxScaler
sc = MinMaxScaler(feature_range=(0, 1))
X_normalized = sc.fit_transform(X)
```

通过这个库函数得到的归一化数据集中的值与之前使用公式对数据集归一化处理时得到的值完全一致。使用库函数来对数据集进行归一化的好处为很容易地将归一化以后的数据集还原为原始数据集。还原得到的数据集与原始数据集中的值完全一样，这可以通过以下代码验证。

```
X_restored = sc.inverse_transform(X_normalized)
print(X == X_restored)
```

在对图片数据进行归一化处理时，因为图片中所有的像素值的范围都是 0~255，即，最小值为 0，最大值为 255，所以对所有图片进行归一化处理时的过程如下所示。

$$X' = \frac{X - X.\min}{X.\max - X.\min}$$
$$= \frac{X - 0}{255 - 0}$$
$$= \frac{X}{255}$$

式中，X' 是归一化后的值，X 是原始像素值，$X.\min$ 表示原始像素值中的最小值，$X.\max$ 表示原始像素值中的最大值。

由此可见，图片数据集的归一化只需要将所有的像素值除以 255 即可。

3.3.3 图片的扁平化

为了使用 Softmax 多分类器来分类 MNIST 数据集，需要对图片进行扁平化处理。因为数据集中的每一张图片的长与宽都为 28 像素，且都是黑白图片，所以每一张图片由 28 个长度为 28 像素的数组组成，把这 28 像素个数组按照竖直方向依次排列即可形成一张长与宽都为 28 像素的图片。同理，也可以把这 28 个数组按照水平方向排列，形成一个长度为 784 像素（即 28×28 像素）的数组，如图 3.5 所示。把一张图片转换为一个长度为图片的长乘以宽的数组的过程称为图片的扁平化。

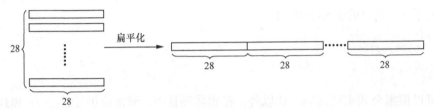

图 3.5 图片的扁平化

在掌握了图片扁平化的原理以后，使用代码来对图片进行扁平化操作。这里使用一张只有 9 个像素值的图片作为示例，然后利用 NumPy 库的 reshape 函数对这张图片进行扁平化操作，因为只对一张有 9 个像素值的图片进行扁平化操作，所以 reshape 函数的参数应该设置为(1, 9)。当使用 reshape 函数对全部数据集中的图片进行扁平化操作时，函数的参数应该设置为 (数据集中图片的张数, 每一张图片的像素值的个数)。具体代码以下。

```python
import numpy as np
image = [[1, 2, 3],
         [4, 5, 6],
         [7, 8, 9]]
image = np.array(image)
# 使用 NumPy 中的 reshape 函数对图片进行扁平化操作
image = image.reshape((1, 9))
# 输出经过扁平化操作的图片
print(image)
```

运行以上代码，最后输出[1, 2, 3, 4, 5, 6, 7, 8, 9]。可以看出原本尺寸为 3×3 的图片，经过处理以后变成了一个维度为 1×9 的向量或数组。

3.3.4 标签值的独热编码处理

因为在使用 Softmax 多分类器时需要将数据集中的特征值进行独热编码处理，所以在这里对 MNIST 数据集的标签进行独热编码处理。因为 MNIST 数据集中的标签一共有 10 种，分别为 0～9，所以经过独热编码后每一个标签对应的数组长度也为 10。如数字 2 经过独热编码以后变为只在数组下标为 2 处对应的值为 1、其他 9 个位置处对应的值为 0 的数组。图 3.6 列举了标签值 2、5、9 的独热编码，其他标签值经过独热编码后的形式依次类推。

图 3.6 标签值 2、5、9 的独热编码

3.4 Softmax 多分类器实战

将数据集中的数据处理好了以后，利用所学知识构建 Softmax 多分类器模型来对 MNIST 数据集进行分类。首先，加载 MNIST 数据集，并对数据集进行预处理。因为 Keras 框架中已经封装了 MNIST 数据集，所以可以直接加载使用 Keras 封装好的数据集。然后，对图片数据进行预处理，即对图片本身进行扁平化操作，对图片的标签进行独热编码处理。接下来，构建 Softmax 多分类器模型，并使用训练集数据对模型进行训练。最后，使用测试集数据测试模型对 MNIST 数据集进行分类的准确率。

3.4.1 MNIST 数据集的加载与预处理

首先，加载所需的依赖库，本项目只需要 NumPy 库。然后，使用 Keras 框架加载 MNIST 数据集。使用 keras.datasets 中的 mnist，通过 mnist 中的 load_data 方法即可加载 MNIST 数据集。加载的数据集已经分为训练集与测试集，训练集与测试集中数据的特征值（图片）与标签分别用 X_train、y_train 与 X_test、y_test 表示。最后，在对训练集与测试集中数据的特征值与标签进行扁平化与独热编码处理之前，需要对训练集与测试集中的图片进行归一化。归一化将图片的每一个像素值由 0～255 变为 0～1，这样可以提高模型预测的准确率并加快模型的训练速度。数据集的预处理过程如以下代码所示。

```python
import numpy as np
from keras.datasets import mnist
# 加载 MNIST 数据集
(X_train, y_train), (X_test, y_test) = mnist.load_data()
# 定义独热编码函数
def one_hot_encoding(labels, n_classes):
    result = np.eye(n_classes)[labels]
    return result
# n_train 与 n_test 分别表示训练集和测试集中的样本个数
n_train = X_train.shape[0]
n_test = X_test.shape[0]
# n_classes 表示 MNIST 数据集的标签种类
n_classes = 10
# flatten_size 为图片的像素总数，即扁平化后图片数组的长度
```

```
flatten_size = 28 * 28
# 对训练集中的图片进行归一化处理，将图片中的每一个像素值转换到 0~1
X_train = X_train / 255
# 对图片进行扁平化处理
X_train = X_train.reshape((n_train, flatten_size))
# 对标签进行独热编码
y_train = one_hot_encoding(y_train, n_classes)
# 测试集中的数据进行同样的操作
X_test = X_test / 255
X_test = X_test.reshape((n_test, flatten_size))
y_test = one_hot_encoding(y_test, n_classes)
```

执行以上代码处理好 MNIST 数据集以后，接下来就可以构建 Softmax 多分类器模型对处理好的数据集进行分类了。

3.4.2　Softmax 多分类器模型的构建

在逻辑回归中，使用矩阵的方式构建并训练模型可以大幅度地加快模型训练的速度。同样地，我们将构建一个可以使用批量数据训练的 Softmax 多分类器模型。在模型中，使用 W 矩阵表示权重，b 表示偏差，X 矩阵来表示经过处理的训练集图片，因为训练集中一共有 6 万张图片，每张图片经过扁平化处理后都变为一个长度为 784 的数组，所以矩阵 X 中有 60 000 行、784 列，如下所示。

$$W = \begin{bmatrix} w_1^1 & w_2^1 & w_3^1 & \cdots & w_{784}^1 \\ w_1^2 & w_2^2 & w_3^2 & \cdots & w_{784}^2 \\ \vdots & \vdots & \vdots & & \vdots \\ w_1^{10} & w_2^{10} & w_3^{10} & \cdots & w_{784}^{10} \end{bmatrix}$$

$$b = \begin{bmatrix} b^1 \\ b^2 \\ \vdots \\ b^{10} \end{bmatrix}$$

$$X = \begin{bmatrix} x_1^1 & x_2^1 & x_3^1 & \cdots & x_{784}^1 \\ x_1^2 & x_2^2 & x_3^2 & \cdots & x_{784}^2 \\ \vdots & \vdots & \vdots & & \vdots \\ x_1^{60000} & x_2^{60000} & x_3^{60000} & \cdots & x_{784}^{60000} \end{bmatrix}$$

将模型的参数 W 使用随机值进行初始化，并将参数 b 的值全部初始化为 0 以后，构建 Softmax 多分类器模型。使用 n_samples 变量来表示训练集 X 中样本的个数。对于批量数据中的每一个样本需要乘以 10 组不同的权重，再分别加上对应的偏差，这个操作可以直接使用矩阵乘法、矩阵与向量的加法完成。将权重矩阵 W 乘以训练集矩阵 X，并加上偏差 b，得到矩阵 Z。矩阵 Z 的每一列表示每一个样本经过计算以后得到的结果。接下来，对矩阵 Z 中的每一个元素，取以 e 为底数的幂，得到矩阵 exp_Z。然后使用向量 sum_E 来保存 exp_Z 矩阵中每一列相加的结果。最后，把矩阵 exp_Z 每一列中的每一个值都除以向量 sum_E 中对应的元素的值，得到使用 Softmax 多分类器模型预测的结果。具体代码如下。

```python
# 初始化模型参数
W = np.random.rand(10, 784)
b = np.zeros((10, 1))
# 构建 Softmax 多分类器模型
def model(X):
    n_samples = X.shape[0]
    Z = W.dot(X.T) + b
    exp_Z = np.exp(Z)
    sum_E = np.sum(exp_Z, axis=0)
    y_hat = exp_Z / sum_E
    return y_hat.T
```

3.4.3 Softmax 多分类器模型的训练

处理好数据集与定义好模型以后，就可以使用数据集对模型应用梯度下降算法进行训练。模型的训练过程与线性回归和逻辑回归中的模型训练很类似，即首先初始化模型参数，然后指定使用全部训练集数据训练模型的次数与学习率，最后计算梯度值并利用梯度下降算法更新模型参数，如以下代码所示。

```python
# 指定模型的训练次数与学习率
epochs = 2000
lr = 0.05
# 使用梯度下降算法对模型进行训练
for epoch in range(epochs):
    sum_w = np.zeros_like(W)
    sum_b = np.zeros_like(b)
    # 使用 Softmax 多分类器进行预测
    y_hat = model(X_train)
    # 计算模型参数的梯度值
    sum_w = np.dot((y_hat - y_train).T, X_train)
    sum_b = np.sum((y_hat - y_train), axis=0).reshape(-1, 1)
    grad_w = (1 / n_train) * sum_w
    grad_b = (1 / n_train) * sum_b
    # 使用梯度下降算法更新模型参数
    W = W - lr * grad_w
    b = b - lr * grad_b
```

模型训练好了以后，需要衡量模型对数据集样本的预测准确率。同样，为了提高效率，仍使用批量处理数据的方式。将模型对批量数据 X 预测的值记为 y_hat，y_hat 中存储了模型对批量数据 X 中每一个样本的预测值，每一个预测值为一个数组。接下来，对于每一个样本的预测值数组，找到预测值数组中最大值对应的下标，这个下标值即为样本被预测的类别。可以使用 NumPy 库中的 argmax 函数来找到数组中最大值对应的下标。因为数据集中所有样本的标签都经过了独热编码处理, 所以每一个样本的标签中的最大值对应的位置即为 1 所在的位置, 其余位置的元素值为 0。

对于某一个样本, 如果预测值中最大值对应的位置与样本的标签中 1 所在的位置一致, 则说明模型对这个样本的预测值与标签值一致; 反之, 则不一致。衡量模型预测准确率的函数为 `get_accuarcy` 函数, 其中参数 X 代表批量的样本数据, y 代表批量的样本经过独热编码的标签值, 如以下代码所示。

```python
def get_accuarcy(X, y):
    # 数据集中样本的个数
    n_samples = X.shape[0]
    y_hat = model(X)
    # 使用 Softmax 多分类器预测的样本类别
    y_hat = np.argmax(y_hat, axis=1)
    # 样本的实际类别（标签值）
    y = np.argmax(y, axis=1)
    count = 0
    for i in range(len(y_hat)):
        if(y[i] == y_hat[i]):
            count += 1
    accuracy = count / n_samples
    return accuracy

# 分别计算模型在测试集与训练集上的预测准确率
train_accuracy = get_accuarcy(X_train, y_train)
test_accuracy = get_accuarcy(X_test, y_test)
```

最后, 训练好的 Softmax 多分类器模型在训练集与测试集上的准确率分别为 0.88（88%）与 0.89（89%）。得到的结果表明当前的 Softmax 多分类器模型可以较好地分类 MNIST 数据集。

3.5　本章小结

Softmax 多分类器在深度学习中有很广泛的应用。该分类器通常用于在深度学习模型的最后一层实现多分类的功能, 它还会用在注意力模型等深度学习模型中, 后续章节会对这些模型进行详细讲解。

到目前为止, 我们全部应用梯度下降算法来训练模型。在深度学习中, 还有其他梯度下降算法的优化算法, 这些算法会在第 4 章中进行详细讲解。使用优化算法不仅会加快模型的训练速度, 还会使训练出的模型更好地拟合数据。

到现在我们已经学习了机器学习中很重要的 3 个模型, 分别是用于回归任务的线性回归模型、用于二分类任务的逻辑回归模型, 以及用于多分类任务的 Softmax 多分类器模型。这 3 个模型对深入理解、掌握后续深度学习的知识有着至关重要的作用。接下来的几章会全面讲解各种深度学习模型的构建与应用。

第二部分　进阶技术

　　有了第一部分的铺垫以后，接下来就可以正式介绍深度学习的内容了。第二部分会详细讲解全连接神经网络、神经网络模型的优化、卷积神经网络与循环神经网络。全连接神经网络是深度学习中一种处于基石地位的神经网络，通过对它的学习，读者能够掌握深度学习中很多的基础概念与理论，如激活函数、反向传播算法、梯度下降优化算法等。因为深度学习模型中的参数通常较多，很容易出现过拟合现象，所以第5章会讲解多种防止过拟合的方式，以及在模型训练中加速模型训练的方法。

　　第4章从卷积神经网络的架构开始介绍，逐步讲述图片的表示形式、卷积层的工作原理、池化层的工作原理，并将卷积层与池化层应用到实际图片中，以展示其对图片的效果。然后，使用卷积神经网络来完成大规模的猫与狗图片的数据分类，从而讲述图片数据的预处理方式和卷积神经网络在实际项目中的应用。接下来，该章介绍3个经典卷积神经网络模型，并将其逐个应用到猫与狗图片的数据集上，以对比不同模型的效果。该章最后通过迁移学习，进一步帮助读者完善卷积神经网络的知识体系。

　　循环神经网络主要用于处理时间序列数据。第6章首先讲解自然语言数据的通用处理方法，并对自然语言处理中一个常见的项目——情感分析项目进行介绍，然后对情感分析项目中的数据进行处理，接下来详解循环神经网络中的3种架构，分别为简单循环神经网络、长短期记忆网络、门控循环网络，并将其应用在情感分析数据集上。除了这几个基础架构以外，因为叠加长短期记忆网络、双向长短期网络以及注意力模型会经常在项目中使用，所以该章对这几个高级架构进行了详细讲解。循环神经网络还广泛应用于文本生成项目中，第6章会应用循环神经网络来生成具有诗人李白风格的诗句。除了自然语言处理领域外，循环神经网络还常应用于金融领域，第6章讲解其在公司股票价格预测项目上的应用。2018年，在自然语言处理领域，由于ELMO、BERT、GPT等模型的出现，相关技术取得了突破性的进展，第6章会对这3个模型进行详细介绍并将其应用在情感分析数据集。

第 4 章　全连接神经网络

通过第 2 章的讲解，你对神经网络有了一个简要的了解，本章会对深度学习中的一个基础模型——全连接神经网络（Fully Connected Neural Network）模型进行讲解。在以下的每节中，除了对相应的原理部分进行详解外，还会分析对应的代码，这样你才能够更深入、彻底地掌握相关内容。本章的内容对后续的学习至关重要，希望读者可以自己动手实现书中的代码，调整不同参数，对比不同模型的输出结果，全面、彻底地掌握全连接神经网络。

4.1　深度学习与神经网络简介

深度学习也称为神经网络，指的是模拟人脑中神经元（neuron）与神经网络的工作原理来构建人工智能的模型。神经元为神经网络中的基本组成单位，由 3 部分组成，分别为神经元的输入、输入信号的处理单元，以及神经元的输出。神经元的输入通常会被给予不同的权重，来权衡不同输入信号的重要程度。图 4.1 所示为一个有 3 个输入、1 个输出的神经元。首先神经元接收到 3 个输入信号，然后给予输入信号不同的权重，神经元的输入信号经过处理后，得到神经元的输出。

很多个神经元连接在一起后形成神经网络，如图 4.2 所示。为了统一表示形式，图中最左边的两个神经元为神经网络的输入，称为神经网络的输入层（input layer）。最右边的两个神经元为神经网络的输出，称为神经网络的输出层（output layer）。中间的一层为中间层，也可称为隐藏层（hidden layer）。输入层、隐藏层与输出层相互连接形成神经网络。在本章以及后续的章节中，统一使用单元（unit）来表示神经网络中的神经元。

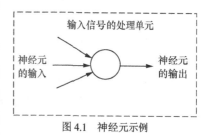

图 4.1　神经元示例

神经网络中的隐藏层可以不只一层，可以有多层。图 4.3 所示的神经网络中的隐藏层由两层组成。若隐藏层有多层，且形成一定"深度"，神经网络便称作深度学习，这也就是"深度学习"这个名字的由来。

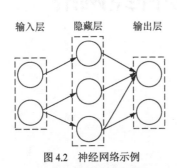

图 4.2　神经网络示例

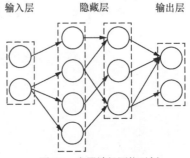

图 4.3　多层神经网络示例

4.2　全连接神经网络

与一般的神经网络相比，全连接神经网络是一种特殊的神经网络。顾名思义，全连接指的是前一层与后一层中的单元之间全部连接起来。隐藏层中的全部节点都同时与前一层和后一层的全部节点相连接，从而形成全连接神经网络，如图 4.4 所示。图 4.3 所示的神经网络中隐藏层的每一个单元都与前一层以及后一层的部分单元进行连接，而图 4.4 所示的神经网络中隐藏层的每一个单元与前后的所有单元相连接。

在全连接神经网络中，输入层接收数据，并将数据传递给隐藏层进行处理，数据在隐藏层的每一层依次处理过后，最后传递给输出层进行最后的处理并输出。由输入层接收数据，隐藏层依次进行处理，最后由输出层进行输出的过程称为正向传播（forward propagate）。

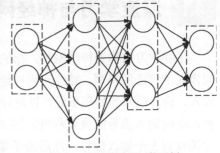

图 4.4　全连接神经网络示例

全连接神经网络在正向传播时，从左至右每一层都对输入层传入的数据进行处理。图 4.5 所示为一个全连接神经网络，该网络由包含两个单元的输入层、包含 3 个单元的隐藏层以及包含两个单元的输出层组成。

将输入层中接收到的数据表示为 $x = [x_1\ x_2]$，计算输入的数据与权重 $w = [w_1\ w_2]$ 的点积，并加上对应的偏差 b，得到

$$z = w \cdot x + b = w_1 x_1 + w_2 x_2 + b$$

其中，w 和 x 为向量，z 和 b 为标量。在输入层中值为 1 的单元用于实现统一化的表示，如果将输入数据表示为 $x = [x_1\ x_2\ 1]$，对应的权重与偏差表示为 $\theta = [w_1\ w_2\ b]$，这样计算过程就可以

统一表示为

$$z = \boldsymbol{\theta} \cdot \boldsymbol{x} = w_1 x_1 + w_2 x_2 + b$$

在本书后续章节中以及深度学习的大部分资料中，对神经网络的图示会省略值为 1 的节点以及偏差，但是偏差在实际计算过程中通常是存在的。

在图 4.5 中，输入的数据 $\boldsymbol{x} = [x_1 \ x_2]$ 点乘连接到隐藏层中 s_1 单元的权重值并加上对应的偏差 b_1 的值，即有

$$z_1 = \boldsymbol{w}^1 \cdot \boldsymbol{x} + b_1 = w_1 x_1 + w_2 x_2 + b_1$$

z_1 为隐藏层中 s_1 单元接收到的输入值。同理，输入的数据 $\boldsymbol{x} = [x_1 \ x_2]$ 点乘连接到隐藏层中 s_2 单元的权重值并加上对应的偏差 b_2 的值，即有

$$z_2 = \boldsymbol{w}^2 \cdot \boldsymbol{x} + b_2 = w_3 x_1 + w_4 x_2 + b_2$$

z_2 为隐藏层中 s_2 单元接收到的输入值。依次类推，z_3 为隐藏层中 s_3 单元接收到的输入值。

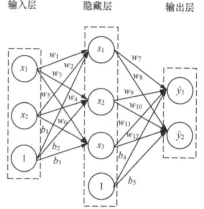

图 4.5　全连接神经网络工作原理

在深度学习中，通常使用矩阵的形式来表示某一层中涉及的运算，而不使用标量针对某一层中某个单元进行运算表示。因为每一层中的单元涉及的运算全部一致，均为矩阵的乘法，使用矩阵的运算形式可以极大地提高运算效率，类似于在逻辑回归模型与 Softmax 多分类器模型中使用矩阵来加速模型的运算。在前 3 章中构建的模型都使用 CPU 执行运算，从本章开始我们使用 GPU 在模型训练中执行运算，可以很明显地感受到这种并行计算的快速。

在图 4.5 所示的全连接神经网络结构中，使用 $\boldsymbol{x}$ 表示神经网络的输入层接收到的数据，使用 $\boldsymbol{W}$ 与 $\boldsymbol{b}$ 分别表示输入层与隐藏层相连接的所有权重与偏差，使用 $\boldsymbol{z}$ 表示输入层与隐藏层之间的运算结果，如下所示。

$$\boldsymbol{x} = \begin{bmatrix} x_1 & x_2 \end{bmatrix}$$

$$\boldsymbol{W} = \begin{bmatrix} \boldsymbol{w}^1 \\ \boldsymbol{w}^2 \\ \boldsymbol{w}^3 \end{bmatrix} = \begin{bmatrix} w_1 & w_2 \\ w_3 & w_4 \\ w_5 & w_6 \end{bmatrix}$$

$$\boldsymbol{b} = \begin{bmatrix} b_1 & b_2 & b_3 \end{bmatrix}$$

$$\boldsymbol{z} = \begin{bmatrix} z_1 & z_2 & z_3 \end{bmatrix}$$

这样就可以用矩阵的形式直接表示输入层与隐藏层之间的运算，运算的结果为向量 $\boldsymbol{z} = \begin{bmatrix} z_1 & z_2 & z_3 \end{bmatrix}$，向量 $\boldsymbol{z}$ 中的每一个元素 z_1、z_2、z_3 记为隐藏层中 3 个单元接收到的输入值。

$$\boldsymbol{z} = \boldsymbol{W} \cdot \boldsymbol{x}^{\mathrm{T}} + \boldsymbol{b}$$

在隐藏层的 3 个单元 s_1、s_2、s_3 分别接收到输入值 z_1、z_2、z_3 后，需要使用激活函数对接

收到的输入值进行处理。

4.3　激活函数

在深度学习中，激活函数（activation function）用于对隐藏层与输出层的单元接收到的输入值进行处理。常用的激活函数有 4 种，分别为 Sigmoid 函数、tanh 函数、ReLU 函数、Softmax 函数。前面详细讲解了 Sigmoid 函数与 Softmax 函数，所以在这里着重讲解其余两个激活函数。

4.3.1　Sigmoid 函数

Sigmoid 函数的图像如图 4.6 所示。Sigmoid 函数的主要作用是将函数接收到的值映射到 0~1。

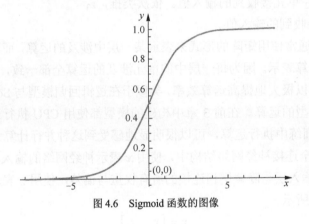

图 4.6　Sigmoid 函数的图像

4.3.2　tanh 函数

tanh 函数的表达式为

$$f(z) = \frac{e^z - e^{-z}}{e^z + e^{-z}}$$

图 4.7 所示为 tanh 函数的图像。在这里激活函数的自变量使用 z 来表示，因为激活函数接收到的值使用 z 来表示，与上一节中的表示相一致。在图 4.7 中可以比较直观地看出，tanh 函数将其接收到的值映射到 -1~1。与 Sigmoid 函数相比，tanh 函数的输出值更广泛，因此实际应用中将 tanh 函数用于激活函数往往会比 Sigmoid 函数效果好。但是这并不绝对，并不是所有的应用中 tanh 函数的效果都比 Sigmoid 函数的好。

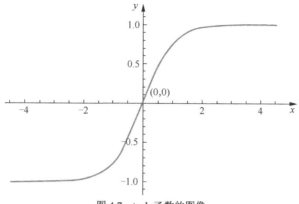

图 4.7　tanh 函数的图像

可以通过以下代码定义 tanh 函数，当 tanh 函数接收到的输入值为 0 的时候，函数的返回值也为 0。从 tanh 函数的图像可以看出，tanh 函数为奇函数，即 $\tanh(-z) = -\tanh(z)$。运行以下代码可以进行验证，$\tanh(-1)$的值为-0.761，$\tanh(1)$的值为 0.761，即 $\tanh(-1) = -\tanh(1) = -0.761$。

```
import numpy as np
def tanh(z):
    y = (np.exp(z) - np.exp(-z)) / (np.exp(z) + np.exp(-z))
    return y
print(tanh(0))
print(tanh(1))
print(tanh(-1))
```

4.3.3　ReLU 函数

ReLU（Rectified Linear Unit）函数为深度学习中最常用的激活函数之一。ReLU 函数的表达式为 $f(z)=\max(0,z)$，即当自变量 z 的值小于 0 时，ReLU 函数的输出值为 0；当自变量 z 的值大于 0 时，ReLU 函数的输出值为自变量值本身。ReLU 函数的图像如图 4.8 所示。

以下代码定义了 ReLU 函数，使用变量（标量）z 来表示函数的输入，即 ReLU 函数接收到的是上一层中某一个单元的输出。

```
def ReLU(z):
    if z <= 0.0:
        return 0
    else:
        return z
print(ReLU(-10))
print(ReLU(8))
```

当 ReLU 函数接收到的值为负数（如-10）时，函数的返回值为 0。当 ReLU 函数接收到的值为正数（如 8）时，函数的返回值为这个正数本身。所以，运行以上代码后，ReLU 函数的返回值分别为-10与 8。

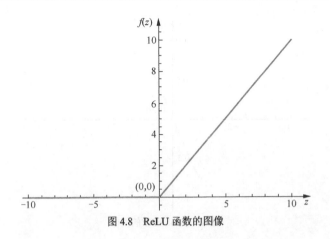

图 4.8　ReLU 函数的图像

4.3.4　Softmax 函数

Softmax 函数在第 3 章中已经进行了详细的讲解。Softmax 函数的本质为将一个有 N 个值的数组（向量）映射到另一个有 N 个值的数组，这个新数组中的 N 个值相加为 1。利用 Softmax 函数的这个性质，通常把 Softmax 函数用作神经网络中的输出层以完成分类任务。Softmax 函数与其他激活函数的不同之处在于，Softmax 函数的输入为数组，而以上激活函数的输入为标量，通过激活函数将输入的标量映射到另一个标量。

4.4　模型参数的初始化

在图 4.5 所示的全连接神经网络中，参数分别为权重 W 与偏差 b。与机器学习中的模型一样，神经网络模型中的参数需要在初始化以后，使用训练集的数据对模型进行训练，最终得到最优的模型参数。在深度学习中，模型参数的初始化有多种方式，常用的有初始化为常数和随机初始化两种方式。

4.4.1　初始化为常数

第一种初始化神经网络模型参数的方式为将模型的所有参数全部初始化为常数，如 0 或者 1，这种方式常用于传统机器学习的算法中。因为神经网络模型的参数比较多，所以这种方式一般效果不是很理想。

4.4.2　随机初始化模型参数

在深度学习中，一般会采用随机初始化模型参数的方式。如使用正态（高斯）分布或者均匀分布等概率分布对模型参数进行初始化，使得初始化后的参数的值符合正态分布或均匀分布。

在随机初始化模型参数的方式中，最常用而且效果最好的一种初始化方式为 Glorot 初始化，也可称为 Xavier 初始化。Glorot 初始化方式可以分为 Glorot 正态（Glorot normal）初始化和 Glorot 均匀（Glorot uniform）初始化。这两种 Glorot 初始化方式分别为正态分布和均匀分布初始化的衍生形式。

4.4.3 模型参数初始化实战

使用 Keras 深度学习框架来构建图 4.5 所示的全连接神经网络。全连接神经网络为从输入层、隐藏层到输出层的序列（sequential）结构，所以从 Keras 框架中引入序列模型。全连接神经网络的特点为每一层的单元都与前一层与后一层的全部单元相连接，在 Keras 框架中将这样的层称为全连接层或稠密层（dense layer）。通过以下两行代码分别导入序列模型与全连接层。

```
from keras.models import Sequential
from keras.layers import Dense
```

通过以下代码来构建图 4.5 所示的全连接神经网络模型，并对其参数进行初始化。首先，初始化序列模型，使用之前在 Keras 框架中引入的 Sequential 函数初始化模型，并赋值给 model 变量。然后，在序列模型中依次加入输入层、隐藏层与输出层。因为输入层中不需要使用激活函数，所以只需要在隐藏层的第一层中指定输入层的单元数即可。其次，在已经初始化好的序列模型中加入第一个全连接层，即隐藏层，指定单元数（units）为 3，输入层的单元数为 2，使用 sigmoid 函数作为隐藏层所有单元的激活函数。在序列模型中，只需要在模型的第一个隐藏层的 input_shape 参数中指定输入数据的尺寸即可，而不需要指明模型的输入层。为了便于理解，将输入层与隐藏层相连接的权重 W 中的 6 个值全部初始化为 1，偏差 b 中的 3 个值全部初始化为 0。代码中的 kernel 和 bias 分别指的是权重与偏差。接下来，在序列模型中加入输出层，并指定单元数为 2，使用 softmax 函数作为激活函数。同样，将隐藏层和输出层相连接的 6 个权重值与两个偏差的值全部初始化为 1 和 0。在实际项目中，通常会使用默认的初始化方式，即使用 Glorot 均匀初始化来初始化权重，将偏差初始化为 0。即将 kernel_initializer 变量初化为 ones，将 bias_initializer 初始化为 zeros。因为其为默认值，所以在后续的代码中可以直接省略赋值的过程。

```
# 初始化序列模型
model = Sequential()
# 在序列模型中加入隐藏层并指定输入层单元的个数
model.add(Dense(units=3,
                input_shape=(2,),
                activation='sigmoid',
                kernel_initializer='ones',
                bias_initializer='zeros'))
```

```
# 在序列模型中加入输出层
model.add(Dense(units=2,
                activation='softmax',
                kernel_initializer='ones',
                bias_initializer='zeros'))
```

运行以上代码即可构建图 4.5 所示的全连接神经网络的模型。可以使用模型提供的 summary 方法来查看模型。

```
model.summary()
```

运行以上代码即可输出对已经构建好的模型的总结，其中除输入层外，一共有两个全连接层，分别命名为 dense_1 与 dense_2。dense_1 中有 3 个单元，所以输出数据的最后一个维度为 3，dense_2 有两个单元，所以输出的最后一个维度为 2。dense_1 中有 6 个权重值，3 个偏差，一共 9 个参数。dense_2 中有 6 个权重值，两个偏差。最后加到一起，一共是 17 个参数。因为这 17 个参数都需要通过模型训练来找到最优的值，所以这 17 个参数都是可训练参数（trainable parameter）。

模型的总结如图 4.9 所示。

```
Layer (type)                    Output Shape                Param #
=================================================================
dense_1 (Dense)                 (None, 3)                   9
_____
dense_2 (Dense)                 (None, 2)                   8
=================================================================
Total params: 17
Trainable params: 17
Non-trainable params: 0
_____
```

图 4.9 模型的总结

4.5 模型的训练与损失函数

在完成定义全连接神经网络的模型与参数初始化以后，就可以使用训练集的数据对模型进行训练，找到模型的最优参数。在机器学习中，一般使用梯度下降算法对模型参数进行更新。在深度学习中，因为模型的参数较多，所以一般使用在下一节中介绍的梯度下降算法进行参数更新。

4.5.1 模型的训练过程

模型训练过程如图 4.10 所示。首先，由输入层接收训练集数据，并依次传递至隐藏层与输出层完成相应的运算。然后，得到全连接神经网络的预测值。接下来，使用定义的损失函数来衡量模型预测值与样本实际值之间的误差（损失值），根据损失值对模型的所有参数求梯度值，得到梯度值以后，就可以使用梯度下降算法对模型参数进行一次更新。依次类推，将模型参数按照这种方式进行多次更新以后，得到模型的最优参数值。

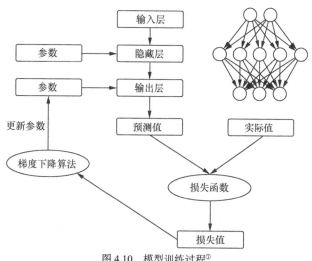

图 4.10　模型训练过程[1]

4.5.2　损失函数的定义

在模型的训练过程中，最重要的是在计算出参数的梯度值以后，利用梯度下降算法对模型参数进行更新。如果要得到梯度值，必须先定义损失函数。损失函数主要用于衡量模型的预测值与实际值之间的误差，然后模型根据这个损失值调整参数以减小误差，从而找到最优参数值。在深度学习中，根据完成的任务，损失函数可分为两类，第一类为用于回归任务的损失函数，第二类为用于分类任务的损失函数。

1.　用于回归任务的损失函数

在回归任务中，样本的标签值为连续值，如房价、速度、温度等。常用于回归任务中的损失函数有两个，分别为均方差（mean square error）函数与平均绝对误差（mean absolute error）函数。

例如，训练集中共有 N 个样本，第 i 个样本通过全连接神经网络得到的预测值为 $\hat{y}^i$，其实际标签值为 y^i。可以分别通过均方差函数和平均绝对误差函数衡量模型对训练集中所有样本的预测值与实际值的误差。

1）均方差函数

均方差函数是回归任务中最常用的损失函数之一。要求均方差，首先计算每一个样本在模型中的预测值与实际标签值的差，然后进行平方运算再相加，最后取平均值，如下式所示。

---

① 图片源自 Francois Chollet 编写的 *Deep Learning with Python*。

$$\text{Loss}(\hat{y}, y) = \frac{1}{N} \sum_{i=1}^{N} (\hat{y}^i - y^i)^2$$

从公式中可以看出，均方差函数的表达式就是线性回归模型中使用的损失函数。可以通过以下代码来实现均方差函数，代码基于的原理与上面这个公式的原理相一致。y 表示样本的标签值，y_hat 表示模型对样本的预测值。定义好均方差函数以后，假设训练集中一共有 3 个样本，分别比对当模型对样本的预测值与标签值差值较大与差值较小时均方差函数的返回值。当差值较大时，使用均方差函数作为损失函数得到的损失值为 20.03；当差值较小时，损失值为 0.58。可以看出，以均方差函数作为损失函数可以准确地衡量预测值与标签值之间的差距。

```python
def mean_square_error(y, y_hat):
    n = len(y)
    loss = 0
    for i, j in zip(y, y_hat):
        loss += (i - j) ** 2
    loss = (1 / n) * loss
    return loss
# 模型预测值与样本标签值的差值较大
y = [5.6, 9.6, 1.3]
y_hat = [2.5, 4.1, 5.8]
loss = mean_square_error(y, y_hat)
print(loss) # 20.03
# 模型预测值与样本标签值的差值较小
y = [5.6, 9.6, 1.3]
y_hat = [5.2, 8.4, 0.9]
loss = mean_square_error(y, y_hat)
print(loss) # 0.58
```

2）平均绝对误差函数

平均绝对误差的计算方式与均方差稍有不同。首先计算每一个样本在模型中的预测值与实际标签值的差，然后取绝对值，最后取平均值，如下式所示。

$$\text{Loss}(\hat{y}, y) = \frac{1}{N} \sum_{i=1}^{N} |\hat{y}^i - y^i|$$

可以通过以下代码来实现平均绝对误差函数，其中 np.abs 函数用于计算数字的绝对值。同样，使用与均方差同样的样本，分别比对模型预测值与标签值差值较大与差值较小的情况。当模型预测值与标签值的差值较大时，使用平均绝对误差得到的损失值为 4.36，差值较小时的损失值为 0.66。

```python
def mean_absolute_error(y, y_hat):
    n = len(y)
    loss = 0
    for i, j in zip(y, y_hat):
        loss += np.abs(i - j)
    loss = (1 / n) * loss
```

```
    return loss
# 模型预测值与样本标签值的差值较大
y = [5.6, 9.6, 1.3]
y_hat = [2.5, 4.1, 5.8]
loss = mean_absolute_error(y, y_hat)
print(loss) # 4.36
# 模型预测值与样本标签值的差值较小
y = [5.6, 9.6, 1.3]
y_hat = [5.2, 8.4, 0.9]
loss = mean_absolute_error(y, y_hat)
print(loss) # 0.66
```

由此可见，如果把平均绝对误差看作对误差值的准确衡量指标，那么均方差就把误差进行"夸大"。当误差较大时，均方差变得更大；当误差较小时，使误差均方差变得更小。正是这种"抓大放小"的性质使得均方差函数成为回归任务中最常用的损失函数之一。

2. 用于分类任务的损失函数

在分类任务中，样本的标签值为离散值，如性别、商品的种类等。常用于回归任务中的损失函数也有两个，分别为用于二分类的二元交叉熵、用于多分类的多元交叉熵。因为第 2 章与第 3 章分别详细讲解了二元交叉熵与多元交叉熵，所以在这里就不赘述了。

对于多分类的损失函数，多元交叉熵用于样本标签值经过独热编码处理以后的情况，而稀疏多元交叉熵用于样本标签为离散值的情况。对于 3 分类的任务，样本的标签种类分别为 1、2、3，经过独热编码处理以后样本的标签变为[1, 0, 0]、[0, 1, 0]、[0, 0, 1]。如果分类模型中使用 1、2、3 作为样本标签，则损失函数应使用稀疏多元交叉熵。如果分类模型中使用经过独热编码以后的样本标签[1, 0, 0]、[0, 1, 0]、[0, 0, 1]，则损失函数应使用多元交叉熵。

4.6 梯度下降算法

在前 3 章中，都采用梯度下降算法来计算、更新模型的参数。在使用梯度下降算法之前，必须得到损失函数关于参数的梯度值。因为在传统机器学习中，模型的参数一般较少，所以可以使用推导的方式来求梯度值。但是对于深度学习模型，因为模型的参数很多，所以就需要使用一种新的算法即反向传播（back propagation）算法来求损失函数关于所有参数的梯度值。

在训练前 3 章中介绍的机器学习模型时，每一次都根据训练集的全部数据计算损失值，然后求解参数的梯度值，最后利用梯度下降算法更新参数。当训练集中的数据量较大时，这种方式会变得非常没有效率。如果每次计算损失值时只使用小部分训练集数据，或者只使用一个训练集的样本，会让模型训练更有效率。

除此之外，因为深度学习模型的参数特别多，普通的梯度下降算法很难很好地更新模型的参数，所以需要对梯度下降算法进行优化，使其可以很好地更新复杂的深度学习模型。

4.6.1　反向传播算法

反向传播算法为神经网络中求损失函数关于模型参数的梯度的方法。

图 4.11 所示的神经网络模型结构中，x_1、x_2 为模型的输入，连接到只有一个有两个单元的隐藏层，模型的输出层只有一个单元。

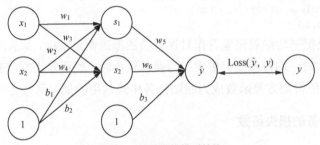

图 4.11　神经网络模型结构

从输入层传入数据 x_1、x_2，将输入数据乘以相应的权重并加上偏差，得到 z_1、z_2，z_1、z_2 继续向右传递至隐藏层，由隐藏层中的激活函数进行处理，得到 s_1、s_2，s_1、s_2 则作为输出层的输入，由输出层处理并输出得到 $\hat{y}$，这个过程称为正向传播。这个正向传播的计算过程如下所示，其中 f_1、f_2、f_3 分别表示隐藏层与输出层中的激活函数。

$$z_1 = w_1 x_1 + w_2 x_2 + b_1$$
$$s_1 = f_1(z_1)$$
$$z_2 = w_3 x_1 + w_4 x_2 + b_2$$
$$s_2 = f_2(z_2)$$
$$z_3 = w_5 s_1 + w_6 s_2 + b_3$$
$$\hat{y} = f_3(z_3)$$

顾名思义，反向传播是一个与正向传播相反的过程。在得到模型的输出值 $\hat{y}$ 以后，使用损失函数 $L(\hat{y}, y)$ 来衡量 $\hat{y}$ 与样本标签值 y 之间的损失值。反向传播的本质为链式求导法则。如果两个函数分别为 $y = f(x)$ 与 $z = g(z)$，即 $z = g(f(x))$，当求 z 关于自变量 x 的导数时，根据链式求导法则，先求内层函数 $f(x)$ 的导数，再求外层函数 $g(z)$ 的导数，如下所示。

$$\frac{dz}{dx} = \frac{dz}{dy}\frac{dy}{dx}$$

在全连接神经网络中，后一层可以看成前一层的函数，前一层看成后一层的自变量。同样，根据链式求导法则，首先分别求损失函数关于输出层参数 w_5、w_6、b_3 的梯度值。因为求偏导的公式类似，所以这里只列出两个，如下所示。

$$\frac{\partial L(\hat{y}, y)}{\partial w_6} = \frac{\partial L(\hat{y}, y)}{\partial f_3(z_3)} \frac{\partial f_3(z_3)}{\partial z_3} \frac{\partial z_3}{\partial w_6}$$

$$\frac{\partial L(\hat{y}, y)}{\partial b_3} = \frac{\partial L(\hat{y}, y)}{\partial f_3(z_3)} \frac{\partial f_3(z_3)}{\partial z_3} \frac{\partial z_3}{\partial b_3}$$

然后，分别求损失函数关于隐藏层权重 w_1、w_2、w_3、w_4，以及偏差 b_1、b_2 的梯度值。因为求偏导的公式类似，所以这里同样只列出几个，如下所示。

$$\frac{\partial L(\hat{y}, y)}{\partial w_4} = \frac{\partial L(\hat{y}, y)}{\partial f_3(z_3)} \frac{\partial f_3(z_3)}{\partial z_3} \frac{\partial z_3}{\partial f_2(z_2)} \frac{\partial f_2(z_2)}{\partial z_2} \frac{\partial z_2}{\partial w_4}$$

$$\frac{\partial L(\hat{y}, y)}{\partial w_2} = \frac{\partial L(\hat{y}, y)}{\partial f_3(z_3)} \frac{\partial f_3(z_3)}{\partial z_3} \frac{\partial z_3}{\partial f_2(z_1)} \frac{\partial f_2(z_1)}{\partial z_1} \frac{\partial z_1}{\partial w_2}$$

$$\frac{\partial L(\hat{y}, y)}{\partial b_2} = \frac{\partial L(\hat{y}, y)}{\partial f_3(z_3)} \frac{\partial f_3(z_3)}{\partial z_3} \frac{\partial z_3}{\partial f_2(z_1)} \frac{\partial f_2(z_1)}{\partial z_1} \frac{\partial z_1}{\partial b_2}$$

在计算输出层参数 w_5、w_6 时，公式中的前两项与计算输出层参数 w_1、w_2、w_3、w_4 时的前两项完全一样。所以，从模型最后一层对参数计算梯度，逐次向前计算，重复利用前一层中计算出的数值，这样可以极大提高运算效率，这个过程就称为反向传播算法。通过反向传播算法可计算出模型损失函数关于所有参数的梯度值，可以应用梯度下降算法对模型参数进行更新。

4.6.2　3 种梯度下降算法的计算方式

在计算损失函数关于模型参数的梯度值时，根据使用的训练集数据量，可以将梯度下降算法分为以下 3 种。

- ❑ 批量梯度下降（batch gradient descent）算法。在计算梯度时使用了训练集的全部数据，以这样的方式训练模型虽然准确率较高，但是效率很低，尤其当训练集中的数据量很大时，使用批量梯度下降算法会耗用大量时间。

- ❑ 随机梯度下降（stochastic gradient descent）算法。思路很简单，既然每次都使用训练集中全部数据的方式效率很低，那就每次只根据训练集中一个样本的预测误差来计算所有参数的梯度值，然后对参数进行更新。随机梯度下降算法的优点除了效率很高以外，在训练集中样本较多的时候，可能使用一部分样本就可以将模型训练得很好。缺点为学习率的选择比较困难。

- ❑ 小批量梯度下降（mini-batch gradient descent）算法。批量梯度下降算法与随机梯度下降算法为两个极端，一个使用训练集中全部数据，另一个只使用训练集中一个样本。小批量梯度下降算法为这两种算法的折中，在计算梯度值时，使用训练集中的小部分数据，如每次使用训练集中 16 个、32 个或者 64 个样本。使用的训练集中的样本个数称为批尺寸（batch size）。在训练模型时，如果使用小批量梯度下降算法需要指定批尺寸。通常情况下，根据训练集中数据量的大小与训练时间的要求，设置批尺寸为 8、16、32、64、128、256 等。

4.6.3　梯度下降优化算法

到目前为止，已经使用梯度下降算法训练了多个模型，但梯度下降算法有以下不足。

首先选择合适的学习率并不容易，过大的学习率会导致在训练过程中很难找到模型的最优参数，过小的学习率会导致模型训练很慢，需要较长的训练时间。其次，每次更新模型参数值，都只考虑当前计算出的梯度值，而直接忽略前面计算并使用过的梯度值。

针对这些不足，多种梯度下降优化算法被提出。这些优化算法通过在模型训练时动态调整学习率，并在使用当前计算出的梯度值更新参数时考虑之前计算出的梯度值等方式，让模型的训练更加准确与快速。

在梯度下降算法中，指定学习率的值后，学习率在模型训练过程中一直保持不变。在梯度下降优化算法中，如果学习率的值在模型开始训练时设置得较大，在模型训练过程中按照一定的衰减（decay）率逐渐减小学习率的值，在加速模型训练的同时，在训练的后期更容易找到最优参数。由于梯度下降优化算法能够在模型训练中自动调整学习率的值，因此该优化算法也称为自适应学习率（adaptive learning rate）优化算法。除此以外，还可以使用动量（momentum）来加速模型的训练。动量的工作原理与物理学中的惯性类似。动量的一种实现方式为，在每次计算出当前的梯度值后，对当前梯度值和之前模型更新时计算的梯度值取平均值，然后使用这个平均梯度值完成本次模型参数的更新。这样，之前计算出的梯度值可起到一个"惯性"的作用，以影响用于本次模型参数更新的梯度值。

在实际项目中，通常会选用以下 5 种梯度下降优化算法中的一种作为更新模型参数的方法。

- ❑　SGD；
- ❑　Adagrad；
- ❑　Adadelta；
- ❑　RMSprop；
- ❑　Adam。

其中 SGD 算法指的是随机梯度下降算法，但是通常情况下在指定批尺寸以后，等同于小批量梯度下降算法。这 5 种梯度下降优化算法没有好坏之分。根据经验，当数据集中的数据特征较稀疏且模型参数较多的时候，Adagrad 算法对模型的训练效果会好一些，Adadelta 算法是 Adagrad 算法的一个拓展版本，对 Adagrad 算法做了一些优化。RMSprop 与 Adam 是本书中常使用的两种梯度下降优化算法。Adam 算法可以简单地理解为 RMSprop 的一个升级版本，RMSprop 算法中引入了动量。

在使用梯度下降优化算法时，通常使用算法默认的参数。例如，RMSprop 算法将学习率默认设置为 0.001。一般情况下会使用参数的默认值，除非对于参数较多的模型，需要对学习率、衰减率进行适当调整。在 Keras 框架中，提供了这 5 种常用梯度下降优化算法的实现。首先从 Keras 框架中加载 `optimizers`，`optimizers` 中实现了多种梯度下降优化算法。然后在 `optimizers` 中选择需要使用的算法。例如，通过以下代码使用 RMSprop 优化算法，在下一节中会结合项目实战更加清晰地展示梯度下降优化算法的使用。

```
from keras import optimizers
optimizers.RMSprop(learning_rate=0.001)
```

以上为全连接神经网络的基础内容，接下来介绍两个实际项目。第一个为 MNIST 手写数字识别实战——分类项目。这个项目在第 3 章提到过，使用 Softmax 多分类器得到的准确率为90%。使用全连接神经网络作为模型，能够很大程度地提高预测的准确率。第二个为房价数据回归分析——回归分析项目，利用房子本身与房子周围相关的 13 个特征值对房价进行预测。因为这两个项目用到的数据集都已经封装在 Keras 框架中，所以只需要从中导入就可以直接使用了。

4.7 MNIST 手写数字识别实战——分类项目

4.7.1 深度学习项目中数据集的划分

在一般的机器学习项目中，通常会把数据集划分为训练集与测试集。训练集用于对构建好的模型进行训练，测试集用于测试训练好的模型的预测准确率。在深度学习中，通常会把训练集进一步划分为训练集与验证集（validation set），其中训练集用于模型的训练，验证集用于在每次模型训练结束后衡量模型的预测准确率，并与模型在测试集中的预测准确率进行对比，从而判断模型是否出现过拟合的现象。

通常情况下，会把数据集中 60%的样本用作训练集，20%的样本用作验证集，最后余下的20%的样本用作测试集，如图 4.12 所示。

图 4.12 数据集的划分

Keras 框架提供了一种自动将训练集数据重新划分为训练集与验证集的方式。在模型训练时，传入所需要的训练集数据 `X_train` 与 `y_train`，并指定 `validation_split` 的值为 0.2。这样在模型训练时就会自动将训练集中 20%的数据划分为验证集，如以下代码所示。

```
model.fit(X_train, y_train, validation_split=0.2)
```

除了按照一定比例将训练集中的数据分离出来用作验证集以外，还可以事先准备好验证集，然后在训练模型时，在 `validation_data` 变量中传入准备好的验证集，如以下代码所示。

```
model.fit(X_train, y_train, validation_data=(X_val, y_val))
```

在应用过程中，有时为了简单操作，会直接把测试集用作验证集，如以下代码所示。

```
model.fit(X_train, y_train, validation_data=(X_test, y_test))
```

在实际项目中，数据集的合理划分很重要，如果数据集没能够合理地划分，会直接导致模型的训练速度很慢而且效果很差。在以下两个项目中，都会从训练集中划分出 20%的样本作为验证集，这样可以在模型训练过程中，监督模型的训练效果，判断是否出现过拟合的现象。

4.7.2　MNIST 手写数字识别项目

第一个项目为 MNIST 手写数字识别项目。因为 MNIST 数据集在第 3 章中已经介绍并使用过，就不赘述了。首先，直接使用以下代码加载训练集与测试集数据，并将数据集的标签转化为独热编码的形式。

```
from keras.datasets import mnist
from keras.utils import to_categorical
(X_train, y_train), (X_test, y_test) = mnist.load_data()
# 将训练集图片归一化，即把图片中的每一个像素值转变为 0～1 的值
X_train = X_train / 255.0
X_test = X_test / 255.0
# 将标签转换为独热编码的形式
y_train = to_categorical(y_train)
y_test = to_categorical(y_test)
```

然后，使用 Keras 框架搭建全连接神经网络模型。在 Softmax 多分类器实战项目中，将 MNIST 数据集中的全部图片使用 NumPy 库中的 `reshape` 函数进行扁平化操作后，送到 Softmax 多分类器模型中进行训练。在全连接神经网络中，仍然需要对图片进行扁平化处理，再送到构建好的模型进行训练。只不过 Keras 框架提供了用于扁平化操作的层，通常将扁平化层用于全连接神经网络的第一层以对图片进行扁平化操作，然后连接其余的全连接层用于对扁平化后的图片进行处理。

如以下代码所示，首先从 Keras 框架中导入构建模型所需要的库函数，包括构建全连接神经网络所必需的序列模型、全连接层，以及将图片进行扁平化操作的扁平化层、用于模型训练的 RMSprop 梯度下降优化算法。也可以将 RMSprop 优化算法换成其余 4 种常用的优化算法。

```
from keras.models import Sequential
from keras.layers import Dense, Flatten
from keras.optimizers import RMSprop
```

接下来，构建全连接神经网络的模型。在初始化序列模型以后，在序列模型中首先加入扁平化层，将图片扁平化，因为必须在神经网络的第一层指明输入层数据的每一个维度的元素个数（即 shape）。因为 MNIST 数据集中每一张图片的长与宽都为 28 像素，扁平化层为第一层，

所以在 Flatten 层加入 input_shape=(28, 28)。然后添加 3 个隐藏层，第一个隐藏层中的单元数为 64，其余两个为 32，所有的隐藏层中的单元都使用 ReLU 函数作为激活函数。最后添加输出层，因为数据的标签一共有 10 类并经过独热编码处理，所以输出层中的激活函数使用 Softmax 函数。这样就构建好了一个用于 MNIST 手写数字识别的全连接神经网络，代码如下所示。

```
model = Sequential()
model.add(Flatten(input_shape=(28, 28)))
model.add(Dense(units=64, activation='relu'))
model.add(Dense(units=32, activation='relu'))
model.add(Dense(units=32, activation='relu'))
model.add(Dense(units=10, activation='softmax'))
model.summary()
```

最后输出模型的总结，如图 4.13 所示。

Layer (type)	Output Shape	Param #
flatten_1 (Flatten)	(None, 784)	0
dense_1 (Dense)	(None, 64)	50240
dense_2 (Dense)	(None, 32)	2080
dense_3 (Dense)	(None, 32)	1056
dense_4 (Dense)	(None, 10)	330

Total params: 53,706
Trainable params: 53,706
Non-trainable params: 0

图 4.13　MNIST 数据集识别中全连接神经网络模型的总结

构建好模型以后，需要对模型进行编译。编译主要是为了指定衡量模型预测误差的损失函数、衡量模型预测准确率使用的方式、模型训练时使用的梯度下降算法，如以下代码所示。

```
model.compile(loss='categorical_crossentropy',
              metrics=['accuracy'],
              optimizer=RMSprop())
```

模型构建与编译好以后，就可以使用训练集中的数据对模型进行训练。训练模型时需要指定使用全部训练集迭代训练的次数（epochs）、批尺寸、验证集占训练集的比例。在这个项目中，这 3 个变量分别指定为 10、64、0.2，即使用全部训练集中的数据训练 10 次，每次训练模型使用训练集中的 64 个样本，在模型训练时将训练集中 20% 的数据划分出来用作验证集，并使用损失函数衡量这 64 个样本的预测值与实际值之间的差值，最后使用 RMSprop 梯度下降优化算法更新模型参数，如以下代码所示。

```
model.fit(X_train,
          y_train,
          epochs=10,
```

```
batch_size=64,
validation_split=0.2)
```

运行以上代码来训练全连接神经网络模型，训练过程如图 4.14 所示。在模型训练时每一次迭代训练中都输出两个重要信息，分别为平均损失值（loss）与平均准确率（acc）。其中 loss 与 acc 分别为模型在训练集上的损失值与准确率，val_loss、val_acc 分别为模型在验证集上的损失值与准确率。模型训练好以后在训练集上得到的准确率约为 98%，明显高于第 3 章中使用的 Softmax 多分类器的准确率。

```
Train on 48000 samples, validate on 12000 samples
Epoch 1/10
48000/48000 [==============================] - 7s 149us/step - loss: 0.3913 - acc: 0.8852 - val_loss: 0.1882 - val_acc: 0.9432
Epoch 2/10
48000/48000 [==============================] - 5s 98us/step - loss: 0.1731 - acc: 0.9488 - val_loss: 0.1463 - val_acc: 0.9564
Epoch 3/10
48000/48000 [==============================] - 5s 112us/step - loss: 0.1272 - acc: 0.9615 - val_loss: 0.1354 - val_acc: 0.9617
Epoch 4/10
48000/48000 [==============================] - 5s 107us/step - loss: 0.1037 - acc: 0.9684 - val_loss: 0.1143 - val_acc: 0.9661
Epoch 5/10
48000/48000 [==============================] - 6s 121us/step - loss: 0.0872 - acc: 0.9736 - val_loss: 0.1156 - val_acc: 0.9676
Epoch 6/10
48000/48000 [==============================] - 5s 109us/step - loss: 0.0761 - acc: 0.9770 - val_loss: 0.1267 - val_acc: 0.9649
Epoch 7/10
48000/48000 [==============================] - 5s 99us/step - loss: 0.0667 - acc: 0.9802 - val_loss: 0.1212 - val_acc: 0.9673
Epoch 8/10
48000/48000 [==============================] - 5s 97us/step - loss: 0.0584 - acc: 0.9827 - val_loss: 0.1201 - val_acc: 0.9702
Epoch 9/10
48000/48000 [==============================] - 5s 109us/step - loss: 0.0534 - acc: 0.9838 - val_loss: 0.1150 - val_acc: 0.9707
Epoch 10/10
48000/48000 [==============================] - 5s 110us/step - loss: 0.0466 - acc: 0.9855 - val_loss: 0.1174 - val_acc: 0.9713
```

图 4.14　模型的训练过程

模型使用训练集训练好以后，可以使用测试集对训练好的模型进行评估。在 model 的 evaluate 方法中传入测试集中数据的全部样本的特征值与标签值，即可得到训练好的模型在测试集上的损失值与准确率，如以下代码所示。

```
loss, accuracy = model.evaluate(X_test, y_test)
print(accuracy)
```

结果显示，模型在测试集上的准确率约为 97%，这低于模型在训练集上的准确率——约为 99%。这表明出现了轻微的过拟合，第 1 章详细讲解了使用正则项来防止过拟合的方法，第 5 章将介绍深度学习中防止过拟合的方法。

4.8　房价数据回归分析——回归分析项目

第二个项目为对房价的预测，因为房价为连续值，所以这个项目为回归分析项目。与第 1 章中所学的线性回归类似，这个项目使用全连接神经网络作为模型来根据房子的相关属性对房价进行预测。首先，因为波士顿房价数据集已经在 Keras 框架中封装好了，所以可以直接从 Keras 框架中加载，如以下代码所示。

```
from keras.datasets import boston_housing as bh
(X_train, y_train), (X_test, y_test) = bh.load_data()
```

接下来，对加载的数据进行预处理。在预处理 MNIST 数据集时，将图片中的每一个像素值除以 255，这样每一个像素值的范围都介于 0～1。统一减小像素值的范围可以让模型训练得更加快速与准确。同样，对于房子的特征数据，也需要进行预处理。因为房子的特征数据中的每一个特征都有不同的属性，所以需要对每一个特征值进行单独处理。常用的一种预处理方式为标准化。首先，计算训练集全部样本中每一个特征值的均值与方差。然后，将训练集中每一个样本的所有特征值都减去与其对应的均值并除以方差。这样训练集中全部样本的每一个特征值都符合均值为 0、方差为 1 的正态分布。将房价数据进行标准化的代码如下所示。值得注意的一点是，对测试集的数据进行标准化时直接使用在训练集中计算出的均值与方差即可。

```
# 求训练集中数据每一个特征值的均值
mean = X_train.mean(axis=0)
# 求训练集中数据每一个特征值的方差
std = X_train.std(axis=0)
# 对训练集与测试集进行标准化
X_train = (X_train - mean) / std
X_test = (X_test - mean) / std
```

进行标准化操作以后，训练集中数据的第一个样本的特征与标签值如下所示。其中训练集中每一个样本都有 13 个特征值，并对应一个标签值。

```
print(X_train[0])
[-0.27224633 -0.48361547 -0.43576161 -0.25683275 -0.1652266  -0.1764426  0.81306188
 0.1166983  -0.62624905 -0.59517003  1.14850044  0.44807713  0.8252202 ]
print(y_train[0])
15.2
```

准备好数据集以后，就可以构建模型。

第一步，从 Keras 框架中加载所需要的库函数。在这个项目中，使用 Adam 算法作为梯度下降优化算法，如以下代码所示。

```
from keras.models import Sequential
from keras.layers import Dense
from keras.optimizers import Adam
```

第二步，使用加载好的库函数来构建全连接神经网络模型。在这个模型中，有两个隐藏层，每一个隐藏层的单元数均为 64，激活函数为 relu。同样，需要在第一层中指明模型输入层的单元个数。因为训练集中每一个样本都有 13 个特征值，所以输入层需要 13 个单元来接收全部特征值数据。在 input_shape 参数中，13 的后面加上了一个半角逗号，因为这样设置以后模型可以接收任意数量的批量数据作为输入。如果将 input_shape 参数的值设置为 (64,13)，那么模型每次只能接收 64 个样本作为输入。在训练集中每一个样本的标签值都为一个标量（连续值），因此模型的输出层只需要一个单元，而且不需要使用激活函数，即输出层输出的数据为从最后一个隐藏层中接收到的数据，不用做任何处理。构建模型的代码如下所示。

```
model = Sequential()
model.add(Dense(64, input_shape=(13,), activation='relu'))
model.add(Dense(64, activation='relu'))
```

```
model.add(Dense(1, activation=None))
model.summary()
```

图 4.15 所示为回归分析模型的总结。

```
Layer (type)                 Output Shape              Param #
=================================================================
dense_1 (Dense)              (None, 64)                896
_____
dense_2 (Dense)              (None, 64)                4160
_____
dense_3 (Dense)              (None, 1)                 65
=================================================================
Total params: 5,121
Trainable params: 5,121
Non-trainable params: 0
```

图 4.15　回归分析模型的总结

第三步，对模型进行编译，指定使用的梯度下降优化算法为 Adam 算法。损失函数使用均方差（mse）函数，并使用平均绝对误差（mae）衡量模型的预测误差，如以下代码所示。

```
model.compile(optimizer=Adam(),
              loss='mse',
              metrics=['mae'])
```

第四步，使用训练集中的数据对模型进行训练。指定使用全部训练集数据的迭代次数（epochs）为 300，每次使用 32 个训练集样本对模型进行训练。在模型训练时，每一次将训练集中 20% 的样本分离出来作为验证集，通过 validation_split 变量指定即可。具体代码如下所示。

```
model.fit(X_train,
          y_train,
          epochs=300,
          batch_size=32,
          validation_split=0.2)
```

构建好的全连接神经网络模型完成训练以后，最后一次使用训练集中全部数据训练时的平均损失值为 3.51。如果没有对数据集进行标准化处理，最后得到的平均损失值为 17.78，这说明了标准化处理的必要性。

训练好模型以后，可以使用测试集的数据进行评估，如以下代码所示。因为回归模型无法衡量准确率，所以在代码中可以用下画线来显式地指定。一定要注意的是，测试集的数据必须经过与训练集一样的标准化处理之后，才可用来评估训练好的模型。

```
_, loss = model.evaluate(X_test, y_test)
print(loss)
```

最后得到的测试集的平均损失值约为 2.64。相比模型使用训练集第一次训练时的损失值（557.1），模型得到了很好的训练。在第 1 章中，使用线性回归模型得到的平均损失值约为 26，可以看出这个全连接神经网络模型在波士顿房价数据上的训练效果比线性回归模型明显好很多。

将这个项目使用到的全连接神经网络模型中的最后一层与线性回归模型的工作原理进行对比，会发现其实全连接神经网络模型中最后一个全连接层就是一个线性回归模型。在最后一个全连接层中，只使用了一个没有激活函数的单元。如果只考虑全连接神经网络接受一个样本作为输入数据的情况，那么最后一个全连接层接收到的输入就是来自其上一层的、长度为 64 的输出数据，用 $x_1, x_2, \cdots, x_{64}$ 来表示。接下来对最后一个全连接层使用以下的方式进行处理。

$$\hat{y} = w_1 x_1 + w_2 x_2 + \cdots + w_{64} x_{64} + b$$

其中，$w_1, w_2, \cdots, w_{64}$ 以及 b 为最后一个全连接层中的参数值。由此可以明显地看出，最后一个全连接层与线性回归模型的工作原理几乎一模一样。

因为在最后一个全连接层之前，已经有两个全连接层对全连接神经网络模型接收到的输入数据进行了处理，所以将处理过后的数据再交由最后一个全连接层完成回归分析时，得到的效果通常会比只用一个线性回归模型好一些。

4.9 本章小结

通过对本章的学习，读者能够掌握全连接神经网络的结构，以及神经网络中常用的激活函数。激活函数除了本章介绍的 4 种，还有其他几种，如 Leaky ReLU 函数等。在模型训练之前，需要对模型参数进行初始化，本章介绍了初始化模型参数的方式。在模型训练时，需要根据任务的不同选择合适的损失函数。由于深度学习模型的参数很多，因此需要用反向传播算法来计算参数的梯度值。值得注意的是，反向传播算法不会更新参数，只会计算梯度值。更新模型参数使用的还是梯度下降算法，只是因为模型参数多，需要对梯度下降算法进行优化，本章介绍了几种常用的梯度下降优化算法。

第 5 章将详细介绍对深度学习模型优化的方法，这些方法的应用可以有效防止过拟合，提高模型的训练效率等。

第5章　神经网络模型的优化

在第 4 章中，通过构建全连接神经网络模型实现了两个项目，分别为 MNIST 手写数字识别实战与房价数据回归分析。在手写数字识别这个项目中，出现了轻微的过拟合现象，模型在训练集上的预测准确率比在测试集上的高一些。本章会介绍深度学习中 4 种常用的防止过拟合的方法。在房价数据回归分析这个项目中，通过将训练集标准化，极大加快了模型的训练速度。本章将介绍一种新的标准化的方法，称为批量标准化（batch-normalization）。

在掌握原理部分知识以后，使用 CIFAR-10 数据集进行实战，实际应用本章所讲解的内容。在训练好用于分类 CIFAR-10 数据集的模型后，本章会详细讲解如何使用训练好的模型进行预测，并把模型保存到本地磁盘中。这样在每次使用模型进行预测时，可以直接加载训练好的模型，而不需要每次使用之前都训练模型。本章最后介绍 Keras 框架中一种新的构建模型的方法，称为 Keras 函数式 API（Keras Function API）。

5.1　防止过拟合的方法

过拟合是一个在深度学习中经常遇到的问题。过拟合是指训练好的模型在训练集上表现的效果比在验证集或测试集上的好，这说明模型过度拟合训练集中的数据，进而丧失了泛化能力。导致过拟合的一个常见的原因为构建的模型过于复杂，所以在实际项目中，虽然复杂的深度学习模型更容易拟合训练集数据，但是要尽量避免构建并训练过于复杂的模型。

5.1.1　L1/L2 正则化

除了以上所说的导致过拟合的原因外，过拟合现象的出现还有一个很重要的原因——模型的输出对输入数据的微小变化很敏感。也就是说,输入数据中的一个小变化会导致模型的输出有很大的变化。导致这种情况发生的根本原因为模型的参数值过大。当模型的参数值过大时,即使输入数据很小的变化,经过模型参数的计算也会对输出数据有很大的影响。

所以对于这种情况,一个直观的解决方式为在模型训练时,尽量控制模型中值较大的参数,使模型的参数值不会过大。这种方式可以明显减弱模型输出对模型输入的敏感性。在深度学习中,通常使用 L1 正则化(L1 regularization)或 L2 正则化(L2 regularization)来防止模型的参数值过大,进而防止过拟合现象的出现。

深度学习中模型参数可以分为两种,一种为权重(w),另一种为偏差(b)。在应用 L1 正则化或 L2 正则化时,通常只对权重应用正则化。其原因可以举例说明。对于一个函数图像为抛物线的函数 $f(x) = 2x^2 + 3$,其中 2 可以看作权重,3 为偏差。在这个函数中,权重的值会影响函数图像的形状,即抛物线的形状,而偏差的值只会影响图像在坐标系中的位置,不会对抛物线的形状产生任何影响。同理,因为模型中的偏差不会对模型有较大的影响,所以实际项目中只对模型的权重应用 L1 正则化或 L2 正则化。

1. L1 正则化

图 5.1 所示为一个全连接神经网络结构。其中,输入层有 4 个单元,隐藏层有 4 个单元,输出层有一个单元。因为在正则化中不考虑偏差,所以图中省略了偏差。通过这个神经网络结构,讲解如何应用正则化来防止模型出现过拟合的情况,并给出代码,以深入剖析正则化的应用。

应用正则化的目的为在模型训练时减小模型中的参数值。与此同时,在模型的训练过程中,使用梯度下降算法调整模型参数来减小损失函数的值。所以可以把正则项加入损失函数中,这样在模型训练中减小损失函数值的时候,既可以减小模型的预测误差,又可以减小模型的参数值,一举两得。

L1 正则化将模型的所有权重首先取绝对值,然后全部相加。L1 正则化的表达式也可以称为 L1 正则项,其中 N 为模型中参数的个数,如下所示。

$$\sum_{i=1}^{N} |w_i| = |w_1| + |w_2| + \cdots + |w_N|$$

对于图 5.1 所示的神经网络结构,使用 $L(\hat{y}, y)$ 表示此模型在使用训练集进行训练时使用的损失函数。因为损失函数表达式中 y 为模型的预测值,而且 y 为模型权重的函数,所以损失函数本质为模型权重的函数。从 L1 正则化的表达式中可以看出,L1 正则项也为模型权重的函数,所以可以将模型原有的损失函数与 L1 正则项加到一起,形成新的损失函数。在相加时,需要通过 λ 指定原有损失函数与 L1 正则项各自的重要性,如下所示。

$$\text{Loss}(\hat{y}, y) = L(\hat{y}, y) + \lambda \sum_{i=1}^{N} |w_i|$$

其中,λ 为模型训练时的超参数,需要在模型训练前人为指定。

　　如果模型在训练时出现较严重的过拟合现象，则应该将 λ 设置为较大的值，这样防止过拟合的正则项在模型训练时有更多的"话语权"。如果模型在训练时只出现轻微的过拟合现象，则需将 λ 设置为较小的值。通过使用加入正则项的新的损失函数，能够让模型在训练过程中更新参数的同时，有效防止过拟合现象的出现。

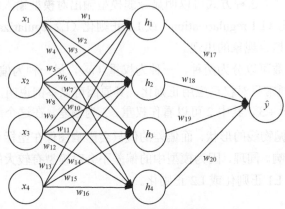

图 5.1　全连接神经网络结构

　　在掌握了 L1 正则化防止过拟合的原理后，通过代码在 Keras 框架中应用 L1 正则化。对于图 5.1 所示的链接神经网络结构，可以通过如下的代码来使用 L1 正则化防止过拟合。首先，加载所需要的库函数，Keras 框架将 L1 正则化函数封装在了 `keras.regularizers` 中，从中可以导入 L1 正则项。然后，构建模型，模型由包括 4 个单元的输入层、包括 4 个单元的隐藏层与包括 1 个单元的输出层组成。在模型中应用正则项时，除了给模型中全部的参数应用正则项以外，还可以给指定层中的参数应用正则项。

```
from keras.models import Sequential
from keras.layers import Dense
from keras.regularizers import l1
model = Sequential()
model.add(Dense(units=4,
                activation='relu',
                input_shape=(4,),
                kernel_regularizer=l1(0.01)))
model.add(Dense(units=1,
                activation=None,
                kernel_regularizer=l1(0.01)))
```

　　其中，分别对隐藏层与输出层的参数应用正则化。除此之外，还可以只为一层应用正则化，只需要在构建模型时指定。在构建模型的隐藏层时，在 `kernel_regularizer` 参数中指定使用 L1 正则化，L1 正则化中的参数 0.01 即为 λ 的值，将 λ 的值指定为较小的值是为了让模型在训练时较好地拟合数据，防止过拟合现象的出现。在 Keras 框架中 `kernel` 指的是模型参数 w，`bias` 指的是模型参数 b。因为在这个例子中正则项只考虑模型参数 w，所以在这里使用 kernel_regularizer。

在这里可能会有一个问题，为什么在原理中将 L1 正则项加入损失函数中，但是在代码中将正则项加入模型构建中呢？其实这就是框架应用带来的好处，只需要在使用 Keras 框架构建模型时指定对某一层的参数使用正则项，框架在模型训练时会自动对指定的参数应用正则化，并将正则项加入损失函数当中形成新的损失函数，用于模型训练。

2. L2 正则化

除了 L1 正则化以外，项目中还会经常使用 L2 正则化。L2 正则化与 L1 正则化的原理几乎相同，区别仅在于表达式的不同。L2 正则化将模型的参数先进行平方再相加，L2 正则化的表达式也可以称为 L2 正则项，其中 N 为模型中参数的个数，如下所示。

$$\sum_{i=1}^{N} w_i^2 = w_1^2 + w_2^2 + \cdots + w_N^2$$

同理，在应用 L2 正则化防止过拟合时，需要将 L2 正则项加入原有的损失函数中形成新的损失函数，用于模型的训练，如下所示。

$$\text{Loss}(\hat{y}, y) = L(\hat{y}, y) + \lambda \sum_{i=1}^{N} w_i^2$$

其中新的损失函数表达式中的 λ 的作用与 L1 正则化中的相同。接下来，通过以下代码对图 5.1 所示的神经网络结构使用 L2 正则化来防止过拟合。因为 L1 与 L2 正则化的原理相同，只表达式有所差别，所以在代码中只需要从 Kears 框架的 regularizers 中导入 L2 正则项，并将其加入模型中指定的层即可，其余代码不变，如下所示。

```
from keras.models import Sequential
from keras.layers import Dense
from keras.regularizers import l2
model = Sequential()
model.add(Dense(units=4,
                activation='relu',
                input_shape=(4,),
                kernel_regularizer=l2(0.01)))
model.add(Dense(units=1,
                activation=None,
                kernel_regularizer=l2(0.01)))
```

通过 L1/L2 正则化的应用，能够有效地防止模型的过拟合现象的出现。L1 正则化通常会使模型中一些权重值在模型训练完成以后趋于 0，而 L2 正则化通常只会让模型的参数值变得更小。直观来看，因为 L1 正则化基于参数的绝对值，所以在模型训练时会直接减小参数值，而 L2 正则化基于参数的平方，所以在模型训练时减小的是参数的平方。这样的解释虽然不准确，但是可以很直接地说明这个原因。在实际应用过程中，通常只让模型的参数值适当地减小，所以选择 L2 正则化来防止过拟合现象的出现更合适。

5.1.2　增加训练集样本个数

通过增加训练集中样本的个数（data augmentation）是防止深度学习模型过拟合的最好方法之一，但是在实际项目中由于时间、经费、技术等的限制很难获得更多的数据来训练模型。尽管如此，还是可以通过现有的训练集来衍生出更多的数据样本。训练集中样本个数的增加使模型不能轻易拟合训练集，从而让模型有更好的泛化能力。

对于图片数据，衍生出新的图片数据的一般方式为将图片旋转一定角度、改变图片的宽度与高度、缩放图片、改变图片亮度等。通过这样的方法生成新的训练集来训练构建好的模型，不仅可以有效地防止模型出现过拟合的现象，而且能够使训练的模型具有更好的鲁棒性（robustness）。因为训练好的模型在实际应用中很可能会受到图片亮度、角度等变化因素的影响，所以对模型的预测准确率产生很大的影响。由于训练集中的图片数据已经经过了变换，因此对于每一张原有图片生成了不同亮度、不同角度的衍生图片，使用增加的图片训练出的模型能够有效地降低图片本身对预测的影响，这就增加了模型的鲁棒性。

下面通过实例来讲解如何根据训练集中已有的图片数据来衍生出更多可用于模型训练的图片数据。

首先，加载所需要的库，使用 Matplotlib 库来加载并显示图片，使用 NumPy 库来对图片数据进行处理。Keras 框架中提供了用于根据已有图片来衍生出更多图片的生成器，称为 ImageDataGenerator。通过以下代码导入库和 ImageDataGenerator。

```
from keras.preprocessing.image import ImageDataGenerator
import numpy as np
import matplotlib.pyplot as plt
```

然后，加载一张用于衍生出多张图片的图片，在这个实例中，使用一张猫的图片作为例子，图片的名字为 cat.jpg。在掌握了使用一张图片衍生新的图片的方法以后，就可以用同样的方法对数据集中全部的训练集图片做相同的处理。在加载好这张图片后，通过 Matplotlib 库的函数读取这张图片并输出。通过 image.shape 属性，可以输出图片中每一个维度中元素的个数。具体实现方式如以下代码所示。

```
image_path = "cat.jpg"
# 加载图片
image = plt.imread(image_path)
# 输出图片
plt.imshow(image)
# 查看这张图片中每一个维度中元素的个数
print(image.shape)
```

图 5.2 所示的这张猫的图片即为输出的猫的原型图片，这张图片为彩色图片，因此有 3 个维度，3 个维度中元素的个数为（360, 480, 3）。

接下来，可以定义 ImageDataGenerator 函数，用于后续生成这张图片的衍生图片。这个函数可以设置图片旋转角度的范围（rotation_range）、宽度变化的比例范围（width_shift_range）、高度变化的比例范围（height_shift_range）、图片剪切的程度（shear_range）、图片的缩放程度（zoom_range）、亮度的变化范围（brightness_range）、图片的水平移动（brightness_range）等。通过指定这些参数的值，可以对原

图 5.2 猫的图片

有图片进行不同程度的变化，从而衍生出多张图片。ImageDataGenerator 的定义如下所示。

```
generator = ImageDataGenerator(rotation_range=10, # 旋转
                               width_shift_range=0.1, # 宽度
                               height_shift_range=0.1, # 高度
                               shear_range=0.15, # 图片剪切
                               zoom_range=0.1, # 缩放
                               channel_shift_range=10, # 三通道转换
                               brightness_range=(0.9, 0.7), # 亮度
                               horizontal_flip=True) # 水平移动
```

定义 ImageDataGenerator 之后，就可以使用这个生成器根据指定的参数生成这张猫的图片的多张衍生图片。因为在 Keras 框架中对数据全部采用批量处理的方式，例如，对于彩色图片数据，如果每张图片的长与宽均为 32 像素，模型训练时批尺寸指定为 64，那么在模型训练时，每次会同时处理 64 张图片，即输入数据为四维，可表示为(64,32,32,3)。然而，对于刚刚加载的猫的图片，只有 3 个维度，所以需要为其拓展一个维度。NumPy 库提供了expend_dims 函数，可以用于拓展数据的维度，如以下代码所示。为这张图片拓展一个维度后，图片变成了四维，每一个维度的元素个数为(1, 360, 480, 3)。

```
image = np.expand_dims(image, 0)
print(image.shape)
```

接下来，就可以将这张图片送入定义好的生成器中，然后利用这个生成器，根据指定的参数生成衍生图片数据。在这个例子中，利用生成器生成 10 张猫的图片的衍生图片，并存储一个列表（list）中，如以下代码所示。

```
aug_iter = generator.flow(image)
aug_images = [next(aug_iter)[0] for i in range(10)]
```

最后，定义 plots 函数，用于自定义输出存储在列表中的图片。在后续章节中，还会用到这个函数，但是不会重复定义这个函数，因此在后续章节中，如果代码中出现 plots 函数，指的就是这个函数。

```
def plots(ims, figsize=(12,6), rows=1):
    ims = np.array(ims).astype(np.uint8)
    fig = plt.figure(figsize=figsize)
    cols = len(ims) // rows if len(ims) % 2 == 0 else len(ims)
    // rows + 1
    for i in range(len(ims)):
```

```
        sp = fig.add_subplot(rows, cols, i + 1)
        sp.axis('Off')
        plt.imshow(ims[i])
```

定义好 `plots` 函数以后，就可以使用这个函数输出存储在 `aug_images` 列表中的 10 张图片，如图 5.3 所示。

```
plots(aug_images, figsize=(20,7), rows=2)
```

图 5.3　10 张衍生图片

可以看出图 5.3 所示的每一张图片的亮度、图片中猫的角度、猫在图片中的位置等都不同。通过这样的方式，可以将训练集数据中的每一张图片进行同样的处理，从而极大地增加了训练集中的样本个数，有效地防止过拟合现象的出现。

5.1.3　Dropout 的应用

除了以上介绍的两种防止过拟合的方法，Dropout 为深度学习中特有的防止神经网络模型出现过拟合现象的方法。

Dropout 的原理比较简单，在每一次模型训练时，按照一定的概率随机去掉神经网络模型中指定层的单元（节点）和与之相连接的权重。这些被随机去掉的单元和与之相连接的权重不参与模型的训练，只有与留下的单元相连接的权重才会得到更新。图 5.4 所示的神经网络由一个输入层、两个隐藏层、一个输出层组成。

图 5.4 所示的神经网络中的两个隐藏层，分别应用概率值为 50% 的 Dropout，即在每一次模型训练时，将这两层中的单元以 50% 的概率随机去掉。模型应用 Dropout 以后的结构如图 5.5 所示。在这个模型中，两个隐藏层均有 4 个单元，因此 50% 的概率意味着将两个隐藏层中的节点分别去掉两个，并去掉与其相连接的全部权重。在每次模型训练时，只有留下来的权重会得到更新。

Dropout 的应用可以防止过拟合的原因为 Dropout 使得一个完整的神经网络模型被划分为多个子神经网络，在每一次训练神经网络模型时，都在训练其中某一个子神经网络，使每一个子神经网络都能够获得较好的预测能力。最后，在使用这个模型时，使用完整的神经网络模型，即包括全部训练时划分的子神经网络，这样能够使训练的模型具有更好的预测性能。

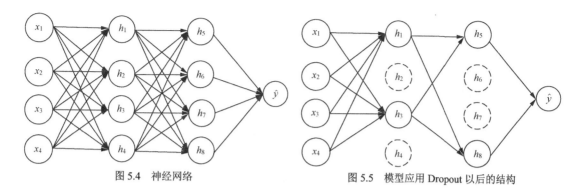

图 5.4 神经网络   图 5.5 模型应用 Dropout 以后的结构

下面通过代码对图 5.4 所示的神经网络模型应用 Dropout。首先，从 Keras 框架中加载所需要的模块（Dropout 被封装在 keras.layers 中），如以下代码所示。

```
from keras.models import Sequential
from keras.layers import Dense, Dropout
```

然后，开始构建图 5.4 所示的神经网络模型，并对其中的两个隐藏层分别应用概率为 50% 的 Dropout。在定义好中间层以后，在其后添加 Dropout，并指定每次训练模型时以 50% 的概率去掉隐藏层的单元，具体实现方式如以下代码所示。

```
model = Sequential()
# 对第一个隐藏层应用 Dropout
model.add(Dense(units=4, activation='relu', input_shape=(4,)))
model.add(Dropout(rate=0.5))
# 对第二个隐藏层应用 Dropout
model.add(Dense(units=4, activation='relu'))
model.add(Dropout(rate=0.5))
# 输出层
model.add(Dense(units=1, activation='relu'))
model.summary()
```

对模型应用 Dropout 后的总结如图 5.6 所示。由于以一定概率去掉指定层中的部分单元，因此 Dropout 的应用不需要参数。在应用 Dropout 以后，在每一次模型进行训练时，会按照指定的概率去掉部分单元，这样训练出的模型能够有效避免出现过拟合的现象。

```
Layer (type)                 Output Shape              Param #
=================================================================
dense_4 (Dense)              (None, 4)                 20
_____
dropout_3 (Dropout)          (None, 4)                 0
_____
dense_5 (Dense)              (None, 4)                 20
_____
dropout_4 (Dropout)          (None, 4)                 0
_____
dense_6 (Dense)              (None, 1)                 5
=================================================================
Total params: 45
Trainable params: 45
Non-trainable params: 0
_____
```

图 5.6 对模型应用 Dropout 后的总结

5.1.4　早停法

在深度学习中，通常会将数据集划分为训练集、验证集及测试集。在模型训练时，使用训练集训练模型，并使用验证集来查看模型的训练情况。如对比模型分别在训练集与测试集上的预测准确率，进而判断是否出现过拟合的现象。

图 5.7 描述了在训练时，随着时间的推移，模型分别在训练集与验证集上的预测误差。其中横轴表示模型的训练时间，纵轴表示模型在数据集上的预测误差。从图 5.7 中可以看出，在模型开始训练时，模型对训练集与验证集的预测误差在同时减小，一段时间以后，训练集与测试集的误差几乎相同。随着对模型的继续训练，模型在训练集上的预测误差逐渐减小，但是模型在验证集上的预测误差反而逐渐增加，与训练集上的误差形成鲜明对比。

这个现象就说明模型发生了过拟合，模型在训练时努力去拟合训练集数据，从而失去了泛化能力，不能在除训练集以外的数据集中展现和在训练集中一样的预测效果。

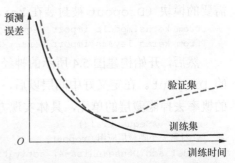

图 5.7　模型训练时在训练集与验证集上的误差

在图 5.7 中可以发现，在模型训练过程中，模型在验证集上的预测误差最小的时候，是模型训练得最好的时候。在这以前，因为模型的预测误差还有下降空间，所以这种现象称为欠拟合（underfitting），模型没能够很好地拟合训练集中的数据。在这之后，因为模型过于拟合训练集数据，进而失去了泛化能力，所以称为过拟合。因此，训练模型时如果在模型在验证集上的预测误差最小的时候停止训练，既能够保证模型得到很好的训练，又能够防止过拟合的发生，这个方法就是早停（early stopping）法。

下面通过鸢尾花（iris）数据集应用早停法来防止模型在训练时出现过拟合的现象。数据集中包含 3 种鸢尾花，分别为 Setosa 鸢尾花、Versicolour 鸢尾花及 Virginica 鸢尾花。数据集中一共有 150 个样本，其中每一种鸢尾花有 50 个样本。每一个样本都有 4 个特征值，分别为花萼的长、花萼的宽、花瓣的长及花瓣的宽。

在 sklearn 模块中已经封装了鸢尾花数据集，所以可以直接从 sklearn.datasets 模块中调用 load_iris 函数进行加载。在 Keras 框架中封装的数据集已经将数据集划分为训练集与测试集，但是在 sklearn 模块中封装的数据集并没有进行划分，因此需要使用 sklearn. model_selection 模块的 train_test_split 函数将加载的鸢尾花数据集按照一定比例划分为训练集与测试集。为了在每次运行程序时都得到相同的结果，可以将 random_state 参数指定为一个整数值，如 42。最后，需要对样本标签进行独热编码处理。具体实现方式如以下代码所示。

```
from sklearn.datasets import load_iris
from sklearn.model_selection import train_test_split
from keras.utils import to_categorical
```

```
# 加载鸢尾花数据集
iris = load_iris()
# 数据集中样本的特征值
X = iris.data
# 数据集中样本的标签值
y = iris.target
# 将数据集中 3/4 的数据划分为训练集，1/4 的数据划分为测试集
X_train, X_test, y_train, y_test = train_test_split(
    X, y, test_size=0.25, random_state=42
)
# 分别对训练集与测试集的样本标签进行独热编码处理
y_train = to_categorical(y_train)
y_test = to_categorical(y_test)
```

将数据集加载、划分并处理好以后，可以构建用于分类的全连接神经网络模型。每一个样本有 4 个特征值，因为输入层的单元数为 4。在模型中加入两个隐藏层，分别有 50 个单元、25 个单元。最后因为数据集中的样本标签一共有 3 种，所以输出层中应该有 3 个单元，并使用 Softmax 函数作为激活函数。模型中的隐藏层个数、每个隐藏层的单元数、模型训练时使用的梯度下降优化算法等都可以调整，当前这个模型并不一定为划分鸢尾花数据集最好的模型。构建模型的代码如下所示。

```
from keras.models import Sequential
from keras.layers import Dense
model = Sequential()
model.add(Dense(50, input_shape=(4,), activation='relu'))
model.add(Dense(25, activation='relu'))
model.add(Dense(3, activation='softmax'))
model.compile(loss='categorical_crossentropy',
              optimizer='adam',
              metrics=['accuracy'])
model.summary()
```

模型构建好并编译好以后，输出的模型总结如图 5.8 所示。

Layer (type)	Output Shape	Param #
dense_1 (Dense)	(None, 50)	250
dense_2 (Dense)	(None, 25)	1275
dense_3 (Dense)	(None, 3)	78

```
Total params: 1,603
Trainable params: 1,603
Non-trainable params: 0
```

图 5.8 鸢尾花数据集分类模型的总结

接下来，可以定义用于模型训练时早停法的参数。

首先，从 Keras 框架的 callbacks 中引入 EarlyStopping。然后，配置早停法的参数。指定

早停法中模型训练停止的衡量标准为验证集的损失值（val_loss）。在每一次训练时，只有验证集的损失值相比上一次训练的损失值的变化大于 0.001 时，才视为一次"改进"。当训练模型时，若连续经过 5 次更新迭代都没有改进，就停止模型的训练。如果希望模型在验证集上的预测误差停止减小时停止模型的训练，将 mode 参数指定为 auto，就可以根据 monitor 变量传入的值自动选择。verbose 变量指定在模型训练时输出日志的种类。将 restore_best_weights 变量设置为 True，这样模型中保存的参数为在训练结束前使得模型在验证集上误差最小的参数值。具体实现方式如以下代码所示。

```
from keras.callbacks import EarlyStopping
monitor = EarlyStopping(monitor='val_loss',
                        min_delta=1e-3,
                        patience=5,
                        mode='auto',
                        verbose=1,
                        restore_best_weights=True)
```

最后，根据配置好的参数，使用训练集数据进行模型的训练。在这个项目中，为了简便，将测试集用作验证集来作为早停法衡量模型停止训练的方式。在模型训练时，只需在 callbacks 参数中传入之前配置好的变量，即可在训练过程中使用早停法来防止过拟合，如以下代码所示。

```
model.fit(X_train,
          y_train,
          validation_data=(X_test, y_test),
          callbacks=[monitor],
          verbose=2,
          epochs=1000)
```

图 5.9 显示了模型在训练结束前的 7 次训练结果。虽然在模型训练时指定使用 1 000 次训练集（epochs=1000），但是实际上在模型训练的第 141 次结束后，模型就停止了训练。这说明模型训练到第 141 次时，满足了在早停法中配置的参数，并在训练结束后保存了能够让模型在验证集上的预测误差最小的参数。

```
Epoch 135/1000
 - 0s - loss: 0.0909 - acc: 0.9821 - val_loss: 0.0758 - val_acc: 1.0000
Epoch 136/1000
 - 0s - loss: 0.0892 - acc: 0.9732 - val_loss: 0.0683 - val_acc: 0.9737
Epoch 137/1000
 - 0s - loss: 0.0966 - acc: 0.9732 - val_loss: 0.0679 - val_acc: 0.9737
Epoch 138/1000
 - 0s - loss: 0.0886 - acc: 0.9732 - val_loss: 0.0770 - val_acc: 1.0000
Epoch 139/1000
 - 0s - loss: 0.0900 - acc: 0.9732 - val_loss: 0.0874 - val_acc: 0.9737
Epoch 140/1000
 - 0s - loss: 0.0922 - acc: 0.9643 - val_loss: 0.0707 - val_acc: 1.0000
Epoch 141/1000
 - 0s - loss: 0.0856 - acc: 0.9732 - val_loss: 0.0687 - val_acc: 1.0000
Restoring model weights from the end of the best epoch
```

图 5.9　模型在训练结束前的 7 次训练结果

5.2　批量标准化

5.1 节介绍了在深度学习模型中防止过拟合的 4 种常用方法，本节介绍一种让模型的训练速度加快的方法——批量标准化。标准化的使用，能够让模型在训练时以更快的速度得到最优参数，从而减少模型训练时所需要的次数，缩短模型的训练时间。

一般来说，深度学习模型会由多个隐藏层组成。标准化训练集数据，也就是标准化模型输入层接收到的数据以加快模型的训练速度，那么是不是标准化隐藏层接收到的数据也能加快模型的训练速度呢？答案是肯定的。这就是批量标准化的由来。因为深度学习模型在训练时一般会使用小批量的数据，如训练集中的 16、32、64 个样本数据，所以在隐藏层每次也只能接收到小批量的数据，批量标准化就是标准化隐藏层接收到的小批量的数据。

图 5.10 所示的神经网络模型包含两个隐藏层，每一个隐藏层均有 4 个单元。其中第一个单元 h_1 接收到的数据为 z_1，z_1 可表示为以下形式。

$$z_1 = w_1x_1 + w_2x_2 + w_3x_3 + w_4x_4 + b_1$$

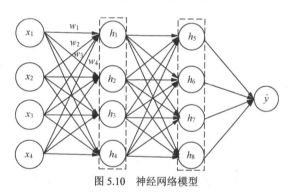

图 5.10　神经网络模型

如果这个模型每次小批量处理的样本数量为 64，使用 N 来表示，那么每次训练模型时，h_1 单元会接收到 64 个值，分别表示为 $z_1^1, z_1^2, \cdots, z_1^N$。对中间层的输入数据进行批量标准化的方式与对训练集的有一些不同之处。h_1 单元在接收到 64 个值以后，会通过下面的方式对这 N（即 64）个值进行批量标准化。

前两个步骤与批量标准化一样，分别求这 N 个值的均值与方差，如下所示。

$$\mu = \frac{1}{N}\sum_{i=1}^{N} z_1^i$$

$$\sigma^2 = \frac{1}{N}\sum_{i=1}^{N}\left(z_1^i - \mu\right)^2$$

接下来，使用如下公式利用计算出的均值与方差对数据进行批量标准化。公式中 ε 为指定的一个值很小的常数，并不是模型的参数，其作用为防止计算出方差的值为 0 时分母为 0。

$$z_1^i = \frac{z_1^i - \mu}{\sqrt{\sigma^2 + \varepsilon}}, i \in [1, N]$$

经过以上公式进行批量标准化以后，h_1 单元会将接收到的这 N 个值的分布变为均值为 0、方差为 1 的正态分布。如果按照同样的方式分别批量标准化这个隐藏层的单元 h_2、h_3、h_4 接收到的值，那么这个隐藏层所有的单元接收到的数据将全部变为 N 个符合均值为 0、方差为 1 的正态分布的值。然而，这样的统一不利于模型的训练，所以为了让每一个单元接收的数据都符合不同的正态分布，对于 h_1 单元，需要对经过批量标准化后的每一个值进行如下处理。

$$z_1^i = \gamma z_1^i + \beta, i \in [1, N]$$

其中，γ 与 β 为模型的可训练参数（learnable parameter），即需要在模型训练之前进行初始化，并使用梯度下降算法对其进行更新。

以上为完整的对 h_1 单元接收到的 N 个值进行批量标准化处理的过程。同理，按照同样的方式，可以对隐藏层中其他单元接收到的值进行批量标准化。在批量标准化的过程中，隐藏层的每个单元涉及 4 个参数，分别为均值 μ、方差 σ^2、γ、β。其中 μ 与 σ^2 为模型的不可训练参数（non-learnable parameter），因为均值和方差可以根据单元接收到的数据算出来，所以不需要经过模型训练就能得到。两个可训练参数 γ 与 β 为模型的参数，与模型中的参数 w 和 b 一样，需要经过模型训练才能得到合适的值。

对于图 5.10 所示的神经网络模型，应用批量标准化来加快模型的训练速度。首先，在程序中加载需要使用的模块。在 Keras 框架中，将批量标准化封装在 `keras.layers` 中并命名为 `BatchNormalization`。具体实现方式以以下代码所示。

```
from keras.models import Sequential
from keras.layers import Dense, BatchNormalization
```

接下来，定义图 5.10 所示的神经网络模型，并对模型中两个隐藏层的所有单元应用批量标准化，如以下代码所示。

```
model = Sequential()
# 对第一个隐藏层中的所有单元应用批量标准化
model.add(Dense(units=4, activation='relu', input_shape=(4,)))
model.add(BatchNormalization())
# 对第二个隐藏层中的所有单元应用批量标准化
model.add(Dense(units=4, activation='relu'))
model.add(BatchNormalization())
# 输出层
model.add(Dense(units=1, activation='relu'))
model.summary()
```

在定义好模型并在两个隐藏层中分别加入批量标准化后，输出的模型的总结如图 5.11 所示。可以看出对由 4 个单元组成的第一个隐藏层应用批量标准化时，其参数为 16 个，其中每个单元有 4 个参数，分为两个可训练参数与两个不可训练参数，所以批量标准化中的 16 个参数中共有 8 个可训练参数与 8 个不可训练参数。同样，由 4 个单元组成的第二个隐藏层的批量标准化中也共有 8 个可训练参数与 8 个不可训练参数。因此这个模型中一共有 61（即 20+8+20+8+5）个可训练参数，涉及模型的权重 w、偏差 b、γ 和 β。模型中一共有 16（即 8+8）个不可训练参数，涉及批量标准化中的均值 μ 与方差 σ^2。

```
Layer (type)                     Output Shape        Param #
=================================================================
dense_1 (Dense)                  (None, 4)           20
_____
batch_normalization_1 (Batch     (None, 4)           16
_____
dense_2 (Dense)                  (None, 4)           20
_____
batch_normalization_2 (Batch     (None, 4)           16
_____
dense_3 (Dense)                  (None, 1)           5
=================================================================
Total params: 77
Trainable params: 61
Non-trainable params: 16
```

图 5.11　对模型应用批量标准化的总结

5.3　CIFAR-10 数据集分类项目实战

在掌握了防止模型的过拟合的方法与加速模型训练的方法后，通过一个项目实战应用所学的内容，深入理解并掌握这些方法在实际项目中的应用。

5.3.1　CIFAR-10 数据集简介

CIFAR-10 数据集中的样本全部为 32×32×3 的彩色图片。数据集中一共包含 6 万张图片，5 万张图片为训练集，1 万张图片为测试集。全部图片一共分为 10 类，分别为飞机、小汽车、鸟、猫、鹿、狗、青蛙、马、轮船及卡车，每一类都有 6 000 张图片。CIFAR-10 数据集中图片的内容为物体或者动物，比 MNIST 数据集更复杂。虽然 CIFAR-10 与 MNIST 数据集中的图片都分为 10 类，但是前者中图片像素更高而且为彩色图片，所以 CIFAR-10 数据集中样本的分类难度会比 MNIST 数据集中数字的分类大很多。

在 Keras 框架中同样已经封装好了 CIFAR-10 数据集，所以在这个项目中可以直接从 Keras框架中加载数据集，这与加载 MNIST 数据集一样。除此之外，在加载 CIFAR-10 数据集时已经将数据集中 5 万张图片划分为训练集，其余 1 万张划分为测试集。

5.3.2　模型的构建与训练

首先加载 CIFAR-10 数据集，并分别将训练集与测试集中的样本标签进行独热编码处理。这个过程与第 4 章中加载 MNIST 数据集与对标签进行独热编码的处理过程很类似，如以下代码所示。

```
from keras.datasets import cifar10
from keras.utils import to_categorical
import numpy as np
import matplotlib.pyplot as plt

(X_train, y_train), (X_test, y_test) = cifar10.load_data()
y_train = to_categorical(y_train)
y_test = to_categorical(y_test)
```

在加载好数据集以后，可以使用之前定义好的 plots 函数输出训练集中前 10 张图片（见图 5.12），如以下代码所示。由于图书采用黑白印刷方式，因此看到的图片不是彩色的。实际上，CIFAR-10 数据集中的图片全部为三通道的彩色图片。

```
plots(X_train[0: 10], figsize=(8, 3), rows=2)
```

接下来，定义用于分类 CIFAR-10 数据集的模型。因为数据集中的样本全部为图片数据，所以如果使用全连接神经网络进行处理，就必须将图片进行扁平化处理。在 Keras 框架中已经提供了用于将图片进行扁平化的层，因此在这个项目中，可以将扁平化层作为模型接收到数据以后的第一层。当图片扁平化以后，再交由全连接层进行分类处理。

图 5.12　CIFAR-10 数据集样本

因为构建的模型有些复杂，所以在模型训练时应用 Dropout 来防止过拟合现象的出现。同时为了加快模型的训练速度，在模型的每一个中间层中都应用批量标准化。在训练这个模型时，选择的梯度下降优化算法为 RMSprop 算法。模型构建时所使用的参数并不一定为最好的，可以对 Dropout、隐藏层的单元数或梯度下降优化算法进行调整。构建与编译模型的代码如下所示。

```
from keras.models import Sequential
from keras.layers import Flatten, Dense
from keras.layers import Dropout, BatchNormalization
from keras.optimizers import RMSprop
model = Sequential()
# 模型的输入层
model.add(Flatten(input_shape=(32, 32, 3)))
# 第 1 个隐藏层
model.add(Dense(256, activation='relu'))
```

```
model.add(BatchNormalization())
model.add(Dropout(rate=0.2))
# 第 2 个隐藏层
model.add(Dense(256, activation='relu'))
model.add(BatchNormalization())
model.add(Dropout(rate=0.2))
# 第 3 个隐藏层
model.add(Dense(128, activation='relu'))
model.add(BatchNormalization())
model.add(Dropout(rate=0.2))
# 第 4 个隐藏层
model.add(Dense(128, activation='relu'))
model.add(BatchNormalization())
model.add(Dropout(rate=0.2))
# 模型的输出层
model.add(Dense(10, activation='softmax'))
model.compile(optimizer=RMSprop(),
              loss='categorical_crossentropy',
              metrics=['accuracy'])
```

在将训练集数据用于模型训练之前，可以使用增加训练集数据的方法进一步防止过拟合，并让模型拥有更好的泛化能力。在加载数据以后，我们并没有对数据进行标准化处理，因为在 ImageDataGenerator 函数中可以通过指定 featurewise_center 与 featurewise_std_normalization 参数的值为 True 的方式将数据集进行标准化处理，所以在定义 ImageDataGenerator 以后，需要传入训练集数据。使用 ImageDataGenerator 函数增加训练集中的样本个数并将数据进行标准化处理的代码如下所示。

```
from keras.preprocessing.image import ImageDataGenerator
generator = ImageDataGenerator(
    featurewise_center=True,
    featurewise_std_normalization=True,
    rotation_range=20,
    width_shift_range=0.2,
    height_shift_range=0.2,
    horizontal_flip=True)
generator.fit(X_train)
```

最后，可以使用生成的数据对构建并编译好的模型进行训练。在训练模型时，每一次迭代所使用的训练集样本的个数通过 steps_per_epoch 变量来指定，这是一个与之前模型训练时指定参数不同的地方。因为正常的模型训练使用的训练集样本个数在训练时已经确定，但是使用图片生成器以后，训练集的数据是从中生成的，所以需要指定每一次训练时需要的训练集样本个数。在这个模型训练中，指定批尺寸为 64，并将 epochs 参数的值指定为 50。根据当前配置的参数，训练集中有 1 500 个样本，共使用训练集中的全部数据 50 次，每次训练模型时使用训练集中的 64 个样本。具体实现方式如以下代码所示。

```
model.fit_generator(
    generator.flow(X_train, y_train, batch_size=64),
```

```
steps_per_epoch=1500,
epochs=50)
```

图 5.13 所示为模型最后几次的训练结果。从中可以很明显地看出模型在训练集上的预测准确率大约为 50%，尽管使用了较复杂的全连接神经网络模型，并使用了批量标准化的方式来加速模型的训练。这个问题的出现是因为 CIFAR-10 数据集中的图片内容较复杂，使用全连接神经网络很难处理这么复杂的图片。因此，就需要专门的神经网络来处理图片数据，这个就是第 6 章中会详细介绍的卷积神经网络（Convolutional Neural Network，CNN）。

```
1500/1500 [==============================] - 48s 32ms/step - loss: 1.4246 - acc: 0.4913
Epoch 42/50
1500/1500 [==============================] - 49s 33ms/step - loss: 1.4233 - acc: 0.4928
Epoch 43/50
1500/1500 [==============================] - 48s 32ms/step - loss: 1.4218 - acc: 0.4928
Epoch 44/50
1500/1500 [==============================] - 48s 32ms/step - loss: 1.4215 - acc: 0.4929
Epoch 45/50
1500/1500 [==============================] - 48s 32ms/step - loss: 1.4176 - acc: 0.4968
Epoch 46/50
1500/1500 [==============================] - 48s 32ms/step - loss: 1.4193 - acc: 0.4942
Epoch 47/50
1500/1500 [==============================] - 48s 32ms/step - loss: 1.4122 - acc: 0.4974
Epoch 48/50
1500/1500 [==============================] - 50s 33ms/step - loss: 1.4125 - acc: 0.4969
Epoch 49/50
1500/1500 [==============================] - 48s 32ms/step - loss: 1.4051 - acc: 0.4995
Epoch 50/50
1500/1500 [==============================] - 48s 32ms/step - loss: 1.4123 - acc: 0.4976
```

图 5.13　最后几次的训练结果

5.4　模型的使用、保存与加载

在实际项目中，训练模型的目的是使用训练好的模型进行预测。本节介绍两种使用训练好的模型进行预测的方法，如何将训练好的模型保存到硬盘中，以及如何将保存好的模型加载到内存中。

5.4.1　使用模型进行预测

当用于分类 CIFAR-10 数据集的模型训练好以后，可以通过以下两种方式使用模型对数据进行预测。例如，从测试集中任意取出 3 个样本，用 samples 变量表示。可以使用模型（model）中的 predict 函数，来对这 3 个样本进行预测，predict 函数的返回值即为模型的实际输出值。因为模型的输出层使用的是有 10 个单元的 Softmax 多分类器，所以模型对于每一个样本的输出（预测值）都为 10 个相加为 1 的值，如图 5.14 所示。

```
samples = X_test[34: 37]
y_predict = model.predict(samples)
```

除了得到模型预测的输出值以外，对于分类模型，还可以使用模型中的 predict_classes 函数来直接得到样本被模型预测的类别，如以下代码所示。

```
y_predict_classes = model.predict_classes(samples)
```

```
array([[9.7635934e-11, 0.0000000e+00, 3.8205216e-17, 0.0000000e+00,
        0.0000000e+00, 3.5671561e-31, 0.0000000e+00, 9.0909314e-01,
        0.0000000e+00, 9.0906844e-02],
       [9.9913400e-01, 6.3037158e-17, 1.0840481e-17, 7.7774009e-17,
        0.0000000e+00, 8.6603378e-04, 0.0000000e+00, 0.0000000e+00,
        0.0000000e+00, 8.1158978e-17],
       [1.0000000e+00, 0.0000000e+00, 3.5141779e-37, 0.0000000e+00,
        0.0000000e+00, 1.7819874e-28, 0.0000000e+00, 0.0000000e+00,
        0.0000000e+00, 0.0000000e+00]], dtype=float32)
```

图 5.14　模型对 3 个样本的输出（预测值）

以上这段代码的输出值为[7 0 0]，即模型将上述 3 个样本分别预测为第 8 类、第 1 类及第 1 类。predict_classes 函数可以直接输出对样本预测的类别，因此如果把类别与样本的标签值对应起来，就可以直接根据预测的类别得到实际的标签值。

5.4.2　保存训练好的模型

当模型训练好以后，有两种方式可以将训练好的模型保存到硬盘中。第一种方式为直接使用模型中的 save 函数，指定模型的名称。通常将模型存储为以 h5 为扩展名的文件，如以下代码所示。

```
model.save("model.h5")
```

第二种方式为将模型的结构与模型的参数分开保存，可以使用模型的 to_json 函数存储模型的结构，使用模型的 save_weights 函数存储训练好的模型的参数，如以下代码所示。

```
json_string = model.to_json()
model.save_weights("model.weights")
```

5.4.3　加载模型

因为有两种保存模型的方式，所以也会有两种加载模型到内存中的方式。当直接使用 save 函数保存模型时，可以使用 Keras 框架中提供的 load_model 函数加载模型，如以下代码所示。

```
from keras.models import load_model
model = load_model("model.h5")
```

如果模型的结构与参数是分开存储的，则可以使用 Keras 框架中提供的 model_from_json 函数首先加载模型的结构，然后使用 load_weights 函数加载保存好的模型参数到结构中，这样就得到了一个完整的模型，如以下代码所示。

```
from keras.models import model_from_json
model_architecture = model_from_json(json_string)
# 在模型的结构中加入模型参数
model_architecture.load_weights("model.weights")
```

5.5　**Keras 中的函数式 API**

　　到目前为止，我们一直使用 Keras 框架中的序列模型来构建全连接神经网络。序列模型的特点为在模型构建时只能一层层地叠加，而不能很灵活地构建模型。在 Keras 框架中，还有一种构建模型的方式，即函数式 API。通过函数式 API 构建的模型称为 Model，它的原理比较简单，把模型中的每一层当作一个函数，函数的输入为这一层接收到的输入，即上一层的输出，函数的输出为这一层的输出。这样的说法尽管很直接，但是有些抽象，所以通过一个示例来说明函数式 API 的使用。

　　对于图 5.10 所示的神经网络模型，同样可以使用函数式 API 进行构建。在序列模型中，通过 input_shape 参数在模型的第 1 个隐藏层中指定模型输入层接收到的数据的每一个维度的元素个数。使用函数式 API 构建模型时，可以在模型中直接指定模型的输入层，而不是在模型的第 1 个隐藏层中进行指定。当使用序列模型时，需要从 Keras 框架中导入 Sequential 模型，同理，在使用函数式 API 构建模型时，需要导入 Model，如以下代码所示。

```
from keras.layers import Input, Dense
from keras.models import Model
```

　　加载好所需要的模型以后，即可开始构建模型。首先，需要指定模型的输入层为 Input，并在输入层中指定输入数据的每一个维度的元素个数，图 5.10 所示的模型以一维的 4 个元素的数据作为输入，因此指定输入数据的元素个数为 4，并把输入层的输入记为 inputs。然后，把输入层的输出传给第 1 个隐藏层，用 x 来表示第 1 个隐藏层的输出，并把第 1 个隐藏层的输出作为第 2 个隐藏层的输入。接着，把第 2 个隐藏层的输出同样记为 x，并将其传递给最后的输出层，得到最后的模型输出，记为 outputs。因为模型中的每一层的连接关系都通过函数的形式指明，所以在构建模型时只需要指定模型的输入与输出即可。具体实现方式如以下代码所示。

```
inputs = Input(shape=(4,))
x = Dense(units=4, activation='relu')(inputs)
x = Dense(units=4, activation='relu')(x)
outputs = Dense(units=1, activation='relu')(x)
model = Model(inputs, outputs)
```

　　在构建好模型以后，可以输出模型的总结，查看模型的有关信息，如图 5.15 所示。除了模型的参数信息外，可以看到模型的输入层被命名为 input_1，两个隐藏层被分别命名为 dense_1、dense_2，输出层被命名为 dense_3。

```
model.summary()
```

　　接下来，可以通过每一层的名称获取模型中指定层。例如，可以通过以下代码获取模型的第 1 个隐藏层。

```
first_dense_layer = model.get_layer('dense_1')
```

```
Layer (type)                   Output Shape               Param #
=================================================================
input_1 (InputLayer)           (None, 4)                  0
_____
dense_1 (Dense)                (None, 4)                  20
_____
dense_2 (Dense)                (None, 4)                  20
_____
dense_3 (Dense)                (None, 1)                  5
=================================================================
Total params: 45
Trainable params: 45
Non-trainable params: 0
_____
```

图 5.15　应用 Keras 函数式 API 的模型的总结

可以使用每一层的 `input` 与 `output` 属性，获得指定层的输入与输出。例如，对于刚刚得到的模型的第 1 个隐藏层，可以通过 `first_dense_layer.input` 属性来获得这一层的输入，如图 5.16 所示。

```
<tf.Tensor 'input_1:0' shape=(?, 4) dtype=float32>
```

图 5.16　第 1 个隐藏层的输入

另外，可以通过 `first_dense_layer.output` 来获得这一层的输出，如图 5.17 所示。

```
<tf.Tensor 'dense_1/Relu:0' shape=(?, 4) dtype=float32>
```

图 5.17　第 1 个隐藏层的输出

通过这样的方式就可以对模型的指定层进行所需要的操作。对于这个模型，可以通过其 `model.layers` 属性来获得模型的所有层，并存储在列表中，如图 5.18 所示。

```
[<keras.engine.input_layer.InputLayer at 0x1eae9d31dd8>,
 <keras.layers.core.Dense at 0x1eae9d31da0>,
 <keras.layers.core.Dense at 0x1eae9d41198>,
 <keras.layers.core.Dense at 0x1eae9d41160>]
```

图 5.18　模型的所有层

本节对如何使用 Keras 函数式 API 构建模型做了一个介绍。在后续的章节中，对于较复杂的模型，或者当需要对模型进行特殊的操作时，会经常使用函数式 API 来构建模型。

5.6　本章小结

过拟合是一个在训练深度学习模型中很常见的现象，正确地选用本章介绍的 4 种防止过拟合的方法，可以有效地防止模型在训练过程中出现过拟合的现象。批量标准化是深度学习模型中特有的一种可以加快模型训练的方式，本章详细介绍了批量标准化的原理并使用代码实现了批量标准化，在后续章节中会经常在模型训练时应用批量标准化。虽然全连接神经网络可以完成一些分类与回归任务，但是对于较复杂图片的处理，如图片的分类，它表现出了明显的不足，第 6 章将会详细讲解能够很好地处理图片数据的卷积神经网络。

第6章 卷积神经网络

在第 4 章和第 5 章中，通过全连接神经网络可以较好地完成一般的分类与回归任务，但是对于较复杂的图片数据，如 CIFAR-10 数据集等，全连接神经网络表现出明显的不足。本章会详细讲解应用卷积神经网络（Convolutional Neural Network，CNN）来处理图片数据。卷积神经网络目前被广泛应用在计算机视觉相关的任务中，如图片分类、物体识别、人脸识别等。

本章首先介绍卷积神经网络结构，直接应用卷积神经网络结构来分类 MNIST 数据集，可达到约 99.8%的准确率，以此来展示 CNN 模型在图片分类任务中的优异性能。接下来对卷积神经网络中特有的卷积层（convolution layer）、补零、池化层（pooling layer）的工作原理进行详细讲解。在第 5 章中尽管我们对构建的全连接神经网络模型进行了优化处理，但是该模型很难较好地对 CIFAR-10 数据集分类。在掌握 CNN 的原理后，通过构建 CNN 模型来划分 CIFAR-10 数据集。无论是 MNIST 数据集还是 CIFAR-10 数据集，都已经将图片进行了预处理。MNIST 数据集中的图片已经转换为长与宽均为 28 像素的黑白图片，CIFAR-10 数据集中的图片已经转换为长与宽为 32 像素的彩色图片。然而，在实际项目中，收集的图片需要先进行预处理，然后用于训练构建好的模型。本章将讲解一个实际的图片分类项目——猫与狗数据集分类项目。这个项目中，会从图片的预处理到 CNN 模型的构建，到模型的训练，一步步完成图片分类任务。

本章最后会介绍 3 个曾经赢得 ImageNet 大规模视觉识别竞赛（ImageNet Large Scale Visual Recognition Chanllenge，ILSVRC）奖项的经典 CNN 模型。ImageNet 是一个有超过 1 400 万张图片的数据集，ILSVRC 是一个针对 ImageNet 数据集图片分类与物体识别的年度竞赛。通过对这 3 个优秀的 CNN 模型结构设计思想的学习与实际应用，读者可以对 CNN 有更加深入的理解。因为这 3 个模型的参数已经在 ImageNet 数据集上进行了测试，所以可以通过对模型进行适当的修改来完成其他的图片分类任务，这种"站在巨人的肩膀上"的方式称为迁移学习（transfer learning）。在介绍迁移学习的原理后，本章会通过一个项目来讲解迁移学习的实际应用。

6.1 卷积神经网络结构

首先从用于图片分类任务的卷积神经网络结构入手，图 6.1 所示为可用于分类 MNIST 数据集的卷积神经网络结构。卷积神经网络可以直接将图片数据作为输入，而不用像全连接神经网络在处理图片时，一定要将图片进行扁平化处理。在卷积神经网络的输入层接收到图片以后，可以直接送到卷积层进行处理，然后传递到池化层。通常卷积层连接池化层这样的结构会在卷积神经网络中重复几次，进而更好地处理图片。在图 6.1 所示的例子中，卷积层连接池化层这样的结构共重复了两次。接下来将最后一个池化层连接到扁平化层，最后连接到一个全连接神经网络，完成图片分类的任务。

可以通过这样的方式来理解卷积神经网络结构。在使用全连接神经网络分类图片时，首先将图片进行扁平化处理，然后连接到全连接层进行处理。使用卷积神经网络分类图片时，可以先使用卷积层与池化层对图片进行处理，在图片中提取用于图片分类的特征，在扁平化以后，再交由全连接神经网络进行分类。相比直接将图片扁平化处理的方式，卷积神经网络能够从图片中有效地提取可用于完成分类任务的特征，然后将提取出的特征交由全连接神经网络进行分类，并达到很好的效果。在详细讲解卷积层与池化层的原理之前，可以先实际应用这样的卷积神经网络结构来对 MNIST 数据集分类，对其有一个直观的理解。

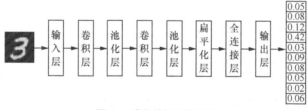

图 6.1　卷积神经网络结构

6.2 应用 CNN 模型对 MNIST 数据集分类

6.2.1 图片的表示形式

因为卷积神经网络可以直接将图片数据用作输入，所以在应用卷积神经网络之前，需要首先了解一下图片数据的表示形式。图片可以分为两种，分别为黑白图片与彩色图片。

1. 黑白图片

黑白图片由一个通道（channel）组成。黑白图片中的每一个像素都为 0～255 的值（见图 6.2）。

在 Keras 框架中，通常把图 6.2 所示的黑白图片表示为(5, 5, 1)，其中前两个值代表图片的长与宽，最后一个值代表图片的通道数。因为图 6.2 所示的图片长与宽分别为 5 像素，且只有一个通道，所以它可以表示为(5, 5, 1)。

2. 彩色图片

彩色图片由 3 个通道组成。彩色图片中的每一个像素都由 0~255 的 3 个值组成(见图 6.3)，这 3 个值分别代表红、绿、蓝。在 Keras 框架中，通常把彩色图片表示为(5, 5, 3)，与黑白图片的表示类似，其中前两个值为这张图片的长与宽，最后一个值为图片中的通道数。因为彩色图片有 3 个通道，图片的长与宽均为 5 像素，所以图片被表示为(5, 5, 3)。

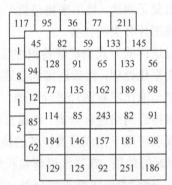

128	91	65	133	56
98	245	148	56	92
128	167	233	89	25
48	64	75	188	178
29	85	62	211	196

图 6.2　黑白图片中的像素

图 6.3　彩色图片中的像素

6.2.2　MNIST 数据集的分类

掌握了图片在 Keras 框架中的表示形式后，接下来使用 Keras 框架构建卷积神经网络模型来对 MNIST 数据集分类。

首先，加载并预处理 MNIST 数据集，加载的方式与前几章中从 Keras 框架中加载数据集的方式一样。但是在加载数据集之后，需要对 MNIST 数据集中的图片进行预处理。因为 MNIST 数据集中的图片为长与宽均为 28 像素的黑白图片，所以每一张图片都可以表示为(28, 28, 1)。MNIST 数据集可以表示为(数据集中图片的张数, 图片的长, 图片的宽, 图片的通道数)。在代码中使用 n_train 来表示训练集中图片的张数，使用 NumPy 库中的 reshape 函数对训练集完成上述的预处理过程。经过这样处理后的训练集就可以直接用于卷积神经网络模型的训练，同样，测试集也要经过预处理，如以下代码所示。

```
from keras.datasets import mnist
from keras.utils import to_categorical
# 加载 MNIST 数据集
(X_train, y_train), (X_test, y_test) = mnist.load_data()
# 对训练集中的图片进行预处理
n_train = X_train.shape[0]
```

```
X_train = X_train.reshape(n_train, 28, 28, 1)
X_train = X_train / 255
y_train = to_categorical(y_train)
# 对测试集中的图片进行预处理
n_test = X_test.shape[0]
X_test = X_test.reshape(n_test, 28, 28, 1)
X_test = X_test / 255
y_test = to_categorical(y_test)
```

处理好数据集以后，可以应用 Keras 框架构建图 6.1 所示的卷积神经网络结构来划分 MNIST 数据集。按照图中的结构，需要依次使用卷积层、池化层、扁平化层、全连接层，所以在 Keras 框架中加载 Conv2D（卷积层）、MaxPooling2D（池化层的一种）、Flatten（扁平化层）、Dense（全连接层）。因为这个卷积神经网络模型为一个典型的序列模型，所以使用 Sequential 模型依次添加模型中的每一层。首先添加第一个卷积层，并指定输入数据的各个维度中的元素个数。因为输入数据为长与宽均为 28 像素的单通道黑白图片，所以 input_shape 指定为(28, 28, 1)。卷积层的各个参数的含义会在 6.3 节中进行详细讲解，在这个示例中，主要展示卷积神经网络结构，后续的几节会逐步、详细地讲解其中每一层的工作原理。接下来，在模型中添加第一个池化层。在模型中继续添加这样的卷积层与池化层，然后将最后的输出交由扁平化层进行扁平化处理。最后连接到由一个全连接层与一个输出层组成的全连接神经网络以完成分类。

由于 MNIST 数据集的标签一共有 10 类，因此在输出层中指定单元数为 10，并指定激活函数为 softmax，模型最后的输出结果一共为 10 个值，这 10 个值相加的结果为 1。这 10 个值中最大值的下标对应模型对该输入图片进行分类的类别，其中最大值为 0.42，对应的下标为 3，因此模型将输入图片划分为第 3 类。构建图 6.1 所示的卷积神经网络结构的代码如下所示。

```
from keras.layers import Conv2D, MaxPooling2D, Flatten, Dense
from keras.models import Sequential
from keras.optimizers import RMSprop
# 构建全连接神经网络
model = Sequential()
# 第一个卷积层与第一个池化层
model.add(Conv2D(filters=32,
                 kernel_size=(3, 3),
                 activation='relu',
                 input_shape=(28, 28, 1)))
model.add(MaxPooling2D(pool_size=(2, 2)))
# 第二个卷积层与第一个池化层
model.add(Conv2D(filters=64,
                 kernel_size=(3, 3),
                 activation='relu'))
model.add(MaxPooling2D(pool_size=(2, 2)))
# 扁平化层
model.add(Flatten())
```

```
# 全连接层
model.add(Dense(64, activation='relu'))
# 输出层
model.add(Dense(10, activation='softmax'))
model.summary()
```

最后输出模型的总结，如图 6.4 所示。可以看出，图 6.4 所示的模型的总结与图 6.1 所示的模型结构相一致。

```
Layer (type)                     Output Shape              Param #
=================================================================
conv2d_1 (Conv2D)                (None, 26, 26, 32)        320

max_pooling2d_1 (MaxPooling2     (None, 13, 13, 32)        0

conv2d_2 (Conv2D)                (None, 11, 11, 64)        18496

max_pooling2d_2 (MaxPooling2     (None, 5, 5, 64)          0

flatten_1 (Flatten)              (None, 1600)              0

dense_1 (Dense)                  (None, 64)                102464

dense_2 (Dense)                  (None, 10)                650
=================================================================
Total params: 121,930
Trainable params: 121,930
Non-trainable params: 0
```

图 6.4　卷积神经网络模型的总结

在模型构建好了以后，可以对模型进行编译，然后使用训练集数据对模型进行训练，如以下代码所示。

```
model.compile(optimizer=RMSprop(),
              loss='categorical_crossentropy',
              metrics=['accuracy'])
model.fit(X_train,
          y_train,
          epochs=10,
          validation_split=0.1,
          verbose=2,
          batch_size=64)
```

模型在训练过程中最后 6 次迭代的训练结果如图 6.5 所示。从图中可以看出，模型最后训练的结果可以达到约 99.8%的准确率。

```
Epoch 5/10
 - 8s - loss: 0.0197 - acc: 0.9941 - val_loss: 0.0330 - val_acc: 0.9912
Epoch 6/10
 - 9s - loss: 0.0157 - acc: 0.9953 - val_loss: 0.0361 - val_acc: 0.9917
Epoch 7/10
 - 9s - loss: 0.0120 - acc: 0.9961 - val_loss: 0.0384 - val_acc: 0.9905
Epoch 8/10
 - 9s - loss: 0.0105 - acc: 0.9966 - val_loss: 0.0358 - val_acc: 0.9925
Epoch 9/10
 - 9s - loss: 0.0079 - acc: 0.9974 - val_loss: 0.0383 - val_acc: 0.9922
Epoch 10/10
 - 8s - loss: 0.0062 - acc: 0.9981 - val_loss: 0.0417 - val_acc: 0.9915
```

图 6.5　模型的最后 6 次迭代的训练结果

6.3 卷积层

在卷积神经网络结构中，卷积层是非常重要的一层，通过卷积层可以有效地提取图片中有用的特征。本节首先讲解卷积层的工作原理，并使用代码来验证原理部分的内容，然后通过对一张猫的图片应用不同的卷积操作，深入剖析卷积操作在图片处理中的作用与效果。

6.3.1 卷积层的工作原理

在卷积层接收到图片以后，对图片进行卷积操作。图 6.6 所示为对一张黑白图片进行卷积操作的过程。在卷积层中，每一个卷积核（convolution kernel）就相当于全连接神经网络中的一个单元。全连接神经网络中的每一个单元都与前后层的单元通过权重相连接，权重就是全连接神经网络中的参数。类似地，卷积层中的参数为每一个卷积核中的值，与全连接层中的参数一样，需要在初始化以后，通过梯度下降算法找到最优的值。

卷积核的尺寸（kernel size）通常设置为 3×3、5×5、7×7 等，图 6.6 所示的这个卷积核的尺寸为 3×3，因此共有 9 个参数。图 6.6 所示的卷积核的值为初始化后的值，我们通过这个初始化的值，来讲解卷积操作的过程。卷积操作的过程为对卷积核中的值与图片中对应部分的像素值从左至右、从上到下依次计算卷积。卷积操作的结果即为这个卷积核对这张图片完成卷积操作后的输出，称为特征图（feature map）。

图 6.6　对图片进行卷积操作

接下来，通过图 6.6 中的示例，一步步来讲解在卷积层中卷积操作的过程。因为卷积核的尺寸为 3×3，所以在第一次卷积操作中，它与黑白图片中左上角尺寸同样为 3×3 的部分做点乘。第一次卷积操作中对应的黑白图片中的像素值为图 6.7 所示的被虚线包含的像素值，为了方便表示，可以将 3×3 的虚线部分称作一个滑动窗口（sliding window）。为了计算卷积，将卷积核中对应的值与滑动窗口所对应图片中的像素值依次相乘，然后全部加起来，如下所示。

$$3×1 + 1×0 + 1×3 + 1×6 + 0×8 + 7×(-1) + 2×7 + 3×6 + 5×4 = 57$$

其中，黑体数字为卷积核中的值，没有加黑的数字为滑动窗口中对应的图片的像素值。得到的值为 57，这个值为特征图中的第一个值，在特征图中已经用虚线包括。

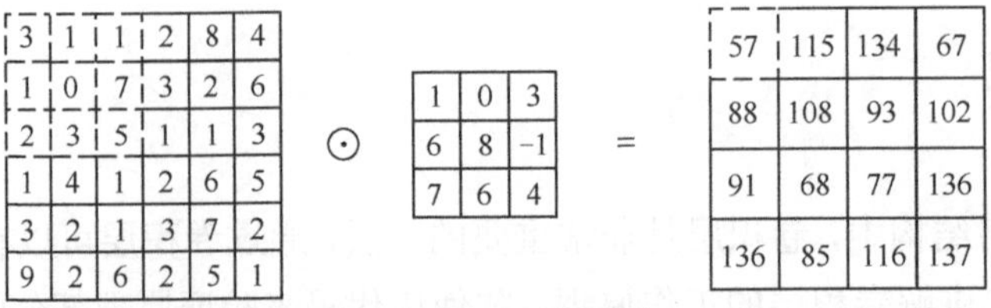

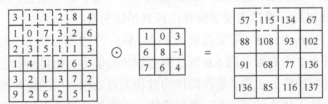

图 6.7　第 1 次卷积操作

在完成第 1 次卷积操作以后，需要将滑动窗口向右移动，移动的距离称为步长（stride）。如果将滑动窗口向右移动 1 个像素值，那么步长的值记为 1。如图 6.8 所示，将滑动窗口向右移动 1 个像素值后，将滑动窗口中对应图片中新的像素值与卷积核中的值依次相乘，即可完成第 2 次卷积操作，如下所示。

$$1×1 + 1×0 + 2×3 + 0×6 + 7×8 + 3×(-1) + 3×7 + 5×6 + 1×4 = 115$$

第 2 次卷积操作的结果为 115，这个值为特征图中的第 2 个值，在特征图中用虚线包括。

图 6.8　第 2 次卷积操作

依次类推，在完成第 4 次卷积操作以后，滑动窗口向右移动至图片的最右端。所以在进行第 5 次卷积操作时，需要将滑动窗口重新放置在图片的最左端，并向下移动。通常情况下，向下每次移动的距离与向右每次移动的距离一致，即为指定的步长。如图 6.9 所示，黑白图片中虚线部分为滑动窗口在第 5 次卷积操作时所在的位置。将滑动窗口中对应的图片的像素值与卷积核中的值依次相乘，并将结果放到对应的特征图中，完成这一次的卷积操作。卷积操作的过程如下所示。

$$1×1 + 0×0 + 7×3 + 2×6 + 3×8 + 5×(-1) + 1×7 + 4×6 + 1×4 = 88$$

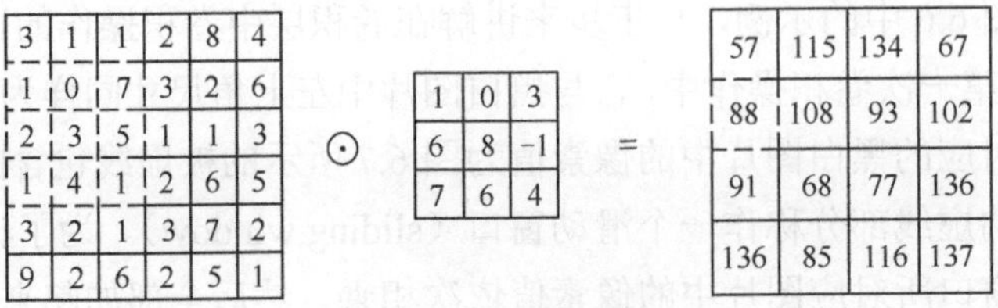

图 6.9　第 5 次卷积操作

按照以上的方式，从左至右、从上到下移动滑动窗口，直至图片的右下角，完成对整张图片的卷积操作。图 6.10 所示为对图片进行最后一次卷积操作。

3	1	1	2	8	4
1	0	7	3	2	6
2	3	5	1	1	3
1	4	1	2	6	5
3	2	1	3	7	2
9	2	6	2	1	1

⊙

1	0	3
6	8	-1
7	6	4

=

57	115	134	67
88	108	93	102
91	68	77	136
136	85	116	137

图 6.10　最后一次卷积操作

以上为一个 6×6 的图片与一个卷积层中的一个 3×3 的卷积核的卷积操作的全部过程，最后的结果为一个 4×4 的特征图。如果将长与宽一致的图片的尺寸用 W 来表示，卷积核的尺寸用 F 来表示，步长值用 S 来表示，那么最后得到的特征图的尺寸 O 可以用以下公式来计算。

$$O = \frac{W - F}{S} + 1$$

比如，对于以上的卷积操作得到的特征图的尺寸，可通过这个公式计算。

$$O = \frac{6 - 3}{1} + 1 = 4$$

通过计算得到的特征图的尺寸为 4，与最后的结果一致。

在卷积层中，通常会使用多个卷积核，就像在全连接层中通常会使用多个单元一样。每一个卷积核在完成卷积操作以后，会生成一个特征图，所以卷积层中卷积核的个数即为这个卷积层最后输出的特征图的个数。以上这个例子中的卷积层使用了一个卷积核，因此最后的结果为一个特征图。当使用多个卷积核时，每一个卷积核与图片经过卷积操作后得到的特征图最后叠加到一起，作为下一层的输入。

以上为对于只有一个通道的黑白图片使用卷积层处理的过程。使用卷积层处理有 3 个通道的彩色图片的过程与处理黑白图片的过程一样。如图 6.11 所示，图中待处理的图片为 3 通道的长与宽均为 5 像素的彩色图片。因为图片为 3 通道，所以卷积核也需要为 3 通道，这样才可以计算卷积。在这个例子中，将卷积核的尺寸指定为 3×3，并指定步长为 1。经过从左至右、从上到下的卷积操作以后，最后生成一个特征图。

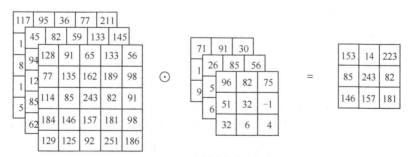

图 6.11　彩色图片的卷积操作

可以使用以上公式计算出图片经过卷积操作以后的特征图的尺寸。在这个例子中，图片的尺寸为 5（长与宽均为 5），卷积核的尺寸为 3，使用的步长为 1，最后得到的特征图尺寸为 3，与图 6.11 所示的特征图尺寸一致。

$$O = \frac{W-F}{S} + 1 = \frac{5-3}{1} + 1 = 3$$

卷积操作的核心为计算卷积核与图片中对应部分的卷积。卷积核中的值为卷积层的参数，需要在初始化以后，使用梯度下降算法来得到最优的值。以上例子中卷积核的值均为初始化以后的值。卷积核的通道数必须与图片的通道数一致，只有这样才能够计算卷积。对于每一个卷积核，无论其通道数的多少，最后与图片完成卷积操作以后，都只会生成一个特征图。在 Keras框架中应用卷积层时，只需要指定卷积核的个数与每一个卷积核的尺寸，而不需要指定卷积核的通道数。因为卷积核的通道数与输入图片的通道数一致，所以就不要再指定了。

6.3.2　实现卷积层的代码

在掌握了卷积层中卷积操作的原理后，使用代码来实现图 6.6 所示的卷积操作，加深对卷积层的理解。接下来应用不同的卷积核对实际图片进行卷积操作，对比不同卷积操作对图片的作用。

1. 卷积层中卷积操作的原理

首先，使用 NumPy 库来构建图 6.6 左侧的图片，并将图片维度表示为(图片个数,图片长度,图片宽度,图片的通道数)这样的形式，以便使用 Keras 框架进行处理。然后，按照图 6.6 中间的卷积核中的值来初始化卷积核中的值。具体实现方式如以下代码所示。

```
import numpy as np
img = [
    [3, 1, 1, 2, 8, 4],
    [1, 0, 7, 3, 2, 6],
    [2, 3, 5, 1, 1, 3],
    [1, 4, 1, 2, 6, 5],
    [3, 2, 1, 3, 7, 2],
    [9, 2, 6, 2, 5, 1],
]
img = np.array(img).reshape(1, 6, 6, 1)
kernel = [[1, 0, 3],
          [6, 8, -1],
          [7, 6, 4]]
kernel = [np.array(kernel).reshape(3, 3, 1, 1)]
```

为了构建只有一个卷积核的卷积神经网络，首先指定模型输入数据的维度信息，因为模型输入为只有一个通道的、长与宽分别为 6 的黑白图片，所以在输入层中指定输入数据的维度信息为 6×6×1。然后，在模型中加入卷积层，这个卷积层中只有一个尺寸为 3×3 的卷积核，因此在卷积层中指定 filters 的值为 1，将 kernel_size 的值指定为 3×3，并将卷积操作中的步长指定为 1。为了在卷积操作中不受偏差的影响，将 use_bias 的值设置为 False，即不使用偏差，并将这个卷积核中的值初始化为以上定义的值，因为卷积核中的值为卷积层的参数，所以将 weights 指定为定义好的卷积核初始化的值。最后，构建模型，查看模型的总结。具体实现方式如以下代码所示。

```python
from keras.models import Model
from keras.layers import Input, Conv2D
inputs = Input(shape=(6, 6, 1))
outputs = Conv2D(filters=1,
                 kernel_size=(3, 3),
                 strides=1,
                 use_bias=False,
                 weights=kernel)(inputs)
model = Model(inputs, outputs)
model.summary()
```

模型的总结如图 6.12 所示。

```
Layer (type)                 Output Shape              Param #
=================================================================
input_1 (InputLayer)         (None, 6, 6, 1)           0

conv2d_1 (Conv2D)            (None, 4, 4, 1)           9
=================================================================
Total params: 9
Trainable params: 9
Non-trainable params: 0
```

图 6.12　模型的总结

从模型的总结中可以看出，模型输入的图片的维度为 6×6×1，它与一个尺寸为 3×3 的卷积核进行卷积操作，最后得到的特征图的尺寸为 4×4×1。这与原理部分所讲的内容一致。

在模型构建好以后，使用模型的 predict 方法，对这张图片进行卷积操作。因为模型只有一个卷积层，所以模型的输出即为这个卷积层输出的特征图。最后，通过以下代码得到的特征图的值与图 6.6 右侧的特征图中的值一致。

```python
feature_map = model.predict(img)
```

2. 使用代码验证卷积层对图片的作用

到目前为止，对卷积层的原理进行了详细的讲解，并使用代码验证了卷积操作的过程。现在，我们使用一张猫的图片，对其应用不同的卷积核进行卷积操作，然后查看并对比不同卷积核对图片的实际作用，以对卷积操作的作用有一个直观的理解。

首先，加载所需要的库，包括 NumPy 库、对图片进行处理的 OpenCV-Python 库，以及用于画图的 Matplotlib 库。在程序中加载 OpenCV-Python 库时，应该使用代码 import cv2。然后，使用 cv2 读取一张猫的彩色图片（原图片的尺寸为 583×596），并将其转换为黑白图片。最后，将图片的尺寸转换为 300×300。具体实现方式如以下代码所示。

```
import numpy as np
import cv2
import matplotlib.pyplot as plt
IMG_SIZE = 300
# 读取图片并将其转换为黑白图片
img = cv2.imread('cat.jpg', cv2.IMREAD_GRAYSCALE)
print(f"原始图片尺寸为: {img.shape}")
# 改变图片尺寸
img = cv2.resize(img, (IMG_SIZE, IMG_SIZE))
plt.imshow(img)
print(f"现图片尺寸为: {img.shape}")
img = img.reshape(1, 300, 300, 1)
```

处理后的图片如图 6.13 所示。

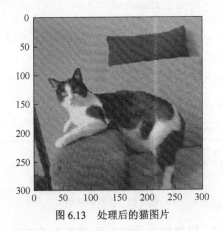

图 6.13　处理后的猫图片

处理好图片以后，分别使用两个不同的 3×3 卷积核对图片进行卷积操作。首先，定义一种用于检测图片边缘的卷积核，以对图片进行卷积操作，如以下代码所示。

```
kernel_edge= [[-1,-2,-1],
              [0, 0, 0],
              [1, 2, 1]]
kernel_edge = [np.array(kernel_edge).reshape(3, 3, 1, 1)]
```

然后，定义用于卷积操作的、只有一个卷积层的卷积神经网络模型。因为输入图片为长与宽均为 300 的黑白图片，所以在输入层中指定输入数据的维度信息为 300×300×1。接下来，将输入层连接到只有一个卷积核的卷积层，并将其值初始化为可用于检测图片边缘的卷积核的值。接着，完成模型的构建。具体实现方式如以下代码所示。

```
from keras.models import Model
from keras.layers import Input, Conv2D
inputs = Input(shape=(300, 300, 1))
outputs = Conv2D(filters=1,
                 kernel_size=(3, 3),
                 strides=1,
                 use_bias=False,
```

```
                        weights=kernel_edge)(inputs)
model = Model(inputs, outputs)
```

最后，通过调用模型的 `predict` 函数来对已处理的猫的图片进行卷积操作。由于输入图片的尺寸为 300×300，卷积核的尺寸为 3×3，步长为 1，因此得到的特征图的尺寸为 298×298。经过用于检测图片边缘的卷积核处理后，得到的图片边缘如图 6.14 所示。

```
output = model.predict(img)
plt.imshow(output.reshape(298, 298))
```

从图 6.14 可以看出，使用以上定义的用于检测图片边缘的卷积核，可以捕捉到图片中物体的轮廓，在输出的特征图中可以很清晰地看到猫身体的轮廓。这就是卷积核与卷积操作对图片的作用，不同的卷积核通过卷积操作可以捕捉图片中不同的特征。每一个卷积核通过卷积操作，都能够得到一幅代表图片不同特征的图片，这也就是"特征图"名字的由来。

另外，还可以使用另一个卷积核来强化图片细节，卷积核的定义如以下代码所示。

```
kernel_sharpen = np.array([[ 0, -0.5,  0],
                           [-0.5,  3, -0.5],
                           [ 0, -0.5,  0]])
kernel_sharpen = [np.array(kernel_sharpen).reshape(3, 3, 1, 1)]
```

将这个卷积核指定为卷积层的卷积核，并使用定义好的卷积层对图片进行卷积操作，如以下代码所示。

```
model.get_layer("conv2d_1").set_weights(kernel_sharpen)
output = model.predict(img)
plt.imshow(output.reshape(298, 298))
```

图 6.15 所示为使用以上定义的卷积核的值对图片进行卷积操作后得到的特征图。从特征图可以看出，原始图片中的细节信息得到了加强。

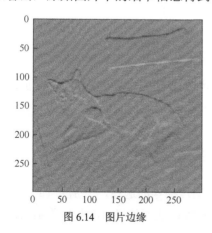

图 6.14 图片边缘

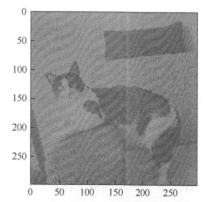

图 6.15 使用强化图片细节的卷积核对
图片进行卷积操作后得到的特征图

6.3.3 补零

图片经过卷积操作以后，得到的特征图的尺寸通常比原始的图片尺寸小。在上述例子中，原始图片的尺寸为 6×6，使用一个尺寸为 3×3 的卷积核，并将步长指定为 1，经过卷积操作得到的特征图的尺寸为 4×4。经过多个卷积层处理，最后得到的特征图的尺寸会很小。除此之外，在进行卷积操作时，滑动窗口从左上角开始，从左至右、从上到下按照指定的步长进行滑动，使得位于图片边缘位置的像素值只会经过一次卷积处理，而位于图片中间位置的像素值会经过多次卷积处理，这样会直接导致图片边缘的像素没有得到充分利用。

为了解决这两个问题，将图片补零（zero padding）应用在卷积操作之前。补零的方式很简单，即在图片的周围填充值为 0 的像素值，如图 6.16 中最左边的图片所示。图中原图片的尺寸为 6×6，在图片周围补一层 0 以后图片的尺寸变为 8×8。在图片进行补零操作以前，原图片中 3 为图片左上角的第一个像素值，这个值只会与卷积核进行一次卷积操作。在图片经过补零操作后，这个像素值会与卷积核进行 4 次卷积操作，使得这个边缘的像素值得到了充分利用。

可以通过以下公式计算图片经过补零、进行卷积操作后得到的特征图的尺寸 O。

$$O=\frac{W-F+2P}{S}+1$$

其中，W 为图片的尺寸，F 为卷积核的尺寸，P 为图片周围补零的层数，S 为步长。

$$\begin{bmatrix} 0 & 0 & 0 & 0 & 0 & 0 & 0 & 0 \\ 0 & 3 & 1 & 1 & 2 & 8 & 4 & 0 \\ 0 & 1 & 0 & 7 & 3 & 2 & 6 & 0 \\ 0 & 2 & 3 & 5 & 1 & 1 & 3 & 0 \\ 0 & 1 & 4 & 1 & 2 & 6 & 5 & 0 \\ 0 & 3 & 2 & 1 & 3 & 7 & 2 & 0 \\ 0 & 9 & 2 & 6 & 2 & 5 & 1 & 0 \\ 0 & 0 & 0 & 0 & 0 & 0 & 0 & 0 \end{bmatrix} \odot \begin{bmatrix} 1 & 0 & 3 \\ 6 & 8 & -1 \\ 7 & 6 & 4 \end{bmatrix} = \begin{bmatrix} 29 & 60 & 66 & 89 & 129 & 130 \\ 35 & 57 & 115 & 134 & 67 & 93 \\ 35 & 88 & 108 & 93 & 102 & 104 \\ 39 & 91 & 68 & 77 & 136 & 138 \\ 96 & 136 & 85 & 116 & 137 & 105 \\ 76 & 70 & 69 & 69 & 60 & 45 \end{bmatrix}$$

图 6.16　图片补零

按照这个公式，将图 6.16 左侧尺寸为 6×6 的图片进行补零，使用尺寸为 3×3 的卷积核按照步长 1 进行卷积操作后，得到的特征图的尺寸为 6×6，与原始图片的尺寸一致，这样也就解决了图片经过卷积操作后得到的特征图尺寸变小的问题。

$$O=\frac{W-F+2P}{S}+1=\frac{6-3+2\times 1}{1}+1=6$$

在 Keras 框架中，提供了在卷积操作之前是否对图片补零的选择，分别为 vaild 与 same。vaild 表示不对图片进行补零；same 表示对图片进行补零，从而使经过卷积操作后得到的特征图的尺寸与原始图片的尺寸一致。

以下代码实现了对图 6.16 所示图片先补零后进行卷积操作的过程。在卷积层中，通过将 `padding` 参数指定为 `same`，即可使经过卷积层处理后得到的特征图的尺寸与输入图片的尺寸一致。如果不希望对图片进行补零，则可以指定 `padding` 参数为 `valid`。

```python
import numpy as np
img = [
    [3, 1, 1, 2, 8, 4],
    [1, 0, 7, 3, 2, 6],
    [2, 3, 5, 1, 1, 3],
    [1, 4, 1, 2, 6, 5],
    [3, 2, 1, 3, 7, 2],
    [9, 2, 6, 2, 5, 1],
]
img = np.array(img).reshape(1, 6, 6, 1)
kernel = [[1, 0, 3],
          [6, 8, -1],
          [7, 6, 4]]
kernel = [np.array(kernel).reshape(3, 3, 1, 1)]
from keras.models import Model
from keras.layers import Input, Conv2D
inputs = Input(shape=(6, 6, 1))
# 指定在卷积操作之前对图片进行补零
outputs = Conv2D(filters=1,
                 kernel_size=(3, 3),
                 strides=1,
                 use_bias=False,
                 padding='same',
                 weights=kernel)(inputs)
model = Model(inputs, outputs)
model.summary()
```

模型的总结如图 6.17 所示。

```
Layer (type)              Output Shape         Param #
=================================================================
input_1 (InputLayer)      (None, 6, 6, 1)      0
_____
conv2d_1 (Conv2D)         (None, 6, 6, 1)      9
=================================================================
Total params: 9
Trainable params: 9
Non-trainable params: 0
```

图 6.17　模型的总结

最后，调用模型的 predict 方法，并传入图片，即可得到首先经过补零然后进行卷积操作的特征图，特征图中的值与图 6.16 右侧的特征图中的值一致。

```python
feature_map = model.predict(img)
```

6.4　池化层

在卷积神经网络中，非常重要的两层分别为卷积层与池化层。卷积层用于从图片中提取可用于完成指定任务的特征图。在卷积层后常常连接池化层，池化层的主要作用为减小从卷积层

107

中得到的特征图的尺寸。

池化层的工作原理如下。

首先，指定滑动窗口的尺寸，通常指定为 2×2 或 3×3 等。然后，在图片中按照从左至右、从上到下的方式以指定步长移动滑动窗口。在每一次移动过后，从图片中滑动窗口对应的像素值中计算得到一个值，放置到池化层的特征图中。根据取值方式，可以将池化层分为最大池化层、均池化层。

6.4.1 池化层的工作原理

1. 最大池化层

最大池化（max pooling）层为卷积神经网络中最常用的池化层。应用最大池化层的示例如图 6.18 所示。图中将滑动窗口的尺寸指定为 2×2，并将步长指定为 2。在池化层中，通常将步长设置为与滑动窗口尺寸一样的大小。滑动窗口从图片的左上角开始，从左至右、从上到下按照指定步长移动。顾

图 6.18　应用最大池化层的示例

名思义，在最大池化层中，每次将滑动窗口中对应图片的最大像素值放到特征图对应的位置。滑动窗口在图片左上角所对应的 4 个像素值分别为 3、1、1、0，计算这 4 个值中的最大值。

$$\max(3,1,1,0)=3$$

不难看出，上述 4 个值中的最大值为 3，因此将 3 放在对应特征图的第一个位置。然后向右移动滑动窗口一个步长（两个像素值），并计算出滑动窗口所对应的 4 个值中的最大值，并将其放到对应特征图的第二个位置。依次类推，对这个尺寸为 6×6 的图片使用尺寸为 2×2 的滑动窗口完成池化操作。图 6.18 中加粗的像素值为每次滑动窗口所在位置处的最大值，也就是最后特征图中的值。

2. 均池化层

均池化（mean pooling）层的工作原理与最大池化层基本一致，区别在于最大池化层每次取出滑动窗口中对应的那几个像素值的最大值，并将其放到特征图对应的位置，均池化层每次计算滑动窗口中对应的那几个像素值的平均值，然后将计算得到的平均值放置到特征图对应的位置。应用均池化层的示例如图 6.19 所示，同样将滑动窗口的值指定为 2×2，步长的大小与滑动窗口的尺寸一致。

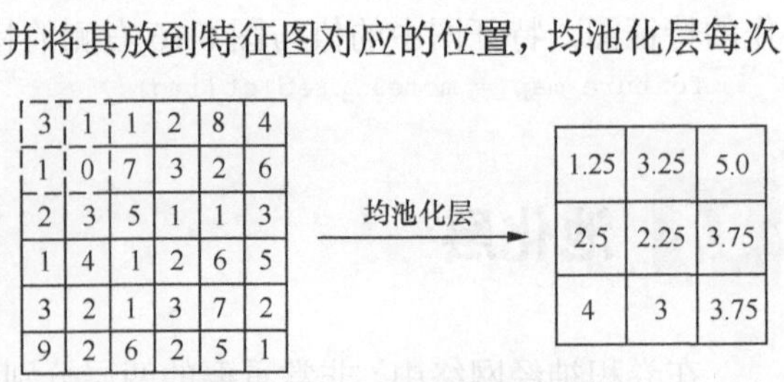

滑动窗口在图片左上角所对应的 4 个像素值

图 6.19　应用均池化层的示例

分别为 3、1、1、0，计算这 4 个值的平均值。

$$\text{mean}(3, 1, 1, 0) = 1.25$$

通过计算得出，上述 4 个值的平均值为 1.25，然后将这个值放置到特征图的第一个位置。同理，通过依次移动滑动窗口直到图片的右下角，并计算出所对应像素值的平均值，完成均池化的操作。

3. 全局平均池化层

在均池化层中，需要指定滑动窗口的尺寸与步长的值，然后通过依次移动滑动窗口，计算滑动窗口所在位置处像素的平均值得到对应的特征图中的值。全局平均池化（global average pooling）层为均池化层的一个极端形式。全局平均池化层的工作原理为直接取整张图片所有像素值的平均值，相关示例如图 6.20 所示。图中图片的所有像素的平均值可以通过以下公式计算。

图 6.20　应用全局平均池化层的示例

$$\text{mean}(3, 1, 1, 2, 8, 4, 1, 0, 7, \cdots, 2, 5, 1) = 3.19$$

由于得到的平均值为 3.19，因此 3.19 即为这张图片经过全局平均池化层处理后的输出结果。

与最大池化层与均池化层不同的是，全局平均池化层通常用于替换卷积神经网络中的扁平化层。例如，在图片分类任务中，首先将图片经过卷积层与池化层处理，得到用于分类的特征图，然后由扁平化层对所有的特征图扁平化，再交由全连接神经网络进行分类。当特征图的尺寸比较大时，使用扁平化处理会导致全连接神经网络接收到的输入数据维度过大。这时如果使用全局平均池化层替换扁平化层，会极大减小全连接神经网络接收到的输入数据的维度，但是使用全局平均池化层会导致特征图中的部分特征值丢失。

在本章的项目中，会实际应用全局平均池化层，来对比全局平均池化层与扁平化层在卷积神经网络中的应用。

6.4.2　池化层对图片的作用

在应用池化层的时候，读者可能会有一个疑问。如果将滑动窗口尺寸指定为 2×2，步长同样指定为 2，那么无论使用最大池化层或者均池化层，最后得到的特征图的尺寸都为原始图片的一半。例如，如果图片的尺寸为 300×300，使用的滑动窗口尺寸为 2×2，步长为 2，最后得到的特征图尺寸为 150×150，这样会不会导致图片丢失很多信息呢？答案是不会的，虽然池化层会导致图片中一些细节特征的丢失，但是不会对图片本身造成过大的影响。读者可以通过以下两个实际案例来理解最大池化层与均池化层对图片的作用。

首先，使用最大池化层对图片进行池化处理。与卷积层的实战操作类似，首先加载一张猫的图片，然后将其尺寸转换为长与宽均为 300，如以下代码所示。转换后的猫的图片如图 6.21

所示。

```python
import numpy as np
import cv2
import matplotlib.pyplot as plt
IMG_SIZE = 300
img = cv2.imread('cat.jpg', cv2.IMREAD_GRAYSCALE)
img = cv2.resize(img, (IMG_SIZE, IMG_SIZE))
plt.imshow(img)
img = img.reshape(1, 300, 300, 1)
```

接下来定义只有一个最大池化层的模型，指定模型的输入是尺寸为 300×300 的黑白图片（见图 6.21），然后将图片使用最大池化层处理。在池化层中指定 pool_size，即滑动窗口的尺寸为 2×2。因此经过最大池化层处理后的图片尺寸为原来的尺寸的一半，如以下代码所示。

```python
from keras.models import Model
from keras.layers import Input, MaxPooling2D
inputs = Input(shape=(300, 300, 1))
outputs = MaxPooling2D(pool_size=(2, 2))(inputs)
model = Model(inputs, outputs)
model.summary()
```

图 6.22 所示为只有一个最大池化层的模型的总结，从图中可以看出，池化层接收到的图片尺寸为 300×300，处理后得到的特征图尺寸为 150×150，图片的长与宽正好缩小了一半。除此之外，可以从模型的总结中得到一个很重要的信息，最大池化层中不含有任何参数。因为最大池化层只需要每次找到滑动窗口中对应的像素的最大值，这个过程不需要任何参数。

图 6.21 转换后的猫的图片

```
Layer (type)                   Output Shape          Param #
=================================================================
input_1 (InputLayer)           (None, 300, 300, 1)   0
_____
max_pooling2d_1 (MaxPooling2   (None, 150, 150, 1)   0
=================================================================
Total params: 0
Trainable params: 0
Non-trainable params: 0
_____
```

图 6.22 只有一个最大池化层的模型的总结

定义好模型以后，使用这个模型对加载的猫的图片进行处理。图 6.23 所示为经过最大池化层处理后得到的特征图，从图中可以看出，尽管图片的尺寸为 150×150，长与宽均为原图片的一半，但是图片中的信息较好地保存了下来。

```python
output = model.predict(img)
plt.imshow(output.reshape(150, 150))
```

接下来，使用均池化层对同一张图片进行处理。模型中同样只含有一个池化层。在均池化层中，同样指定 pool_size 为 2×2，因此最后得到的特征图的长与宽也为原图片的一半。具体实现方式以以下代码所示。

```
from keras.models import Model
from keras.layers import Input, AveragePooling2D
inputs = Input(shape=(300, 300, 1))
outputs = AveragePooling2D(pool_size=(2, 2))(inputs)
model = Model(inputs, outputs)
model.summary()
```

这个模型的总结如图 6.24 所示。从模型总结可以看出，这个只有一个均池化层的模型没有任何参数，因为均池化层只需要计算每次滑动窗口对应图片中像素值的平均值。

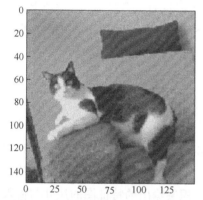

```
Layer (type)                 Output Shape              Param #
=================================================================
input_2 (InputLayer)         (None, 300, 300, 1)       0
_____
average_pooling2d_1 (Average (None, 150, 150, 1)       0
=================================================================
Total params: 0
Trainable params: 0
Non-trainable params: 0
```

图 6.23　经过最大池化层处理的特征图　　　　图 6.24　只有一个均池化层的模型的总结

在定义只有一个均池化层的模型以后，使用这个均池化层对输入图片进行池化处理，处理后的特征图如图 6.25 所示。图片的长与宽均为原图片的一半，对比与最大池化层处理后得到的特征图，可以较明显地看出，使用均池化层处理后得到的特征图看起来更平滑、细腻。

```
output = model.predict(img)
plt.imshow(output.reshape(150, 150))
```

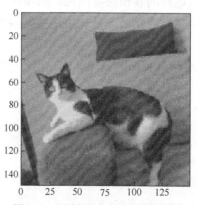

图 6.25　经过均池化层处理的特征图

6.5　应用 CNN 模型对 CIFAR-10 数据集图片分类

以上为卷积神经网络原理部分的全部内容，在第 5 章中，我们看到了全连接神经网络在图片分类任务中的不足。本节将介绍如何根据卷积神经网络的原理构建一个用于对 CIFAR-10 数据集的图片分类的卷积神经网络。通过这个卷积神经网络来对图片数据分类，对比它与全连接神经网络在图片分类任务中的差异。

在这个项目中，使用与第 5 章中同样配置的 ImageDataGenerator 来处理 CIFAR-10 数据集。首先，从 Keras 框架中加载 CIFAR-10 数据集。在加载数据集以后，并没有将所有图片的像素值进行归一化，因为在 ImageDataGenerator 中可以指定 featurewise_center 与 featurewise_std_normalization 这两个参数为 True 来实现对数据集的归一化。具体实现方式如以下代码所示。

```
from keras.datasets import cifar10
from keras.utils import to_categorical
(X_train, y_train), (X_test, y_test) = cifar10.load_data()
y_train = to_categorical(y_train)
y_test = to_categorical(y_test)
```

接下来，构建用于对 CIFAR-10 数据集中图片分类的卷积神经网络模型。这个模型中共有两个卷积层，每个卷积层后都连接一个最大池化层。在第一个卷积层中，指定卷积核的个数为 64，卷积核的尺寸为 3×3。指定 padding 为 same，这样卷积层输出的特征图的尺寸与输入图片的尺寸一致。指定步长为 1，这样滑动窗口每次向右移动一像素，当到达图片最右端时向下移动一像素，直至图片的右下角。在卷积层中指定激活函数为 relu，这个激活函数用于对卷积层输出的特征图中的每一个像素进行处理。

把第一个卷积层中经过激活函数处理后的特征图送到第一个最大池化层进行处理。在这个池化层中，将滑动窗口的尺寸指定为 2×2，因此处理后得到的特征图的长与宽均为原尺寸的一半。类似地，在模型中重复一次这样的卷积层与池化层的操作，只是第二个卷积层中卷积核的数量为第一个卷积层中的两倍。然后将第二个池化层连接到扁平化层，对第二个池化层的输出特征图进行扁平化处理。最后，将扁平化后的结果送到只有一个隐藏层的全连接神经网络中，完成分类任务。这个全连接神经网络的输入为经过扁平化后的特征图，隐藏层有 512 个单元。因为 CIFAR-10 数据集中的图片一共有 10 类，所以在输出层中指定激活函数为 softmax，并将其单元数指定为 10。模型的构建如以下代码所示。

```
from keras.models import Sequential
from keras.layers import Conv2D, MaxPooling2D, Flatten, Dense
from keras.optimizers import Adam
model = Sequential()
# 第一个卷积层
model.add(Conv2D(input_shape=(32, 32, 3),
                 filters=64,
```

```
                    kernel_size=(3, 3),
                    padding='same',
                    strides=1,
                    activation='relu'))
# 第一个池化层
model.add(MaxPooling2D(pool_size=(2, 2)))
# 第二个卷积层
model.add(Conv2D(filters=128,
                    kernel_size=(3, 3),
                    padding='same',
                    strides=1,
                    activation='relu'))
# 第二个池化层
model.add(MaxPooling2D(pool_size=(2, 2)))
# 扁平化
model.add(Flatten())
# 全连接层
model.add(Dense(512, activation='relu'))
# 输出层
model.add(Dense(10, activation='softmax'))
model.summary()
```

图 6.26 所示为模型的总结。在这个模型的总结中，我们主要看模型的参数。第一个卷积层的参数有 1 792 个，第二个卷积层的参数有 73 856 个，池化层中没有参数。这两个卷积层的参数共有 75 648 个。在这个模型中的全连接神经网络部分隐藏层与输出层的参数共有 4 199 946（即 4 194 816+5 130）个。模型的全部参数有 4 275 594 个。两个卷积层的参数占模型的全部参数的比例不到 2%，而模型中全连接神经网络部分的参数约占模型全部参数的 98%。由此可见，使用卷积层来提取图片特征并交由全连接神经网络进行分类处理的方式可以有效减少模型参数，提高模型的效率。

```
Layer (type)                    Output Shape              Param #
=================================================================
conv2d_1 (Conv2D)               (None, 32, 32, 64)        1792
_____
max_pooling2d_1 (MaxPooling2    (None, 16, 16, 64)        0
_____
conv2d_2 (Conv2D)               (None, 16, 16, 128)       73856
_____
max_pooling2d_2 (MaxPooling2    (None, 8, 8, 128)         0
_____
flatten_1 (Flatten)             (None, 8192)              0
_____
dense_1 (Dense)                 (None, 512)               4194816
_____
dense_2 (Dense)                 (None, 10)                5130
=================================================================
Total params: 4,275,594
Trainable params: 4,275,594
Non-trainable params: 0
```

图 6.26　用于分类 CIFAR-10 数据集的卷积神经网络模型的总结

　　构建好模型后，对模型进行编译，指定模型训练时使用的梯度下降优化算法为 Adam 算法。Adam 算法的默认学习率为 0.001，经过多次试验证明，在这个分类任务中，将 Adam 算法的学习率指定为 0.000 1 能够让模型训练得更好。与此同时，为了与第 5 章中构建的全连接神经网络进行对比，在这里使用同样的方式对图片进行处理，编译与训练模型的代码如下所示。

```
model.compile(loss='categorical_crossentropy',
              optimizer=Adam(lr=0.0001),
              metrics=['accuracy'])
from keras.preprocessing.image import ImageDataGenerator
generator = ImageDataGenerator(
    featurewise_center=True,
    featurewise_std_normalization=True,
    rotation_range=10,
    width_shift_range=0.1,
    height_shift_range=0.1,
    horizontal_flip=True)
generator.fit(X_train)
model.fit_generator(
    generator.flow(X_train, y_train, batch_size=64),
    steps_per_epoch=5000,
    epochs=10)
```

　　图 6.27 所示为模型的最后 5 次训练结果，从中可以看出，即使模型只训练了 10 次，最后模型也能够达到 90%左右的准确率，这个结果明显优于仅使用全连接神经网络进行分类的结果。

```
Epoch 6/10
5000/5000 [==============================] - 373s 75ms/step - loss: 0.4340 - acc: 0.8499
Epoch 7/10
5000/5000 [==============================] - 373s 75ms/step - loss: 0.3822 - acc: 0.8672
Epoch 8/10
5000/5000 [==============================] - 374s 75ms/step - loss: 0.3371 - acc: 0.8831
Epoch 9/10
5000/5000 [==============================] - 375s 75ms/step - loss: 0.3002 - acc: 0.8959
Epoch 10/10
5000/5000 [==============================] - 373s 75ms/step - loss: 0.2657 - acc: 0.9084
```

图 6.27　模型的最后 5 次训练结果

6.6　猫与狗数据集分类项目实战

　　MNIST 数据集与 CIFAT-10 数据集都是已经处理好的图片数据集。然而，在实际项目中，需要自己对收集来的图片数据进行预处理，然后才可用于模型的训练。在这一节中，我们完成一个实际的项目，对猫与狗的图片分类，即识别图片中包含的动物是猫还是狗。

6.6.1　猫与狗数据集简介

　　数据集中一共有 25 002 张图片，其中猫与狗的图片各有 12 501 张。将数据集下载并解压好以后，猫与狗的图片分别放置在不同的文件夹中，猫的全部图片放置在名为 Cat 的文件夹中，狗的全部图片放置在名为 Dog 的文件夹中。

在这个数据集中，每一张图片的尺寸都有差异。猫或者狗在图片中的位置、角度也都不同，有些在图片的中间，有些在左边，有些在右边，而且每一张的图片的亮度也都不同。这些因素导致这个分类任务比对 MNIST 数据集的分类难度增加很多。

6.6.2　数据集的预处理

因为数据集中图片的尺寸不一致，所以需要对图片进行预处理，使图片的长与宽一致，如大小为 200×200、150×150、100×100 等。首先，加载图片预处理过程中所需的依赖库，包括对数组进行处理的 NumPy 库、用于对硬盘中的文件与文件夹进行处理的 os 库及对图片进行处理的 cv2 库。然后，分别指定数据集在硬盘中的存储位置、存储每一类图片数据的文件夹名称、图片处理过后的尺寸。具体实现方式如以下代码所示。

```python
import numpy as np
import os
import cv2
# 数据集在硬盘中的存储位置
dataset_path = "H:/Datasets/PetImages"
# 存储猫与狗图片的文件夹名称分别为 Cat 与 Dog
categories = ['Cat', 'Dog']
# 图片经过处理后的尺寸
img_size = 100
```

接下来，依次读取两个文件夹中的图片，并将每一张图片的尺寸转换为 100×100×3。具体的思路如下。

首先，定位到存储所有猫的图片的文件夹，并指定猫的图片的标签值为 0。然后，依次读取出每一个文件夹中每一张猫的图片。最后，将处理后的图片与对应的标签值存储到一个新的数组中。同理，对狗的图片数据进行处理，并指定狗的图片标签值为 1。因为原数据集中的一小部分图片存在问题，所以在图片处理过程中使用异常处理机制来忽略存在问题的图片。数据集图片预处理的过程如以下代码所示。

```python
# 存储处理后的图片数据
dataset = []
for category in categories:
    # 依次获取猫或者狗的图片所在文件夹
    folder_path = os.path.join(dataset_path, category)
    # 将猫的图片的标签设置为 0，狗的图片的标签设置为 1
    class_num = categories.index(category)
    # 获取文件夹中全部的图片名字，并以列表的形式返回
    img_names = os.listdir(folder_path)
    # 依次读取文件夹中每一张图片，并对其进行处理
    for img_name in img_names:
```

```
        try:
            # 将文件夹路径与图片名称进行拼接获取完整的图片路径
            img_path = os.path.join(folder_path, img_name)
            # 读取图片
            img = cv2.imread(img_path, cv2.IMREAD_COLOR)
            # 将图片的尺寸转换为100×100×3
            img = cv2.resize(img, (img_size, img_size))
            # 将处理好的图片与对应的标签存储在数据集中
            dataset.append((img, class_num))
        except Exception:
            pass
```

数据是按照类别进行处理的，首先处理所有的猫的图片，然后处理所有的狗的图片。这样的结果就是处理后的数据集中前半部分都是猫的图片，后半部分都是狗的图片，很不利于模型的训练。因此需要将处理过后的数据集中图片的顺序打乱。如以下代码所示，使用 random 模块中的 shuffle 方法可以将数据集中的数据完全打乱。shuffle 方法在这里的作用类似于"洗牌"，就是在打扑克牌时需要洗牌，将所有牌的顺序打乱，这里将数据集中数据的顺序打乱，就是将数据集进行一次"洗牌"。

```
import random
random.shuffle(dataset)
```

最后，将数据集中的图片与标签值分开，分别存储在 X 与 y 列表中，由于列表本身是有顺序的，因此图片与对应的标签值虽然存储在不同的列表中，但其存在对应的关系。经过这样处理之后的数据集即可用于模型的训练，可以使用 NumPy 库的 save 函数将最后处理好的图片数据与其对应的标签值分别存储到磁盘中，如以下代码所示。

```
# X存储处理好的图片，y存储图片对应的标签值
X = []
y = []
for img, label in dataset:
    X.append(img)
    y.append(label)
X = np.array(X).reshape(-1, img_size, img_size, 3)
y = np.array(y)
np.save('X_cat_and_dog.npy', X)
np.save('y_cat_and_dog.npy', y)
```

6.6.3　模型的构建与训练

按照以上的方式将数据集中的图片处理好并保存在磁盘中后，在以后使用的时候就可以直接从磁盘中读取，而不是每次使用的时候重新处理。可以使用 NumPy 库中的 load 函数来读取使用 save 函数存储的数据。为了让模型能够更好、更快速地完成训练，可以将数据集中所有的图片的每一个像素值进行归一化。最后，需要把整个数据集分成训练集与测试集，sklearn 模

块中提供了 `train_test_split` 方法，可以按照指定比例划分数据集。在这个项目中，可以将全部数据集的 75%用作训练集，其余的 25%用作测试集。具体实现方式以如下代码所示。

```
import numpy as np
from sklearn.model_selection import train_test_split
X = np.load('X_cat_and_dog.npy')
# 将图片像素值进行归一化
X = X / 255.0
y = np.load('y_cat_and_dog.npy')
# 将数据集的 75%划分为训练集，其余 25%划分为测试集
X_train, X_test, y_train, y_test = train_test_split(X, y, test_size=0.25)
```

将数据集加载并处理好以后，开始构建用于二分类的卷积神经网络模型。使用序列模型来构建这个卷积神经网络模型，模型中需要卷积层、最大池化层、扁平化层、全连接层、防止过拟合的 Dropout，模型训练时使用的优化算法为 Adam 算法。

构建这个卷积神经网络模型的方式同样为首先使用卷积层，然后连接池化层，为了避免过拟合现象的出现，在每一个池化层后加入 Dropout。模型的输入图片的尺寸即为处理图片时指定的尺寸——100×100。在第一个卷积层中使用 32 个卷积核，并将卷积核的尺寸指定为 3×3，这样就会得到 32 个尺寸为 98×98 的特征图。在这个卷积层中指定的激活函数为 reLu，所以每一个卷积核中的每一个像素值都会由 reLu 处理，以处理后的结果作为与其连接的最大池化层的输入，在最大池化层中指定滑动窗口的尺寸为 2×2，因此在卷积层中得到的 32 个尺寸为 98×98 的特征图经池化层处理后，变为 32 个尺寸为 49×49 的特征图。接下来，应用 Dropout，并将概率指定为 0.2，这样模型在每次训练时，都会有 20%的单元会被随机去掉。依次类推，在模型中一共包含 4 个这样的卷积层、池化层、Dropout。每一个卷积层中的卷积核个数均不少于上一个卷积层中卷积核的个数，其卷积核的数量依次为 32、64、128、128，这样的结构往往可以达到较好的效果。

最后，连接扁平化层，并将扁平化层处理过后的数据连接到只有一个有 256 个单元的隐藏层的全连接神经网络。因为图片一共分为两类，所以在输出层中只需要一个激活函数为 sigmoid 的单元，模型的构建方式以如下代码所示。

```
from keras.models import Sequential
from keras.layers import Conv2D, MaxPooling2D, Flatten, Dense, Dropout
from keras.optimizers import Adam
model = Sequential()
# 第 1 个卷积层与第 1 个池化层
model.add(Conv2D(input_shape= X.shape[1:],
                 filters=32,
                 kernel_size=(3, 3),
                 activation='relu'))
model.add(MaxPooling2D(pool_size=(2, 2)))
model.add(Dropout(0.2))
# 第 2 个卷积层与第 1 个池化层
model.add(Conv2D(filters=64,
```

```
                kernel_size=(3, 3),
                activation='relu'))
model.add(MaxPooling2D(pool_size=(2, 2)))
model.add(Dropout(0.2))
# 第 3 个卷积层与第 3 个池化层
model.add(Conv2D(filters=128,
                kernel_size=(3, 3),
                activation='relu'))
model.add(MaxPooling2D(pool_size=(2, 2)))
model.add(Dropout(0.2))
# 第 4 个卷积层与第 4 个池化层
model.add(Conv2D(filters=128,
                kernel_size=(3, 3),
                activation='relu'))
model.add(MaxPooling2D(pool_size=(2, 2)))
model.add(Dropout(0.2))
# 扁平化层
model.add(Flatten())
# 全连接神经网络
model.add(Dense(256))
model.add(Dropout(0.2))
model.add(Dense(1, activation='sigmoid'))
```

从以上构建的模型可以看出，这个模型较复杂，因此在模型训练时可使用早停法进一步防止模型出现严重的过拟合现象。在早停法中，根据模型在验证集上的损失值来判断何时停止模型的训练。这里将 patience 参数的值指定为 5，因此如果模型在连续 5 次训练后，验证集上的损失值没有减小，则停止模型的训练。早停法的参数配置如以下代码所示。

```
# 在模型训练时应用早停法
from keras.callbacks import EarlyStopping
monitor = EarlyStopping(monitor='val_loss',
                        patience=5,
                        mode='auto',
                        restore_best_weights=True)
```

将模型进行编译，因为该任务是二分类任务，所以使用的损失函数为二元交叉熵（binary crossentropy），并指定使用 Adam 梯度下降优化算法来更新模型的参数。当训练模型时，在 callbacks 参数中传入刚刚配置好的早停法，并将训练集中数据的 20% 用于验证集，这个验证集用于判断何时停止模型的训练，如以下代码所示。

```
model.compile(loss="binary_crossentropy",
              optimizer=Adam(),
              metrics=['accuracy'])
model.fit(X_train,
          y_train,
          epochs=50,
          batch_size=64,
          verbose=2,
          callbacks=[monitor],
          validation_split=0.2)
```

图 6.28 所示为模型训练过程中最后 5 次训练的输出结果。可以看出，模型在第 25 次训练完成后停止了训练，因为第 25 次训练模型时在验证集上的损失值为 0.240 5，比第 29 次迭代后在验证集上的损失值 0.275 0 小。也就是说，模型在连续 5 次训练以后，在验证集上的损失值并没有减小，因此模型停止训练。模型在训练集上的预测准确率为 95.1%，在验证集上的预测准确率为 90.4%。虽然出现了轻微的过拟合现象，但模型得到了较好的训练，能够很好地完成这个分类项目。

```
Epoch 25/50
 - 60s - loss: 0.1513 - acc: 0.9385 - val_loss: 0.2405 - val_acc: 0.9014
Epoch 26/50
 - 58s - loss: 0.1387 - acc: 0.9440 - val_loss: 0.2778 - val_acc: 0.8883
Epoch 27/50
 - 57s - loss: 0.1382 - acc: 0.9430 - val_loss: 0.2620 - val_acc: 0.8942
Epoch 28/50
 - 58s - loss: 0.1292 - acc: 0.9496 - val_loss: 0.2465 - val_acc: 0.9017
Epoch 29/50
 - 57s - loss: 0.1216 - acc: 0.9514 - val_loss: 0.2750 - val_acc: 0.9014
```

图 6.28　模型训练过程中最后 5 次训练的输出结果

6.7　经典的 CNN 模型

在 ILSVRC 中，涌现出了多个在每一年中赢得比赛的经典的卷积神经网络模型。在这里我们主要学习 3 个经典的模型，分别为 VGG 网络、ResNet、Inception 网络。掌握这 3 个模型的结构与设计模式，以及经典模型的设计思想，可以帮助我们在项目中更合理地设计模型。

6.7.1　VGG 网络模型

VGG 网络模型是简单的卷积神经网络模型，虽然其结构较简单，但是其性能比很多的复杂卷积神经网络模型好。在所有的 VGG 网络模型中，VGG-16 与 VGG-19 是使用较广泛的模型。

VGG-16 模型的结构如图 6.29 所示。VGG-16 模型为经典的多个卷积层与池化层相连接的结构。其有两个很明显的特点——卷积层中所有卷积核的尺寸均为 3×3，后一个卷积层中的卷积核的个数不少于前一个卷积层中卷积核的个数。在图 6.29 所示的模型中，卷积层中卷积核的个数从左至右依次为 64、128、256、512、512。

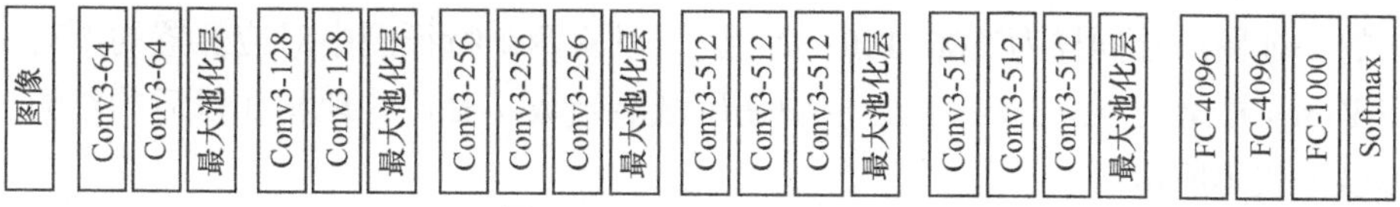

图 6.29　VGG-16 模型的结构

刚刚构建的用于分类猫与狗数据集的模型就是按照 VGG 网络模型的设计思路构建的，可以看出，这个模型虽然结构看起来简单，但是其分类效果是很好的。

6.7.2　ResNet 模型

1. ResNet 模型的工作原理

残差网络（Residual Network，ResNet）模型是含有很多卷积层的模型，即模型具有很高的深度。在 VGG 网络模型中，每一层的输入均为与其相连接的前一层的输出。也就是说，后面的卷积层只能接收前面处理后的数据，而不能同样接收前面卷积层接收到的数据。为了解决这个问题，ResNet 模型采用一种新的结构，使得后面的卷积层不仅能接收到前面卷积层处理后的数据，还能接收前面卷积层接收到的数据。图 6.30 所示为 ResNet 模型的基本组成单元（简称 ResNet 单元），x 表示这个单元接收到的数据，x 经过两个卷积层处理后，将 x 的值与最后一个卷积层的输出特征图相加，相加后的特征图经过 ReLU 函数处理，作为下一层的输入。这样就保证了下一层既能够接收前两个卷积层处理后的数据，还能接收 x。

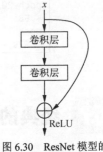

图 6.30　ResNet 模型的基本组成单元

ResNet 模型这样的结构使得通过它构建的含有很多卷积层的卷积神经网络模型的训练更容易。ResNet 模型有很多的形式，其核心思想为将 x 经过几次卷积层的处理，然后将最后一个卷积层的输出与 x 相加，并使用激活函数对相加的结果进行处理，以最后处理的结果作为下一层的输入。

2. ResNet 模型的应用

在掌握了 ResNet 模型的构建原理后，我们使用 Keras 框架来实现图 6.30 所示的 ResNet 单元，通过这个单元来构建一个 ResNet 模型，并用其对猫与狗数据集中的图片分类。首先，导入所需要的库函数，由于 ResNet 模型不是序列模型，因此需要使用 Model 模型来构建。由于构建的模型含有较多的层，因此可以在 ResNet 单元中合适地使用 BatchNormalization 来帮助模型进行训练。

可以使用 Keras 框架中的 add 方法对 x 与单元中最后一个卷积层的输出结果进行相加。在使用代码实现 ResNet 单元时，x 需要经过一个卷积层的处理，才能与 ResNet 单元中最后一个卷积层的输出结果相加。最后的结果可以进行相加得益于补零的使用，将每一个卷积层中的 padding 参数指定为 same，就可以保证每一个卷积层中输入与输出的尺寸一致。例如，如果 x 经过一个卷积层的处理后得到的特征图的尺寸为 100×100×32，ResNet 单元中最后一个卷积层输出的特征图尺寸同样为 100×100×32，就可以将两个特征图中对应位置的所有元素的值相加，在 Keras 框架的 Activation 层中使用激活函数 reLu 处理相加以后的结果。具体实现方式如以下代码所示。

```
from keras.models import Model
from keras.layers import Input, Conv2D, MaxPooling2D, Dense, Flatten
from keras.layers import Dropout, BatchNormalization, Activation, add
```

```
from keras.optimizers import Adam
# ResNet 单元的构建
def Res_layer(x, filters, pooling=False, dropout=0.0):
    temp = x
    # 第一个卷积层
    temp = Conv2D(filters, (3,3), padding="same")(temp)
    temp = BatchNormalization()(temp)
    temp = Activation("relu")(temp)
    # 第二个卷积层
    temp = Conv2D(filters, (3,3), padding="same")(temp)
    # 将 x 与第二个卷积层的输出相加
    x = add([temp, Conv2D(filters, (3,3), padding="same")(x)])
    if pooling:
        x = MaxPooling2D((2,2))(x)
    if dropout != 0.0:
        x = Dropout(dropout)(x)
    x = BatchNormalization()(x)
    # 将最后的结果使用激活函数 reLu 进行处理
    outputs = Activation("relu")(x)
    return outputs
```

在构建好了 ResNet 单元以后，就可以利用这个单元来构建一个完整的 ResNet 模型。在这个模型中，共有 6 个 ResNet 单元，每个单元中共有 3 个卷积层，其中前两个用于对 x 进行处理，第 3 个用于将 x 处理后的结果与前两个卷积层处理后的结果相加，因此这个模型中共有 18 个卷积层。在模型的每一个 ResNet 单元中，都使用池化层来减小特征图的尺寸，并使用 Dropout 来防止模型在训练时出现严重的过拟合现象。模型的构建方式如以下代码所示。

```
inputs = Input(shape = (100, 100, 3))
x = Res_layer(inputs, 32, pooling=True, dropout=0.3)
x = Res_layer(x, 32, pooling=True, dropout=0.3)
x = Res_layer(x, 64, pooling=True, dropout=0.3)
x = Res_layer(x, 64, pooling=True, dropout=0.3)
x = Res_layer(x, 128, pooling=True, dropout=0.3)
x = Res_layer(x, 128, pooling=True, dropout=0.3)
x = Flatten()(x)
x = Dropout(0.5)(x)
outputs = Dense(1, activation = "sigmoid")(x)
resnet_model = Model(inputs, outputs)
```

模型构建好以后，使用编译与训练卷积神经网络模型的方式来编译与训练这个 ResNet 模型。模型的最后 5 次训练结果如图 6.31 所示，从图中可以看出，这个 ResNet 模型训练 20 次后，在训练集与验证集上的准确率分别约为 95%与 92%，比我们之前构建的卷积神经网络模型的效果好一些。

```
resnet_model.compile(loss='binary_crossentropy',
                     optimizer=Adam(),
                     metrics=['accuracy'])
```

```
resnet_model.fit(X_train,
                 y_train,
                 epochs=20,
                 batch_size=64,
                 verbose=2,
                 validation_split=0.2)
```

```
Epoch 16/20
 - 153s - loss: 0.1472 - acc: 0.9430 - val_loss: 0.2418 - val_acc: 0.9003
Epoch 17/20
 - 156s - loss: 0.1370 - acc: 0.9465 - val_loss: 0.2850 - val_acc: 0.8886
Epoch 18/20
 - 157s - loss: 0.1311 - acc: 0.9485 - val_loss: 0.4018 - val_acc: 0.8378
Epoch 19/20
 - 157s - loss: 0.1199 - acc: 0.9529 - val_loss: 0.2457 - val_acc: 0.9009
Epoch 20/20
 - 162s - loss: 0.1178 - acc: 0.9517 - val_loss: 0.1972 - val_acc: 0.9182
```

图 6.31　模型的最后 5 次训练结果

6.7.3　Inception 网络模型

无论在 VGG 网络模型，还是在 ResNet 模型中，主要思路都是构建更"深"的卷积神经网络模型，因为更深的模型能够更好地提取出图片中有用的特征，丢弃那些没有用的特征。Inception 网络模型的主要思路为构建更"宽"的卷积神经网络模型。

1. Inception 网络模型的工作原理

图 6.32 所示为 Inception 网络模型的组成单元（简称 Inception 网络单元），它们与 ResNet 模型的组成单元类似，通过这样的组成单元，可构建一个完整的 Inception 网络模型。这些组成单元在接收到输入数据以后，将输入数据分别交由 4 个部分进行处理。第 1 部分为所有卷积核尺寸均为 1×1 的一个卷积层，第 2 部分由所有卷积核尺寸均为 1×1 的一个卷积层与所有卷积核尺寸均为 3×3 的一个卷积层组成，第 3 部分由所有卷积核尺寸均为 1×1 的一个卷积层与所有卷积核尺寸均为 5×5 的一个卷积层组成，第 4 部分由 1 个滑动窗口尺寸为 3×3 的池化层与所有卷积核尺寸均为 1×1 的一个卷积层组成。这 4 个部分中的卷积操作可以独立完成，最后将 4 个部分得到的特征图拼接（叠加）起来，作为下一层的输入。拼接的具体方法会在代码中进行详细讲解。这样的结构的优势在于，每个部分的运算之间没有依赖，因此可以实现并行计算，极大加快模型的训练速度。

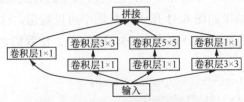

图 6.32　Inception 网络模型的组成单元

2.　Inception 网络模型的应用

在了解了 Inception 网络的结构以后，可以通过代码来实现这个结构，深入掌握这个抽象的结构。首先在程序中加载所需要的依赖库，图 6.32 顶部的拼接部分可以使用 Keras 框架的 concatenate 方法实现，如以下代码所示。

```
from keras.models import Model
from keras.layers import Input, Conv2D, MaxPooling2D, Dense
from keras.layers import Flatten, Dropout, concatenate
from keras.optimizers import Adam
```

图 6.32 所示的 Inception 网络模型共有 4 个部分，每一个部分都在接收到输入数据以后对其单独进行处理。在每一个部分的卷积层与池化层中，必须将 padding 参数设置为 same，这样才能够保证最后可以进行拼接。在这个项目中，还使用之前处理好的猫与狗的数据集来对 Inception 网络模型进行训练。模型的输入数据尺寸为 100×100×3。第 1 部分中只要 1 个有 32 个卷积核的卷积层，因此这部分输出的特征图的尺寸为 100×100×32。第 2 部分的第 2 个卷积层中共有 64 个卷积核，因此第 2 部分输出的特征图的尺寸为 100×100×64。同理，第 3 部分输出的特征图的尺寸为 100×100×64，第 4 部分输出的特征图的尺寸为 100×100×64。最后的拼接过程即为将这 4 部分中得到的特征图进行叠加，得到一个尺寸为 100×100×(32+64+64+64) = 100×100×224 的一个特征图。Inception 网络模型中各部分的构建方式如以下代码所示。

```
def Inception_Layer(inputs):
    # 第 1 部分
    layer1 = Conv2D(filters=32,
                    kernel_size=(1, 1),
                    strides=1,
                    padding='same',
                    activation='relu')(inputs)
    # 第 2 部分
    layer2 = Conv2D(filters=32,
                    kernel_size=(1, 1),
                    strides=1,
                    padding='same',
                    activation='relu')(inputs)
    layer2 = Conv2D(filters=64,
                    kernel_size=(3, 3),
                    strides=1,
                    padding='same',
                    activation='relu')(layer2)
    # 第 3 部分
    layer3 = Conv2D(filters=32,
                    kernel_size=(1, 1),
                    strides=1,
                    padding='same',
                    activation='relu')(inputs)
```

```
            layer3 = Conv2D(filters=64,
                            kernel_size=(5, 5),
                            strides=1,
                            padding='same',
                            activation='relu')(layer3)
        # 第 4 部分
        layer4 = MaxPooling2D(pool_size=(3, 3),
                              strides=1,
                              padding='same')(inputs)
        layer4 = Conv2D(filters=64,
                        kernel_size=(1, 1),
                        strides=1,
                        padding='same',
                        activation='relu')(layer4)
        # 将所有部分的输出特征图拼接起来
        layers = [layer1, layer2, layer3, layer4]
        outputs = concatenate(layers, axis=3)
    return outputs
```

Inception 网络模型中的各部分构建好以后，可以构建一个完整的 Inception 网络模型。因为 Inception 网络模型在训练时会占用较多的内存空间，所以在这个项目中，只使用一个单元来作为 Inception 网络模型。为了减小拼接后特征图的尺寸，在其后添加了一个滑动窗口尺寸为 2×2 的池化层，这样可以将特征图的长与宽均减小为之前的一半。最后的模型与之前构建的卷积神经网络模型一样，即使用扁平化层处理特征图，然后连接到一个全连接神经网络以完成分类。同样，模型的编译与训练过程与以上项目类似（除了在这里为了降低模型训练时对内存的占用，将批尺寸从之前的 64 减小为 32），如以下代码所示。

```
inputs = Input(shape = (100, 100, 3))
x = Inception_Layer(inputs)
x = MaxPooling2D((2, 2))(x)
x = Flatten()(x)
x = Dropout(0.5)(x)
outputs = Dense(1, activation="sigmoid")(x)
inception_model = Model(inputs, outputs)
inception_model.compile(loss='binary_crossentropy',
                        optimizer=Adam(),
                        metrics=['accuracy'])
inception_model.fit(X_train,
                    y_train,
                    epochs=10,
                    batch_size=32,
                    validation_split=0.2)
```

图 6.33 显示了模型最后 5 次训练的结果。模型在经过 10 次训练以后，分别在训练集与验证集上得到了约 95%和 74%的准确率。可以看出，由于模型在训练时没有采用任何防止过拟

合的方法，模型出现了严重的过拟合现象。不过仍可以看出 Inception 网络模型与 VGG 网络模型、ResNet 模型一样，都能够很好地完成图片分类的任务。

```
Epoch 6/10
 - 235s - loss: 0.2603 - acc: 0.8902 - val_loss: 0.6077 - val_acc: 0.7405
Epoch 7/10
 - 235s - loss: 0.2133 - acc: 0.9109 - val_loss: 0.6542 - val_acc: 0.7427
Epoch 8/10
 - 235s - loss: 0.1829 - acc: 0.9252 - val_loss: 0.7470 - val_acc: 0.7448
Epoch 9/10
 - 245s - loss: 0.1474 - acc: 0.9401 - val_loss: 0.7694 - val_acc: 0.7453
Epoch 10/10
 - 240s - loss: 0.1321 - acc: 0.9484 - val_loss: 0.8592 - val_acc: 0.7405
```

图 6.33　模型的最后 5 次训练结果

6.8　迁移学习

在实际项目中，如果已经拥有一个可以完成指定任务的模型，但是当前任务与这个模型能够完成的任务稍有不同，那么可以针对当前的任务重新训练一个模型。当然，也可以对目前的模型进行稍加修改，只重新训练模型修改部分的参数，这样既较好地完成当前任务，又不用从零开始训练一个新的模型，这样的方式称为迁移学习。

对于图片分类任务，6.7 节介绍了 3 种经典的 CNN 模型，这 3 种模型都有在 ImageNet 数据集上训练好的参数。因此，可以对训练好的模型的指定层进行修改，并对模型中已修改部分的参数进行有针对性的训练。值得注意的是，只需要对模型中已修改部分的参数进行训练，不需要对没有修改过的部分进行重新训练。

6.8.1　迁移学习的原理

以使用 VGG-16 模型进行迁移学习为例，图 6.29 所示模型中全连接神经网络的部分称为 VGG-16 模型的上半部分（Top），即从扁平化层到最后一个使用 Softmax 函数的全连接层。可以使用如下代码加载已经在 ImageNet 数据集上训练好的 VGG-16 模型。

```python
from keras.applications.vgg16 import VGG16
from keras.models import Model
from keras.layers import Input
inputs = Input((224, 224, 3))
vgg_model = VGG16(input_tensor=inputs,
                  include_top=True,
                  weights='imagenet')
layers = vgg_model.layers
```

在默认情况下，VGG-16 的输入图片尺寸为 224×224×3，输入尺寸可根据实际项目需要进行调整。指定 include_top 参数为 True，这样在加载时会包括模型中的全连接神经网络。

指定 weights 参数为 imagenet，这样模型在加载时会直接加载 VGG-16 模型在 ImageNet 数据集上训练过的参数。如果将 weights 参数指定为 None，那么模型的参数在加载后会被随机初始化，因此为了利用这些已经训练好的参数来完成迁移学习，需要将 weights 参数指定为 imagenet。最后，输出模型中的所有层的信息。

加载好的 VGG-16 模型中所有层的信息如图 6.34 所示，这与图 6.29 中所描述的模型结构一致。其中模型的最后 4 层为 1 个扁平化层、3 个全连接层，它们为模型的上半部分。在 VGG-16 模型处理图片时，首先由卷积神经网络提取图片中有用的特征，然后交由全连接神经网络对图片进行最后处理，可以将其看作从下至上的处理过程，因此全连接神经网络称为上半部分。

```
[<keras.engine.input_layer.InputLayer at 0x273d911c940>,
 <keras.layers.convolutional.Conv2D at 0x273d911c908>,
 <keras.layers.convolutional.Conv2D at 0x273d913a080>,
 <keras.layers.pooling.MaxPooling2D at 0x273d915dfd0>,
 <keras.layers.convolutional.Conv2D at 0x273d915d390>,
 <keras.layers.convolutional.Conv2D at 0x273d917df98>,
 <keras.layers.pooling.MaxPooling2D at 0x273d91a9710>,
 <keras.layers.convolutional.Conv2D at 0x273d91a99b0>,
 <keras.layers.convolutional.Conv2D at 0x273d91e1438>,
 <keras.layers.convolutional.Conv2D at 0x273d91f6c50>,
 <keras.layers.pooling.MaxPooling2D at 0x273d922ca90>,
 <keras.layers.convolutional.Conv2D at 0x273d922cbe0>,
 <keras.layers.convolutional.Conv2D at 0x273d9241e48>,
 <keras.layers.convolutional.Conv2D at 0x273d9270e10>,
 <keras.layers.pooling.MaxPooling2D at 0x273d928ee48>,
 <keras.layers.convolutional.Conv2D at 0x273d928eef0>,
 <keras.layers.convolutional.Conv2D at 0x273d92bebe0>,
 <keras.layers.convolutional.Conv2D at 0x273d92f28d0>,
 <keras.layers.pooling.MaxPooling2D at 0x273d9307c50>,
 <keras.layers.core.Flatten at 0x273d9307a90>,
 <keras.layers.core.Dense at 0x273d931a0b8>,
 <keras.layers.core.Dense at 0x273d933e208>,
 <keras.layers.core.Dense at 0x273d9351c50>]
```

图 6.34　VGG-16 模型中所有层的信息

6.8.2　迁移学习项目实战

在掌握了 VGG-16 模型的结构与细节以后，可以使用这个模型完成一个迁移学习的项目。在这个项目中，我们同样使用之前已经处理好的猫与狗分类数据集。迁移学习的本质为对已有的针对某一任务训练好的模型进行适当修改，并对修改部分进行针对性训练，使其能够较好地完成当前任务。

VGG-16 模型可以分为两个部分，第一部分为用于提取图片特征的卷积神经网络，第二部分为用于分类的全连接神经网络。当前猫与狗的分类项目中全部为图片数据，因此需要使用 VGG-16 模型中的卷积神经网络从图片中提取用于完成分类的特征。因为卷积神经网络在 ImageNet 数据集上经过训练后，能够很好地从图片中提取用于完成图片分类的特征，所以在重新训练模型时，可以保持这部分参数不变。由于对 ImageNet 数据集分类与当前对猫与狗数据集分类为截然不同的分类项目，因此需要对用于完成分类的全连接神经网络进行修改。修改方式为将整个全连接神经网络用一个新的全连接神经网络替换掉，这样就可以使用在 ImageNet 数据集上已经训练好的全连接神经网络模型来从图片中提取特征，然后交由新的全连接神经网络完成这个分类任务。

6.4 节详细讲解了全局平均池化层的原理，但是没有在项目中使用过。全局平均池化层通常用于替换扁平化层，以减少与其相连接的全连接层的参数。在这个项目中，我们使用全局平均池化层，并将其与扁平化层进行对比。加载这个项目所需要的依赖库的方式如以下代码所示。

```
from keras.models import Model
from keras.layers import Input,GlobalAveragePooling2D, Dense
from keras.optimizers import Adam
from keras.applications import VGG16
```

接下来，加载 VGG-16 模型，并按照刚刚讲解的思路对其进行修改，使其能够完成对猫与狗数据集的分类任务。

首先，指定模型的输入，虽然 VGG-16 默认的图片尺寸为 224×224×3，但是可以根据实际项目需要进行修改。因为在预处理时将所有图片的尺寸变为 100×100×3，所以指定模型的输入图片尺寸为 100×100×3。加载 VGG-16 模型时，因为需要将原有的全连接神经网络全部替换，所以将 include_top 指定为 False，这样加载的模型中只包含卷积神经网络模型。为了让卷积神经网络的所有层的参数在重新训练时保持不变，需要将所有层的 trainable 属性指定为 False，这样这些层的参数不参与模型的训练。然后，获取卷积神经网络最后一层的输出，并将其连接到全局平均池化层。最后将全局平均池化层处理后的数据连接到一个只有一个隐藏层的全连接神经网络以完成分类。具体实现方式如以下代码所示。

```
# 指定输入数据的维度信息
inputs = Input(shape=(100, 100, 3))
# 加载 VGG-16 模型
vgg_model = VGG16(input_tensor=inputs,
                  include_top=False,
                  weights='imagenet')
# 保持卷积神经网络中所有层的参数不变
for layer in vgg_model.layers:
    layer.trainable = False
# 获取最后一层的输出
last_layer_output = vgg_model.layers[-1].output
# 将最后一层的输出使用全局平均池化层进行处理
x = GlobalAveragePooling2D()(last_layer_output)
# 连接全连接神经网络进行分类
x = Dense(128, activation='relu')(x)
outputs = Dense(1, activation='sigmoid')(x)
model = Model(inputs, outputs)
model.summary()
```

这个修改以后的 VGG-16 模型的部分总结如图 6.35 所示。从图中可以看出，全局平均池化层接收到的特征图尺寸为 3×3×512，接收到的是一个由 512 个尺寸为 3×3 的图片组成的特征图。经过全局平均池化层处理后，特征图中的每一张图片都变为一个值，这个值为这张图片中 9 个像素值的均值。因此，其输出数据的维度为 512。

```
block5_pool (MaxPooling2D)    (None, 3, 3, 512)      0
_____
global_average_pooling2d_1 (  (None, 512)            0
_____
dense_1 (Dense)               (None, 128)            65664
_____
dense_2 (Dense)               (None, 1)              129
================================================================
Total params: 14,780,481
Trainable params: 65,793
Non-trainable params: 14,714,688
```

图 6.35　模型的部分总结（使用全局平均池化层）

由图 6.35 可知，使用全局平均池化层时模型中包含 65 793 个可训练参数。如果将模型中的全局平均池化层换成扁平化层，修改后的 VGG-16 模型的部分总结如图 6.36 所示，模型中可训练参数有 590 081 个，约为前者的 9 倍。由此可见，使用全局平均池化层可以大幅度地减少模型的参数个数。

```
block5_pool (MaxPooling2D)    (None, 3, 3, 512)      0
_____
flatten_1 (Flatten)           (None, 4608)           0
_____
dense_3 (Dense)               (None, 128)            589952
_____
dense_4 (Dense)               (None, 1)              129
================================================================
Total params: 15,304,769
Trainable params: 590,081
Non-trainable params: 14,714,688
```

图 6.36　模型的部分总结（使用扁平化层）

构建好用于迁移学习的模型以后，对模型进行训练。训练模型时使用的训练集为之前猫与狗分类项目中已经处理过的猫与狗数据集。具体实现方式如以下代码所示。

```
model.compile(loss="binary_crossentropy",
            optimizer=Adam(),
            metrics=['accuracy'])
model.fit(X_train,
        y_train,
        epochs=3,
        verbose=2,
        batch_size=64,
        validation_split=0.2)
```

模型的训练结果如图 6.37 所示，可以看出即使模型中只有 65 793 个可训练参数，也能够较好地完成对猫与狗数据集的分类任务。

```
Train on 14967 samples, validate on 3742 samples
Epoch 1/3
 - 101s - loss: 0.3890 - acc: 0.8203 - val_loss: 0.3323 - val_acc: 0.8552
Epoch 2/3
 - 136s - loss: 0.3217 - acc: 0.8584 - val_loss: 0.3183 - val_acc: 0.8642
Epoch 3/3
 - 166s - loss: 0.3035 - acc: 0.8686 - val_loss: 0.3266 - val_acc: 0.8506
```

图 6.37　模型的训练结果

6.9　本章小结

目前卷积神经网络在计算机视觉中有着广泛的应用。本章对卷积神经网络的全部原理进行了逐一讲解，并给出了相应的代码。希望读者能够掌握所有的知识点，并在项目中灵活应用。例如，在卷积层中，对于卷积核中的值（即卷积层中的参数等细节部分）的掌握，能够加深对卷积层的理解。根据使用卷积层对猫的图片进行处理后得到的特征图，能够直观地看出通过卷积层从图片中提取出的特征。

本章中所构建的模型不一定为完成对应项目最好的模型，读者可在理解模型的构建原理后，对模型进行修改，使模型能够达到更高的预测准确率。本章详细讲解了 3 种经典的 CNN 模型，并将其设计思想应用在实际项目中，希望读者能够掌握多种 CNN 模型的设计思路，以便在日后的工作或者科研中设计出更新颖的 CNN 模型。

第7章 循环神经网络

我们在看书的时候，为了理解一句话的意思，需要按照从左至右的顺序，从这句话的第一个字读到这句话的最后一个字。最重要的是，在读下一个字的时候，一定要记得前面所读的所有字，才能够理解整句话的意思。对于"人工智能正在改变世界"这句话，如果只是从左至右依次只理解每一个字，没有把当前读到的字的含义与之前读过的字的含义联系起来，就无法完整理解整句话的意思。要完全理解一句话，就需要记住已经见过的字的含义，否则一句话读到最后就只剩下最后一个字的含义。如果要设计一个能够理解句子含义的神经网络模型，最重要的是这个神经网络模型有记忆功能，记住已经见过的字或者词语的含义，这样才能够完整理解一句话想要表达的含义。这种有记忆功能的神经网络称为循环神经网络（Recurrent Neural Network，RNN）。

RNN 目前主要分为 3 种，分别为简单循环神经网络（Simple RNN）、长短期记忆（Long Short-Term Memory，LSTM）神经网络、门控循环（Gated Recurrent）神经网络。本章会依次讲解这 3 种 RNN 的工作原理以及在项目中的应用。在实际项目中，为了让模型达到最好的效果，通常会对这 3 种基本的 RNN 进行改进，如叠加长短期记忆（Stacked LSTM）神经网络、双向长短期记忆（Bidirectional LSTM）神经网络、注意力模型（Attention Model）等。同样，本章也会详解这 3 种进阶的 RNN 的原理以及在项目中的应用。因为 RNN 模型在模型训练时很容易出现过拟合现象，所以需要一种 RNN 模型中特有的防止过拟合的方式，这称为 Recurrent Dropout，我们会在项目中实际应用 Recurrent Dropout 来防止 RNN 模型在训练时出现过拟合的现象。

对于用模型来完成对句子、文章的理解，进而完成文档分类、情感分析（sentiment analysis）、文本生成（text generation）等任务称为自然语言处理（Natural Language Processing，NLP）。自然语言指的是人类用于交流而使用的语言，如汉语、英语、德语、西班牙语等。本章会详细讲解情感分析项目与文本生成项目。RNN 模型目前广泛应用在自然语言处理领域。尤其在 2018

年，ELMo、BERT、GPT-2 等模型的出现，让这一领域的成就达到了前所未有的高度。本章的最后会对这 3 个模型的原理以及应用做详细的讲解。

除了自然语言处理领域，RNN 模型还应用在语音识别、DNA 序列分析、股票价格预测等领域。在本章中，会应用 RNN 模型来预测某公司的股票价格走势，从这个项目中可以看出，股票价格走势确实可以通过精细设计的 RNN 模型进行预测，对这个领域感兴趣的读者，可以结合已有的股票知识，构建模型来预测准备投资的股票在市场中的价格走势。

7.1 时间序列数据详解

本章开头所说的文章中的句子，就是时间序列数据（time series data）的一个例子。时间序列数据是指随着时间的推移收集到的数据。例如，一个句子就是随着时间的推移依次收集每一个字，最后形成一个句子，因此这个句子就可以称为时间序列数据。时间序列数据在现实生活中很常见，如集某一地区的一天中所有时刻的温度数据，股票市场中某一只股票在一年中每一天的价格，某一个国家近 60 年中每一年的 GDP 等。这种用于描述某一现象随着时间的变化而变化的数据都可称为时间序列数据。

对于时间序列数据，如果要分析出数据的走势或者趋势，就需要在处理新数据的时候记住之前看到过的数据。例如，如果要分析出股票价格在一星期内的走势，则需要首先记下星期一的价格，然后依次记住从星期二到星期天每一天的价格，最后才能够分析出这个星期的价格变化情况。如果在观察每一天的价格以后直接忘掉，那么最后只会记住最后一天的价格，根据一天的价格数据无法分析出价格走势。所以如果要分析时间序列数据，就需要使用有记忆功能的循环神经网络。

7.2 自然语言数据的处理

本节主要介绍如何将自然语言中的句子以及文章进行数字化。由于计算机只能处理数字，因此对于句子中的词语，需要先将词汇转换为数字，然后交由计算机进行处理。得益于最近几年自然语言处理领域的飞速发展，词汇的数字化得到了很大的改善。目前较流行的方式是将词汇转换为向量的形式，这称为词的向量化表示（Word2Vector），即一个向量中包含多个数字。将词汇转换为向量以后，不仅能够将文字数字化，还能够较精准地捕获词汇的含义。下面几节将逐步讲解如何使用向量来表示词汇。

7.2.1 词的向量化表示

首先通过代码直观地了解，将词汇转换为向量以后，向量是如何表示词汇的含义信息的。

对于中文，训练好的并且能够将词汇转换为其对应的向量的模型称为词的向量化模型。可以在程序中直接加载这个模型并使用。

在这部分的代码中，需要加载 gensim 模块，gensim 模块可以加载已经训练好的词的向量化模型，而且在其中已经封装好了一些函数，这些函数可以用于对转换成向量的词汇执行一些操作。例如，对比两个词语含义的相似度，找出几个词语中含义与其他词语有较大差距的一个词语等。加载词的向量化模型的代码如下所示。

```
import genism
path = "datasets/sgns.target.word-word.dynwin5.thr10.neg5.dim300.iter5.bz2"
model = gensim.models.KeyedVectors.load_word2vec_format(path, binary=False)
```

这样就将训练好的词的向量化模型加载到了程序中。在这个模型中，每一个词语都表示为维度为 300 的向量，即每一个词语都由 300 个数字表示。例如，词语"你好"在这个模型中表示为图 7.1 所示的向量，由于篇幅限制，图中只显示出向量中部分的值。

```
[ 0.045623   0.030559   0.213205  -0.174397   0.215368   0.152608   0.221125
 -0.172155  -0.035486  -0.127225   0.093867  -0.079096  -0.012393   0.294009
  0.126882  -0.118959  -0.475929   0.100712   0.22621    0.120679   0.188581
  0.051235  -0.7372    -0.328485  -0.037565   0.533903   0.101673   0.1281
  0.309553  -0.006303   0.158968  -0.468286  -0.048694   0.047292   0.277461
 -0.225655   0.392595   0.074552   0.444344  -0.527203   0.04166    0.148859
 -0.311545  -0.24317    0.20108   -0.45834   -0.379172   0.061843   0.043039
 -0.09157    0.488086   0.279369  -0.12253   -0.114001  -0.051573  -0.314757
  0.170693  -0.394939  -0.684678   0.389173   0.089249  -0.37753   -0.348628
 -0.068567   0.220715  -0.634626  -0.477734  -0.419999   0.133788  -0.029039
 -0.369688   0.188671   0.633507  -0.463344   0.246025   0.033507  -0.088433
```

图 7.1　词语"你好"的向量化表示

首先从模型中得到词语"你好"所对应的向量化表示，然后查看其维度，其输出的维度值在注释部分已指出，最后输出这个向量中的全部值，如以下代码所示。

```
x = model["你好"]
print(len(x)) # 300
print(x)
```

从以上代码的输出可以看出，"你好"这个词语被表示为维度为 300 的向量。除此之外，还可以利用模型来对比词语的相似度。如"男人"与"女人"从语义上来说是两个词义很近的词语，但"男人"与"房子"是从语义上来说两个没有任何关系的词语。通过模型中的similiarity 方法，可以对比两个词语含义的相似度，如对比"男人"与"女人"以及"男人"与"房子"的相似度，如以下代码所示。

```
model.similarity("男人", "女人") # 0.87
model.similarity("男人", "房子") # 0.34
```

这里，"男人"和"女人"的相似度为 0.87，"男人"与"房子"的相似度为 0.34，模型能够准确地对比两个词语的语义差别。

通过词的向量化模型的 most_similar 函数还能找出某一词语的同/近义词，例如，以下代码用于找出"狗"这个词的同/近义词，这行代码的输出如图 7.2 所示。从图 7.2 可以看出，与"狗"这个词最相似的词为"犬"。在语义上来说,"狗"与"犬"是含义一样的两个词。

```
model.most_similar("狗")
```

另外,还可以利用模型的 doesnt_match 函数找出一组词语中含义与其他词语相差最大的词。例如,在"房子""车库""商店""狗"这 4 个词中,前 3 个都与建筑相关,但是"狗"为动物,因此它为这组词语中与其他几个词语义相差最大的。模型能够准确地从这 4 个词中找出与其他词含义相差最大的词,即"狗",如以下代码所示。

```
words = ["房子", "车库", "商店", "狗"]
model.doesnt_match(words) # 狗
```

用这个词的向量化模型可以完成一种很有趣的"计算"。例如,对于(国王 + 女人) - 男人这个"算式",从语义上看,可以得到王后,即王后 =(国王 + 女人) - 男人。利用模型中的 most_similar 函数可以完成这样的计算,其中 positive 参数传入"加法"所对应的词汇,negative 传入"减法"所对应的词汇,如以下代码所示。

```
model.most_similar(positive=["国王", "女人"], negative=["男人"])
```

图 7.3 所示为这个算式的计算结果,从图中可以看出,最后结果中最相近的词汇为王后,与从语义上理解的结果相一致。

```
[('犬', 0.6812471151351929),
 ('猫', 0.6765808463096619),
 ('狐狸狗', 0.6229679584503174),
 ('小狗', 0.6187129020690918),
 ('黄狗', 0.6101008653640747),
 ('宠物猫', 0.5988760590553284),
 ('猎狗', 0.5975031852722168),
 ('家犬', 0.5903282165527344),
 ('狗一样', 0.5898733139038086),
 ('杂种狗', 0.5876641273498535)]
```

图 7.2 通过模型找出"狗"的同近义词

```
[('王后', 0.6038084030151367),
 ('克里奥帕特拉', 0.5978288650512695),
 ('果卡', 0.5887949466705322),
 ('阿杜德', 0.5810406804084778),
 ('世曾', 0.5801189541816711),
 ('拉玛一世', 0.5793941617012024),
 ('普二世', 0.5787432789802551),
 ('塞利姆', 0.5775824785232544),
 ('吉格梅·辛格·旺楚克', 0.5773346424102783),
 ('雅赫摩斯', 0.5766822695732117)]
```

图 7.3 计算结果

通过以上这些例子可以很明显地看出,将词汇使用向量表示的这种方法不仅可以将词汇数字化,还能够很好地表示词汇的含义。目前在自然语言处理领域,这种词的向量化表示方式被广泛应用。在实际项目中,我们可以使用已经训练好的词的向量化模型,也可以自己训练一个可以将词汇转换为指定维度向量的模型。通过依次完成词汇标记化(tokenization)、序列填充(pad sequence)、嵌入层(embedding layer)的构建与模型训练,可将词汇转换为指定维度的向量。

7.2.2 词汇标记化

将句子或文章中的每一个词都使用一个数字来表示的方式称为词汇标记化。标记化的方式在现实生活中很常见,如大学里每一个学生都有自己的学号,每一辆车都有特有的车牌号,每一本出版的书都有自己的书号,等等。同样,在对自然语言数据进行处理的时候,每一个词汇都有自己专属的一个数字标识。在 Keras 框架中提供了一种将词汇标记化的方式,所以我们可以通过代码的形式来一步步掌握如何对句子中的词汇进行标记。

　　首先,加载需要进行词汇标记化的句子,以 3 个句子为例,分别为"今天外面天气很好""人工智能正在改变世界""我们明天早上一起去图书馆学习",如以下代码所示。

```
sentences = [
    "今天外面天气很好",
    "人工智能正在改变世界",
    "我们明天早上一起去图书馆学习"
]
```

　　在对中文的句子进行词汇级别的处理时,需要先对句子进行分词。分词指的是将句子中的每一个词汇单独分离出来,这时的一个句子被看作由多个词组成。除了词汇级别的处理外,对于中文还经常会用到字符级别的分词,即将一个句子看成由其中的每一个文字组成。如"人工智能正在改变世界"这句话,词汇级别的分词将这句话分成"人工智能""正在""改变""世界"。而字符级别的分词则将这句话分成"人""工""智""能""正""在""改""变""世""界",将这句话中的每一个字单独分离开来。根据需要完成的项目特点,选用不同的分词方式,如对于情感分析项目,词汇级别的分词比较合适,而对于稍后的文本生成项目,字符级别的分词效果通常更好一些。

　　对于中文的词汇级别的分词,通常使用 jieba 模块,在这个模块中提供了 cut 函数,可以将一个句子划分为多个词。在 Keras 框架中封装的方法只适用于对英文句子进行处理,英文句子的特点为每一个单词之间都用空格分开,如"Artificial Intelligence is changing the world"。所以在将中文句子完成分词以后,需要将分好的词使用空格分开,然后即可使用 Keras 框架中提供的函数进行后续的处理。将中文句子分词处理并使用空格分开的代码如下所示。

```
import jieba
new_sentences = []
for sentence in sentences:
    # 对句子进行分词处理
    segments = jieba.cut(sentence)
    # 将句子中的每一个词用空格分开
    new_sentence = " ".join(segments)
    # 将处理好的句子存储到列表中
    new_sentences.append(new_sentence)
print(new_sentences)
```

　　输出处理后的句子如下所示。可以看出句子中的每一个词都已经被空格分开了。

```
['今天 外面 天气 很 好', '人工智能 正在 改变 世界', '我们 明天 早上 一起 去 图书馆 学习']
```

　　接下来,对进行分词处理后的句子中的每一个词进行标记化。在 Keras 框架中,封装了 Tokenizer 来对句子中使用空格分离开的词进行标记化。在程序中加载 Tokenizer 后,需要定义一个 tokenizer 对象,并在定义时指定需要标记的词的个数。一般情况下为了对句子中的所有词汇都进行标记,会将词个数指定为比实际词个数多的数字,在这个例子中,可以将词个数指定为 20(实际为 16),这样可以保证每一个词都被标记到。如果指定的词个数比实

际个数小，如指定为 10，那么只会对出现频率最高的前 10 个词进行标记。定义 tokenizer
对象以后，使用其 fit_on_texts 方法来对存储在列表中的 3 个句子中的词汇进行标记。
标记好以后，使用其 word_index 属性来查看词汇的标记情况。具体实现方式如以下代码
所示。

```
from keras.preprocessing.text import Tokenizer
tokenizer = Tokenizer(num_words=20)
tokenizer.fit_on_texts(new_sentences)
word_index = tokenizer.word_index
print(word_index)
```

对句子中的所有词汇进行标记以后的标记情况如下所示，每一个词都与一个数字相联系，
就像每一个学生都与一个学号相联系一样。

```
{'今天': 1, '外面': 2, '天气': 3, '很': 4, '好': 5, '人工智能': 6, '正在': 7, '改变': 8, '
世界': 9, '我们': 10, '明天': 11, '早上': 12, '一起': 13, '去': 14, '图书馆': 15, '学习': 16}
```

将句子中的所有词汇使用数字进行标记以后，可以将每个句子中的全部词汇转换为与其对
应的数字，这样一个句子就可以使用一组数字来表示了，这样的一组数字称为数字序列。使用
tokenizer 对象中的 texts_to_sequences 函数能够根据标记好的词汇，将句子转换为对
应的数字序列，如以下代码所示。

```
from keras.preprocessing.text import text_to_word_sequence
sequences = tokenizer.texts_to_sequences(new_sentences)
print(sequences)
```

经过转换后的句子如下所示。每一个句子都使用其中词汇相对应的数字表示，这样就完成
了句子的"数字化"。

```
[[1, 2, 3, 4, 5],
 [6, 7, 8, 9],
 [10, 11, 12, 13, 14, 15, 16]]
```

可以看出，这 3 个句子的长度都是不一样的，第一个句子的长度为 5，第二个句子的长度
为 4，最后一个句子的长度为 7。在卷积神经网络中，对图片进行预处理时，需要将数据集所
有的图片都转换为长与宽一致的图片。类似地，在循环神经网络中，同样要求所有的句子长度
要一样，所以要对经过"数字化"以后的句子进行进一步处理，使所有句子的长度一样。

7.2.3 序列填充

在卷积神经网络中，为了使图片在经过卷积层处理后得到的特征图的尺寸与输入图片的尺寸
一致，我们使用在图片周围补零的方式。对于不同长度的数字序列，同样可以使用补零的方式，
使得所有的序列都具有一样的长度。对数字序列补零的方式有两种，分别为在序列前补零与在序
列后补零。在 Keras 框架中，提供了 pad_sequences 函数，用于对数字序列进行补零，从而让
这组中所有的数字序列都有相同的长度。在以下代码中，通过指定 padding 参数为 pre，在这 3
个数字序列的前面进行补零，使得所有数字序列的长度均为这组数字序列中最长数字序列的长度。

```
from keras.preprocessing.sequence import pad_sequences
padded_sequences = pad_sequences(sequences, padding='pre')
print(padded_sequences)
```

将这组数字序列进行序列前补零的结果如下所示，其中最长的数字序列的长度为 7，其余两个数字序列在最前面加入了不同个数的 0，使其长度均为 7。

```
[[ 0  0  1  2  3  4  5]
 [ 0  0  0  6  7  8  9]
 [10 11 12 13 14 15 16]]
```

另外，也可以将 pad_sequenes 函数中的 padding 参数指定为 post，这样所有的数字序列都使用在数字序列后补零的方式，使得所有数字序列的长度均为这组数字序列中最长数字序列的长度，如以下代码所示。

```
padded_sequences = pad_sequences(sequences, padding='post')
print(padded_sequences)
```

从这段代码的输出结果中可以看出，长度较短的数字序列都在其后填充了对应个数的 0，使得所有的数字序列的长度均一致。

```
[[ 1  2  3  4  5  0  0]
 [ 6  7  8  9  0  0  0]
 [10 11 12 13 14 15 16]]
```

除了将一组数字序列都填充为其中最长的数字序列的长度外，还可以指定填充后所有数字序列的长度。例如，如果希望填充以后所有数字序列的长度均为 6，需要在 pad_sequences 函数中指定 maxlen 参数为 6。因为这组数字序列中最长的数字序列中有 7 个数字，所以需要对长度超过 6 的数字序列进行“剪切”。剪切的方式同样有两种，分别为从数字序列的前面进行剪切与从数字序列的后面进行剪切。在以下的代码中，通过指定 truncating 参数为 pre 来实现在数字序列的前面进行剪切，使得剪切后所有的数字序列长度均为 maxlen 参数中指定的值（6）。

```
padded_sequences = pad_sequences(sequences,
                                 padding='pre',
                                 truncating='pre',
                                 maxlen=6)
print(padded_sequences)
```

因为第 3 个数字序列的长度为 7，所以将其第一个值剪切掉，从而保证了所有数字序列的长度一致。这样经过处理后，这 3 个数字序列的长度均为 6。

```
[[ 0  1  2  3  4  5]
 [ 0  0  6  7  8  9]
 [11 12 13 14 15 16]]
```

7.2.4　嵌入层的原理与应用

词的向量化的本质为将每一个词使用定长的向量来表示。到目前为止，已经实现了将所有句子中的词转换为对应的数字，并将所有句子对应的数字序列转换为一样的长度。如果能够把每一个词对应的数字转换为一个向量，那么就可以将词转换为向量了。在深度学习中，通常使用嵌入层来将数字序列中的每一个数字转换为对应的向量。

首先，使用 7.2.3 节中的第一种方式进行数字序列填充，在这 3 个数字序列中长度较小的两个数字序列前面填充 0，使其长度与最长的数字序列长度一致。填充后的数字序列如下。

```
[[ 0  0  1  2  3  4  5]
 [ 0  0  0  6  7  8  9]
 [10 11 12 13 14 15 16]]
```

然后，可以将处理好的 3 个数字序列传入嵌入层中对其中的每一个数值进行向量化。在 Keras 框架中，将嵌入层封装为 Embedding，与全连接层、卷积层等类似，嵌入层为深度学习模型中的一层。嵌入层在定义时需要指定 3 个参数，分别为 input_dim、input_length、output_dim。其中 input_dim 为需要进行向量化处理的词的个数，也为所有数字序列中不同数字的个数。input_length 为每一个句子（数字序列）的长度，因为所有的数字序列都经过了填充，所以所有的数字序列的长度是一样的。ouput_dim 为将数值转换为向量后向量的维度。以下代码构建了只有一个嵌入层的模型，将嵌入层中的 input_dim 指定为 17，因为需要处理的词为 16 个，第 17 个为填充时补的 0。将 Input_length 指定为 7，因为所有数字序列经过填充后的长度均为 7，所以将 output_dim 指定为 3，数字序列中每一个值都会被转换为长度值为 3 的向量。具体实现方式如以下代码所示。

```
from keras.models import Sequential
from keras.layers import Embedding
model = Sequential()
embedding = Embedding(input_dim=17,
                      input_length=7,
                      output_dim=3)
model.add(embedding)
model.summary()
```

这个用于将数字序列中的每一个数字转换为维度为 3 的向量的模型总结如图 7.4 所示。从图 7.4 可以看出，嵌入层中共有 51 个参数，因为在定义嵌入层时指定需要向量化处理的词个数为 17，每一个词用长度为 3 的向量表示，所以嵌入层需要 51 个参数才能完成所有词汇的向量化表示。

```
Layer (type)                 Output Shape              Param #
=================================================================
embedding_1 (Embedding)      (None, 7, 3)              51
=================================================================
Total params: 51
Trainable params: 51
Non-trainable params: 0
```

图 7.4 模型总结

通过嵌入层中的 get_weights 函数，可查看嵌入层中所有参数在随机初始化后的值，如以下代码所示。

```
embedding.get_weights()
```

初始化后嵌入层的 51 个参数的值如图 7.5 所示，由 17 个长度为 3 的数组组成，即嵌入层的参数可以看成一个数组（一个由 17 个长度为 3 的数组组成的数组）。

最后，可以调用这个只含有一个嵌入层的模型的 predict 方法，来将数字序列中每一个数字转换为维度为 3 的向量，如以下代码所示。

```
prediction = model.predict(padded_sequences)
```

3 个数字序列经过向量化的结果如图 7.6 所示。从这个结果中可以看出，每一个数字序列中的 7 个数字都被转换为 7 个维度为 3 的向量。另外，从这个结果中还可以分析出嵌入层的工作原理。经过填充以后，第一个序列的 7 个值为[0 0 1 2 3 4 5]，把其中每一个值用作嵌入层参数数组的下标，分别取出下标所对应的长度为 3 的数组，即可将序列中 7 个数字转换为 7 个维度为 3 的向量。对比图 7.5 中的参数，取出与第一个序列中每个数字对应的长度为 3 的数组，就能够得到第一个序列的向量化结果。同理，按照同样的方式完成后两个数字序列的向量化。

```
[[-0.02805706,  0.02496606, -0.02966118],
 [-0.04563084, -0.01646264, -0.02802988],
 [ 0.02386883, -0.01998019, -0.00714093],
 [ 0.01394485,  0.02984795,  0.03769021],
 [-0.04217581,  0.0048572 ,  0.03675225],
 [ 0.00317006, -0.01415241, -0.02957951],
 [-0.00254823, -0.03221738,  0.02868478],
 [ 0.00424597,  0.02475877,  0.03217186],
 [ 0.04807809,  0.00277642, -0.0001649 ],
 [ 0.04473079, -0.02043191, -0.04517198],
 [ 0.03993343,  0.03947297,  0.03220726],
 [-0.04395154,  0.03991366, -0.04074151],
 [ 0.01765602, -0.03504368,  0.04820906],
 [ 0.00785128, -0.04658672, -0.00375912],
 [ 0.0246125 ,  0.04838799,  0.02064878],
 [ 0.02953463,  0.00808661, -0.02835951],
 [ 0.03881926, -0.0053608 , -0.03023617]],
```

图 7.5 嵌入层中 51 个参数的值

```
[[[-0.02805706,  0.02496606, -0.02966118],
  [-0.02805706,  0.02496606, -0.02966118],
  [-0.04563084, -0.01646264, -0.02802988],
  [ 0.02386883, -0.01998019, -0.00714093],
  [ 0.01394485,  0.02984795,  0.03769021],
  [-0.04217581,  0.0048572 ,  0.03675225],
  [ 0.00317006, -0.01415241, -0.02957951]],

 [[-0.02805706,  0.02496606, -0.02966118],
  [-0.02805706,  0.02496606, -0.02966118],
  [-0.02805706,  0.02496606, -0.02966118],
  [-0.00254823, -0.03221738,  0.02868478],
  [ 0.00424597,  0.02475877,  0.03217186],
  [ 0.04807809,  0.00277642, -0.0001649 ],
  [ 0.04473079, -0.02043191, -0.04517198]],

 [[ 0.03993343,  0.03947297,  0.03220726],
  [-0.04395154,  0.03991366, -0.04074151],
  [ 0.01765602, -0.03504368,  0.04820906],
  [ 0.00785128, -0.04658672, -0.00375912],
  [ 0.0246125 ,  0.04838799,  0.02064878],
  [ 0.02953463,  0.00808661, -0.02835951],
  [ 0.03881926, -0.0053608 , -0.03023617]]]
```

图 7.6 3 个数字序列经过向量化的结果

在自然语言处理的项目中，嵌入层通常出现在模型的第一层，用于完成词的向量化表示，然后将嵌入层的输出连接其他层完成特定的任务。嵌入层中的参数与全连接层、卷积层等一样，需要在初始化以后使用梯度下降算法逐步更新，最后得到最优的参数。经过很多次的训练后，通过词的向量化模型得到能够在一定程度上表示词汇含义的词向量。

图 7.6 所示的 3 个经过向量化的数字序列可以看成由 3 个时间序列样本组成的数据集。样本中每一个向量称为一个时间步（timestep），图中 3 个样本都由 7 个时间步组成。每一个样本

中时间步的个数称为时间步长，图中 3 个样本的时间步长均为 7。每一个时间步中的值称为特征，图中每一个时间步中均有 3 个特征值。通常情况下，时间序列数据经过处理后，每个样本都由相同个数的时间步组成，每个时间步中特征值的个数也相同。

7.3 情感分析项目

7.3.1 情感分析项目简介

情感分析是指使用自然语言处理技术来根据文本中所表达的情感（如正向、中立、负向等）对文本进行分类。如"很高兴终于找到了最适合自己的深度学习书籍"为正向情感，"这家餐馆的服务质量一般，和大多数的餐馆差不多"为中立情感，"连续下雨一个星期了，心情很不好"为负向情感。我们很容易理解一句话想要表达的情感。然而，让计算机模型来根据文本掌握并准确分类出表达的情感不是一件容易的事情。

在本节中，使用外卖点评数据作为情感分析项目的数据集。数据集中评价数据分为两类，分别为正向与负向，因此这个情感分析项目可以看成针对文本的二分类任务。和大多数深度学习的项目一样，在将数据用于模型训练之前，需要对数据集中的数据进行预处理。之后利用处理后的数据集来学习、对比不同的循环神经网络模型的工作原理以及在这个数据集上的分类效果。

7.3.2 数据集的处理

在本节中，应用 7.2 节中对中文句子的处理方法来处理情感分析项目中使用到的外卖点评数据。首先，加载待处理的数据集 waimai_10k.csv。在加载之前可以使用 Excel 软件了解一下这个数据集的格式。在这个 CSV 文件中，共有两列，分别为"评价"（review）与"标签"（label）。标签为评价数据对应的情感，数字 0 代表负向评论，数字 1 代表正向评论。为了保持数据集中两类样本个数的均衡，选取正向、负向评论数据各 4 000 条，然后将选取的两类数据拼接到一起，组成一个正、负样本数量均衡的数据集。最后，分别取出数据集中的评论数据与标签数据，使用 x 变量与 y 变量表示，并将其存储到本地磁盘中（存储的数据会在后面的迁移学习项目中用到）。具体实现方式如以下代码所示。

```
import pandas as pd
import numpy as np
delivery = pd.read_csv('datasets/waimai_10k.csv')
# 选取正向、负向评论数据各 4000 条
negative = delivery.loc[delivery['label'] == 0][0:4000]
positive = delivery.loc[delivery['label'] == 1][0:4000]
delivery_even = pd.concat([negative, positive], ignore_index=True)
```

```
X = np.array(delivery_even['review'])
y = np.array(delivery_even['label'])
np.save('delivery_review.npy', X)
np.save('delivery_label.npy', y)
```

在自然语言处理的项目中，通常去掉句子或文档中的停止词（stopword）。停止词为句子中数字、没有实际含义或表示加强等含义的词与标点，如"之""也是""特别""常常"等。这些停止词不会影响句子要表达的情感，而会加大模型的训练难度，所以在这个情感分析项目中，去掉所有句子中的停止词。首先，加载包含常见停止词的文件。然后，分别取出文件中所有的停止词，以列表的形式保存在 stopwords 变量中。接下来，使用 for 循环依次取出保存在 X 变量中的每一条评论，并对取出的评论进行分词处理。为了便于去掉句子中的停止词，分词以后的句子中的词同样以列表的形式进行存储。接着，对于存储在列表的每一个句子中的词，判断它是否属于停止词，将不是停止词的词保留下来。最后，将保留下来的词以空格分开，存储到列表 X_new 中。具体实现方式如以下代码所示。

```
with open('datasets/chinese_stop_words.txt', encoding="utf-8") as text:
    stopwords = [line.strip() for line in text]
import jieba
X_new = []
for review in X:
    # 将分词后的句子存储在一个列表中
    review = list(jieba.cut(review))
    # 用于存储去掉停止词后的句子
    result = []
    for word in review:
        if word not in stopwords:
            result.append(word)
    # 将句子中的词用空格分隔
    X_new.append(" ".join(result))
X_new = np.array(X_new)
```

为了将以上处理过的数据集中的句子的停止词去掉，并使用空格将句中的词分开以后，使用 sklearn 模块中的 train_test_split 函数按照 4∶1 的比例划分为训练集与测试集，如以下代码所示。

```
from sklearn.model_selection import train_test_split
X_train, X_test, y_train, y_test = train_test_split(X_new, y, test_size=0.2, shuffle=True)
```

接下来，将训练集与测试集中的句子中的词进行标记化，并前置填充每个句子，所有句子的长度一致。在这个项目中，所有句子填充后的长度为数据集中包含词汇最多的句子的长度，这样可以保证不遗漏数据集中的任何词。数据集中最长的句子的长度使用 maxlen 变量来存储，代码运行以后，maxlen 的值为 135，也就是最长的句子中包含 135 个词。为了加快模型的训练速度，减小计算量，可以将 maxlen 的值直接设置为稍小的数字，如 100、90 等。接下来的词汇标记化和前置填充过程与 7.2 节中的方式完全一致，所以就不赘述了。具体实现方式如以下代码所示。

```
from keras.preprocessing.text import Tokenizer
from keras.preprocessing.sequence import pad_sequences
# 获得所有句子中包含词最多的句子的词个数
maxlen = max([len(sentence.split(" ")) for sentence in X_new])
# 指定所需要处理的词的个数
words_size = 10000
# 将数据集中所有的句子中包含的词进行标记化
tokenizer = Tokenizer(num_words=words_size)
tokenizer.fit_on_texts(X_new)
# 将训练集数据中所有句子转换为数字序列并进行前置填充
sequences = tokenizer.texts_to_sequences(X_train)
X_train = pad_sequences(sequences,
                        maxlen=maxlen,
                        padding='pre')
# 将训练集数据中所有句子转换为数字序列并进行前置填充
sequences = tokenizer.texts_to_sequences(X_test)
X_test = pad_sequences(sequences,
                       maxlen=maxlen,
                       padding='pre')
```

经过这样一系列的过程可把数据集中每一个句子转换为等长的数字序列。将数字序列送到嵌入层中进行处理后，就能将每个数字转换为与其对应的向量。接下来的几节会详细讲解多种由不同单元组成的循环神经网络模型，并将刚刚处理好的数据集应用于模型的训练。

7.4　简单 RNN

简单 RNN 是 RNN 中最基础的一种结构，通常用于处理时间序列数据。时间序列数据需要转换为(样本个数, 时间步长, 特征值的个数)的形式，才能用 RNN 进行处理。如对于 7.3 节中的情感分析数据集，数据集中共有 8 000 个句子，每一个句子经过处理后，都会变为长度为 135 的数字序列。如果将所有的数字序列中的每一个数字经过嵌入层变为维度为 32 的向量，那么整个数据集的格式就变为(8000, 135, 32)。数据集由 8 000 个样本组成，每个样本都有 135 个时间步，每个时间步中包含 32 个特征值。

7.4.1　简单 RNN 的原理

本节对简单 RNN 的工作原理进行讲解。为了便于理解，使用一个简单 RNN 单元作为例子。

在全连接神经网络中，每一个样本中的所有特征首先乘以对应的权重，并加上偏差，最后的结果交由全连接神经网络中的单元（使用激活函数）进行处理。在简单 RNN 中，样本中的每一个时间步处理过程与其类似。使用 x_t 来表示样本中的第 t 个时间步，每个样本都由 T 个时间步组成，分别使用 x_1，x_2，…，x_T 来表示。样本中每一个时间步 x_t 都需要先乘以与其连接的单元的对应权重 w，然后加上偏差 b，将最后的计算结果交由简单 RNN 中的单元进行处理。

简单 RNN 的工作原理如图 7.7 所示。对于训练集中的每一个样本，简单 RNN 单元会对其中包含的所有时间步按照时间顺序逐一进行处理。每处理完一个时间步都会有一个输出，使用 y_t 来表示。为了实现记忆功能，简单 RNN 单元在处理当前的时间步的同时会接收并处理上一个时间步的输出 y_{t-1}。为了对符号进行区分，将上一个时间步的输出使用 h_{t-1} 来表示（$h_{t-1} = y_{t-1}$），h_t 称为隐藏状态。当简单 RNN 单元处理样本中的第一个时间步时，通常将 h_0 的值设置为 0。值得注意的是，整个过程只涉及一个单元，这个单元依次循环处理样本中的每一个时间步。

对于情感分析数据集的每一个样本中的 135 个时间步，如果仅使用一个简单 RNN 单元处理，那么这个单元需要按照图 7.7 所示的方式依次循环计算 135 次，并在每一次计算时利用上一次计算得到的隐藏状态。这种循环计算的方式就是循环神经网络这个名字的由来。

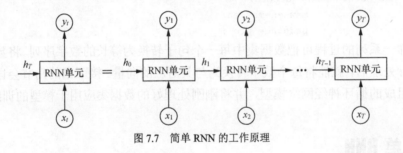

图 7.7　简单 RNN 的工作原理

图 7.8 展示了简单 RNN 单元的内部结构。

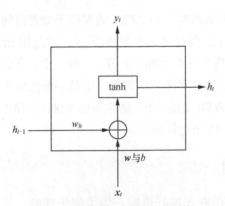

图 7.8　简单 RNN 单元的内部结构

在将样本中第 t 个时间步中的所有特征乘以对应的权重并加上偏差以后。把计算结果 $\boldsymbol{w} \cdot \boldsymbol{x}_t + b$ 与单元在处理上一个时间步时得到的隐藏状态 h_{t-1} 乘以一个权重值 w_h 后相加（w_h 同样为模型的参数），最后将相加以后的结果使用 tanh 函数处理，得到单元在处理第 t 个时间步的两个相等的输出值 y_t 与 h_t，如以下公式所示。

$$y_t = h_t = \tanh(w_h h_{t-1} + \boldsymbol{w} \cdot \boldsymbol{x}_t + b)$$

7.4.2　简单 RNN 的应用

在掌握了较抽象的原理以后，使用 Python 按照简单 RNN 单元的工作原理实现一个单元。使用一个样本进行计算，并将运行结果与这个样本在使用 Keras 框架构建的简单 RNN 单元的运行结果做对比。如果结果完全一致，说明原理部分的讲解内容是正确的。

首先，自定义一个时间序列样本，并将其格式转换为(样本个数, 时间步长, 特征值个数)的形式，转换后的样本中包含 3 个时间步，每个时间步有两个特征值，如以下代码所示。

```
import numpy as np
data = np.array([0.1, 0.2, 0.3, 0.4, 0.5, 0.6]).reshape((1,3,2))
print(data)
[[[0.1 0.2]
  [0.3 0.4]
  [0.5 0.6]]]
```

为了使用 Python 根据简单 RNN 单元的工作原理对这个样本进行处理，首先将与样本时间步中的特征值相乘的权重向量 $\boldsymbol{w}$ 的两个分量初始化为 1，偏差 b 初始化为 0，并将图 7.8 中的 w_h 参数初始化为 1，将隐藏状态 h_t 设置为 0。然后，依次从这个样本中取出每一个时间步，将其与权重 $\boldsymbol{w}$ 点乘以后加上偏差 b 的值。接下来，根据 7.4.1 节中的公式，完成单元中的计算过程，得到单元的输出 y_t。最后，将隐藏状态 h_t 的值更新为输出值 y_t。具体实现方式如以下代码所示。

```
from numpy import tanh
# 参数初始化
w = np.array([1, 1])
b = 0
w_h = 1
# 将 h_0 的值初始化为 0
h_t = 0
# 依次处理 3 个时间步
for t in range(3):
    x_t = data[0][t]
    h_t = tanh(w_h * h_t + w.dot(x_t) + b)
    y_t = h_t
    print(y_t)
```

通过 3 次循环完成对样本中的 3 个时间步的处理以后，依次得到了 3 个输出值，分别为 0.291 312 6、0.757 924 16、0.952 486 4。这是从对应的简单循环神经网络单元的实现代码中得到的结果。接下来，使用 Keras 框架来构建只有一个简单 RNN 单元的 RNN 模型，并使用同样的样本以及同样的方式对其参数进行初始化，对比得到的结果。

RNN 模型的构建与一般的神经网络模型构建方式一样。首先，指定模型的输入层接收到的数据的格式，因为样本中的时间步长为 3，每个时间步中有两个特征值，所以指定输入数据的格式为 $(3, 2)$。然后，在模型中加入一个简单 RNN 单元，并对其参数按照以上代码中的方式进行初始化。其中 `kernel_initializer` 初始化样本时间步中的特征值相乘的权重向量 w，`bias_initializer` 负责偏差的初始化，`recurrent_initializer` 负责对图 7.8 中 w_h 参数的初始化。值得注意的是，这里面将 `return_sequences` 参数指定为 `True`，`return_sequences` 参数决定了这个单元在循环处理每一个时间步时，是否输出每一个的计算结果 y_t。如果将其指定为 `True`，那么这个单元会输出对一个时间步的计算结果 y_t；如果将其指定为 `False`，那么这个单元只会输出对最后一个时间步的计算结果。也就是说，当将其指定为 `True` 时，一个单元的输出值的个数为样本中时间步的个数；当指定为 `False` 时，一个单元的输出值只有一个。我们先将 `return_sequences` 的参数设置为 `True`，然后将其设置为 `False`，对比其输出，这样能够更好地理解这个参数的作用。

定义好并初始化这个简单 RNN 单元后，使用 Model 函数根据模型的输入与输出构建模型，如以下代码所示。

```
from keras.models import Model
from keras.layers import Input
from keras.layers import SimpleRNN
inputs = Input(shape=(3, 2))
outputs = SimpleRNN(units=1,
                    return_sequences=True,
                    kernel_initializer='one',
                    bias_initializer='zero',
                    recurrent_initializer='one')(inputs)
model = Model(inputs=inputs, outputs=[outputs])
model.summary()
```

这个模型的总结如图 7.9 所示，可以看出，这个只有一个简单 RNN 单元的模型有 4 个参数。这 4 个参数分别为权重向量 w 中的两个参数、偏差 b，以及 w_h 参数。

```
Layer (type)                 Output Shape              Param #
=================================================================
input_3 (InputLayer)         (None, 3, 2)              0
_____
simple_rnn_1 (SimpleRNN)     (None, 3, 1)              4
=================================================================
Total params: 4
Trainable params: 4
Non-trainable params: 0
```

图 7.9　简单 RNN 模型的总结

最后，使用这个模型，对上一节中构建的样本进行处理。处理样本的代码如下所示。可以看出，使用 Keras 框架构建的这个模型与使用 Python 实现的单元的输出结果一模一样，这说明原理部分的内容完全正确。

```
model.predict(data)
array([[[0.2913126 ],
```

```
        [0.75792146],
        [0.9524864 ]]], dtype=float32)
```

通过这个对比，希望可以帮助读者更好地理解 RNN 的工作原理。RNN 中除了简单 RNN 单元外，常用的两个单元分别为长短期记忆单元与门控循环单元（Gated Recurrent Unit，GRU），使用二者构建的 RNN 分别称为长短期记忆神经网络与门控循环神经网络。虽然每个单元的工作原理各不相同，但是它们循环处理样本中每一个时间步的方式是一样的。所以在后面的学习中，在理解了长短期记忆单元与门控循环单元的内部工作原理后，读者即可掌握长短期记忆神经网络与门控循环神经网络的工作原理。

上面这个模型中，将简单 RNN 单元中的 return_sequences 参数设置为 True，这个单元则输出每一个时间步的处理结果。这个单元处理的样本共有 3 个时间步，因此最后得到 3 个输出值。接下来，将 return_sequences 参数设置为 False，其余参数值保持不变。具体实现方式如以下代码所示。

```
inputs = Input(shape=(3, 2))
outputs = SimpleRNN(units=1,
                    return_sequences=False,
                    kernel_initializer='one',
                    bias_initializer='zero',
                    recurrent_initializer='zero')(inputs)
model = Model(inputs=inputs, outputs=[outputs])
model.predict(data)
```

运行这段代码得到的结果如下所示，结果中只包含一个值，可以看出这个值正好就是上一个模型输出结果中的最后一个。由此可见，将单元中的 return_sequences 参数设置为 False 以后，单元只会返回处理样本中最后一个时间步得到的输出值。

```
array([[0.9524864]], dtype=float32)
```

7.4.3 简单 RNN 项目实战

掌握了简单 RNN 单元的工作原理后，构建一个简单 RNN 来对 7.3 节中处理过的情感分析数据集分类。

首先，在模型中加入用于将数字序列向量化的嵌入层，并指定其中的参数值，将 input_dim 参数指定为这个嵌入层需要处理的词汇量，将 input_length 参数指定为之前处理过的每个句子中包含的词的个数，将 output_dim 参数指定为 32，使其输出的每个词向量的维度均为 32。然后，将其输出的词向量使用 256 个简单 RNN 单元进行处理。最后，使用一个全连接神经网络单元完成分类任务。具体实现方式如以下代码所示。

```
from keras.models import Sequential
from keras.layers import Embedding, SimpleRNN, Dense
from keras.optimizers import Adam
# 将嵌入层输出的词向量的维度指定为 32
embedding_dim = 32
```

```
model = Sequential()
model.add(Embedding(input_dim=words_size,
                    input_length=maxlen,
                    output_dim=embedding_dim))
# 一个有 256 个单元的简单 RNN
model.add(SimpleRNN(units=256,
                    return_sequences=False))
model.add(Dense(units=1,
                activation='sigmoid'))
model.summary()
```

　　模型的总结如图 7.10 所示。由于指定嵌入层需要处理 10 000 个词（也为数字序列中的数字），并且已将每一个词转换为维度为 32 的词向量，因此其参数个数为 320 000（即 10 000×32）。

```
Layer (type)                   Output Shape              Param #
=================================================================
embedding_1 (Embedding)        (None, 135, 32)           320000

simple_rnn_1 (SimpleRNN)       (None, 256)               73984

dense_1 (Dense)                (None, 1)                 257
=================================================================
Total params: 394,241
Trainable params: 394,241
Non-trainable params: 0
```

图 7.10　简单 RNN 模型的总结

　　构建好模型以后，对模型进行编译。因为情感分析项目为二分类任务，所以使用二元交叉熵作为损失函数。最后，使用处理好的训练集数据对这个简单 RNN 模型进行训练。具体实现方式如以下代码所示。

```
model.compile(optimizer=Adam(),
              loss='binary_crossentropy',
              metrics=['accuracy'])
model.fit(X_train,
          y_train,
          epochs=5,
          batch_size=32,
          verbose=2,
          validation_split=0.2)
```

　　模型的 5 次训练结果如图 7.11 所示。从结果中可以看出，尽管模型能够在训练集上达到约 92% 的准确率，但是在验证集上只达到了最高约 79% 的准确率。因为简单 RNN 单元每次循环迭代时只会接收来自上一层时间步的输出，使其没有长时间记忆的能力，所以它一般只应用于样本中时间步个数较少的情况。在这个项目中，每一个样本的时间步长为 135，因此简单 RNN 单元对其进行处理的效果不好。7.5 节讲述的长短期记忆神经网络专门用来处理样本中时间步个数较多的情况。

```
Epoch 1/5
 - 23s - loss: 0.6839 - acc: 0.5596 - val_loss: 0.6149 - val_acc: 0.6078
Epoch 2/5
 - 20s - loss: 0.5083 - acc: 0.7691 - val_loss: 0.4601 - val_acc: 0.7906
Epoch 3/5
 - 22s - loss: 0.3414 - acc: 0.8580 - val_loss: 0.4587 - val_acc: 0.7852
Epoch 4/5
 - 23s - loss: 0.2683 - acc: 0.8969 - val_loss: 0.4616 - val_acc: 0.7969
Epoch 5/5
 - 21s - loss: 0.2015 - acc: 0.9252 - val_loss: 0.4755 - val_acc: 0.7883
```

图 7.11　简单循环神经网络模型的 5 次训练结果

7.5 长短期记忆神经网络

　　长短期记忆神经网络是 RNN 中较常用的一种网络，其由长短期记忆单元构成。长短期记忆单元的工作原理与简单 RNN 单元很类似，都通过依次循环来处理样本的每一个时间步。最大的不同在于长短期记忆单元中的内部计算较复杂，引入了遗忘门（Forget Gate，FG）、输入门（Input Gate，IG）、输出门（Output Gate，OG）。特别地，隐藏状态（hidden state）与单元状态（cell state）的使用，使长短期记忆神经网络能够拥有短时间与长时间的记忆能力。

7.5.1　长短期记忆神经网络的原理

　　图 7.12 展示了一个长短期记忆单元的内部结构。图中 FG、IG、OG 分别表示遗忘门、输入门、输出门，这 3 个门均表示为 Sigmoid 函数（$\sigma(x)$）。Sigmoid 函数的输出值在 0～1，通过这个特性来模拟门的关与开。当 Sigmoid 函数的值趋于 0 时，门处于关闭的状态；当其值趋于 1 时，门处于打开的状态。h_t、c_t 分别为单元在处理样本中第 t 个时间步时得到的隐藏状态与单元状态。h_{t-1}、c_{t-1} 分别为单元在处理样本中第 $t-1$ 个（前一个）时间步时得到的隐藏状态与单元状态。

　　遗忘门决定了来自上一个时间步的单元状态 c_{t-1} 中的多少信息需要忘掉。如图 7.12 所示，将上一个时间步时得到的隐藏状态 h_{t-1} 与当前第 t 个时间步 x_t 进行拼接作为单元的输入，使用 $[h_{t-1}\ x_t]$ 来表示。然后把拼接后的结果乘以对应的权重 w_f，并加上偏差 b_f，作为遗忘门的 Sigmoid 函数的输入，如以下公式所示。

$$f_t = \sigma(w_f \cdot [h_{t-1}\ x_t] + b_f)$$

　　接下来，将上一个时间步得到的单元状态 c_{t-1} 与遗忘门的输出 f_t 相乘，得到 $f_t c_{t-1}$。当遗忘门的输出趋于 0 时，$f_t c_{t-1}$ 的运算结果趋于 0，表示"忘记所有的记忆"；当遗忘门的输出趋于 1 时，$f_t c_{t-1}$ 的运算结果为 c_{t-1}，表示"保留所有的记忆"。

　　输入门决定了当前处理的时间步中多少信息需要加入当前的单元状态 c_t 中。与遗忘门类似，将单元接收到的输入点乘对应的权重 w_i 并与对应的偏差 b_i 相加，经过 Sigmoid 函数处理后，得到输入门的输出 i_t，如以下公式所示。

$$i_t = \sigma(w_i \cdot [h_{t-1}\ x_t] + b_i)$$

接下来，将单元接收到的输入点乘对应的权重 w_c 并与对应的偏差 b_c 相加，使用 tanh 函数进行处理得到值在 -1~1 的 c_t'，如以下公式所示。

$$c_t' = \tanh(w_c \cdot [h_{t-1}\ x_t] + b_c)$$

最后，将得到的 c_t' 与输入门的输出值 i_t 相乘，并与经过遗忘门处理的来自上一个时间步的单元状态 ($f_t c_{t-1}$) 相加，作为传递给下一个时间步的单元状态 c_t，计算过程如下所示。

$$c_t = i_t c_t' + f_t c_{t-1}$$

输出门决定以当前单元状态 c_t 中的多少信息作为处理当前时间步的输出值 y_t 与隐藏状态的值 h_t，从图 7.12 中可以看出输出值与隐藏状态的值是一样的。输出门的输出 o_t 的计算方式与输入门类似，如以下公式所示。

$$o_t = \sigma(w_o \cdot [h_{t-1}\ x_t] + b_o)$$

将单元状态 c_t 经过 tanh 函数处理后，与输入门的输出 o_t 相乘，得到最终单元在处理第 t 个时间步时的输出值 y_t 与隐藏状态的值 h_t，如以下公式所示。

$$y_t = h_t = \tanh(c_t)o_t$$

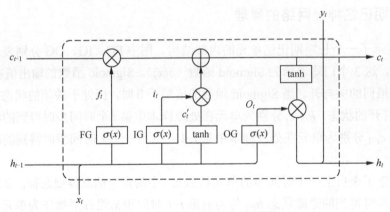

图 7.12　长短期记忆单元的内部结构

从长短期记忆单元的工作原理可以分析出，隐藏状态的值与简单 RNN 中的值一样，每次都与输出值一样，所以它称为短期记忆。然而，单元状态的值只会受遗忘门与输入门的影响，分别决定"保留多少记忆"与"新加入多少记忆"，所以单元状态称为长期记忆，这也就是"长短期记忆单元"名称的由来。

7.5.2　长短期记忆神经网络的应用

掌握了长短期记忆单元的工作原理后，使用其构建一个与 7.4 节中结构一样的神经网络，对比其在情感分析数据集上的分类效果。

为了能够形成对比，只将 7.4 节的项目实战代码中的 RNN 单元换成长短期记忆单元，其余部分不变。在 Keras 框架中使用 LSTM 函数来代表长短期记忆单元。具体实现方式如以下代码所示。

```python
from keras.models import Sequential
from keras.layers import Embedding, LSTM, Dense
from keras.optimizers import Adam
embedding_dim = 32
model = Sequential()
model.add(Embedding(input_dim=words_size,
                    input_length=maxlen,
                    output_dim=embedding_dim))
model.add(LSTM(units=256))
model.add(Dense(units=1,
                activation='sigmoid'))
model.summary()
```

构建的有 256 个单元的长短期记忆神经网络模型的总结如图 7.13 所示。从总结中可以看出，使用同样个数的 LSTM 单元构成的模型参数比使用简单 RNN 单元构成的模型参数多很多，因此在训练模型时长短期记忆神经网络需要利用更多的计算资源与时间。

```
Layer (type)                 Output Shape              Param #
=================================================================
embedding_1 (Embedding)      (None, 135, 32)           320000
_____
lstm_1 (LSTM)                (None, 256)               295936
_____
dense_1 (Dense)              (None, 1)                 257
=================================================================
Total params: 616,193
Trainable params: 616,193
Non-trainable params: 0
_____
```

图 7.13　长短期记忆神经网络模型的总结

构建好了模型以后，使用与 7.4 节中相同的训练集，并使用同样的方式来编译与训练模型，如以下代码所示。

```python
model.compile(optimizer=Adam(),
              loss='binary_crossentropy',
              metrics=['accuracy'])
model.fit(X_train,
          y_train,
          epochs=5,
          batch_size=32,
          verbose=2,
          validation_split=0.2)
```

长短期记忆神经网络模型的 5 次训练结果如图 7.14 所示。可以看出，长短期记忆神经网络模型在训练集与验证集上对样本的预测准确率最高分别约为 93.36% 与 84.14%，比简单 RNN 模型的效果好。

```
Epoch 1/5
 - 63s - loss: 0.5022 - acc: 0.7627 - val_loss: 0.4022 - val_acc: 0.8375
Epoch 2/5
 - 73s - loss: 0.2926 - acc: 0.8795 - val_loss: 0.3787 - val_acc: 0.8414
Epoch 3/5
 - 60s - loss: 0.2129 - acc: 0.9170 - val_loss: 0.4416 - val_acc: 0.8406
Epoch 4/5
 - 58s - loss: 0.2496 - acc: 0.9193 - val_loss: 0.4253 - val_acc: 0.8141
Epoch 5/5
 - 63s - loss: 0.1748 - acc: 0.9336 - val_loss: 0.4636 - val_acc: 0.8266
```

图 7.14　长短期记忆神经网络模型的 5 次训练结果

7.6 门控循环神经网络

因为长短期记忆单元中的计算过程较复杂，所以当长短期记忆神经网络中使用较多的单元时，会导致较大的计算量。于是，门控循环单元通过简化单元内部的运算过程的方式来解决长短期记忆单元中的复杂计算问题。在门控循环神经网络中，只用两个门，分别为重置门（Reset Gate，RG）与更新门（Update Gate，UG），其中更新门可以视为长短期记忆单元中遗忘门与输入门的结合。除此之外，将单元状态与隐藏状态进行合并，形成一个新的隐藏状态。

7.6.1　门控循环神经网络的原理

门控循环单元的内部结构如图 7.15 所示。图中 RG 与 UG 分别表示重置门与更新门。将单元接收到样本中第 t 个时间步 x_t 后，与处理上一个时间步时得到的隐藏状态 h_{t-1} 进行拼接，之后点乘对应的权重 w_r，经过 Sigmoid 函数处理，得到重置门的输出 r_t，如以下公式所示。

$$r_t = \sigma(w_r \cdot [h_{t-1} \ x_t])$$

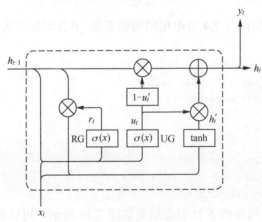

图 7.15　门控循环单元的内部结构

同理，得到更新门的输出 u_t，如以下公式所示。

$$u_t = \sigma(w_u \bullet [h_{t-1} \; x_t])$$

然后，将重置门的输出 r_t 与隐藏状态 h_{t-1} 相乘，并把相乘的结果与时间步 x_t 进行拼接。拼接以后点乘对应的权重 w_c，把最后的结果经过 tanh 函数处理，得到 h'_t。

$$h'_t = \tanh(w_c \bullet [r_t h_{t-1} \; x_t])$$

接下来，将更新门的输出值 u_t 乘以 h'_t 的值与 $(1-u_t)$ 乘以隐藏状态 h_{t-1} 的值相加，得到处理第 t 个时间步时的输入 y_t 与隐藏状态 h_t，如以下公式所示。对比长短期记忆单元的工作原理可以发现，这里使用更新门实现了长短期记忆单元中的遗忘门与输入门两个门的功能。

$$y_t = h_t = (1-u_t)h_{t-1} + u_t h'_t$$

7.6.2 门控循环神经网络的应用

同样，为了与长短期记忆神经网络进行对比，只将其中的 LSTM 单元换成门控循环单元，其余部分保持不变，模型的构建方式如以下代码所示。

```python
from keras.models import Sequential
from keras.layers import Embedding, GRU, Dense
from keras.optimizers import Adam

embedding_dim = 32
model = Sequential()
model.add(Embedding(input_dim=words_size,
                    input_length=maxlen,
                    output_dim=embedding_dim))
model.add(GRU(units=256))
model.add(Dense(units=1,
          activation='sigmoid'))
model.summary()
```

构建好的门控循环神经网络模型的总结如图 7.16 所示。将这个模型的参数与 7.5 节中构建的长短期记忆神经网络模型的参数对比可以发现，同样结构的门控循环神经网络的参数比长短期记忆神经网络模型的参数少了 7 万多个。

```
Layer (type)                 Output Shape              Param #
=================================================================
embedding_1 (Embedding)      (None, 135, 32)           320000
_____
gru_1 (GRU)                  (None, 256)               221952
_____
dense_1 (Dense)              (None, 1)                 257
=================================================================
Total params: 542,209
Trainable params: 542,209
Non-trainable params: 0
_____
```

图 7.16 门控循环神经网络模型的总结

将构建好的模型使用与 7.4 节和 7.5 节中项目实战部分同样的方式进行编译与训练。由于这部分代码内容完全一致，因此在这里就不再展示了。这个门控循环神经网络模型的训练结

果如图 7.17 所示，从图中可以看出该模型在训练集与验证集上的最高预测准确率分别约为
94.6%与 85.4%，比长短期记忆神经网络模型效果稍好一些。

```
Epoch 1/5
 - 52s - loss: 0.4999 - acc: 0.7639 - val_loss: 0.3806 - val_acc: 0.8336
Epoch 2/5
 - 46s - loss: 0.2929 - acc: 0.8855 - val_loss: 0.3590 - val_acc: 0.8547
Epoch 3/5
 - 47s - loss: 0.2308 - acc: 0.9133 - val_loss: 0.3949 - val_acc: 0.8445
Epoch 4/5
 - 47s - loss: 0.1744 - acc: 0.9354 - val_loss: 0.4315 - val_acc: 0.8297
Epoch 5/5
 - 50s - loss: 0.1399 - acc: 0.9463 - val_loss: 0.5090 - val_acc: 0.8305
```

图 7.17　门控循环神经网络模型的训练结果

虽然在这个项目中门控循环神经网络的预测效果比长短期记忆神经网络的预测效果稍好，
但是并不是在所有项目中都是这样的。在实际的项目中，很少会使用简单 RNN。对于门控循
环神经网络与长短期记忆神经网络，通常会同时构建这两个模型，然后选择表现效果较好的一
个作为最终的模型。

7.7　RNN 进阶

在掌握了 3 种 RNN 单元的工作原理与应用后，进一步掌握在实际项目中是如何应用其构
建高级模型的。在本节中，以使用长短期记忆单元为例，分别讲解叠加长短期记忆神经网络、
双向长短期记忆神经网络、注意力模型的原理和应用。

7.7.1　RNN 中防止过拟合的方式

为了防止模型在训练时，由于过于依赖模型中的某些单元进行预测，进而产生过拟合的现
象，可以使用 Dropout 的方式对其进行缓解，在每次迭代训练时按照指定的概率随机取消模型
中的部分单元。在 RNN 中，由于模型逐一处理每一个时间步，因此很容易出现过于依赖某一
个时间步，进而出现过拟合的现象。在 RNN 中，可以使用 Recurrent Dropout 来进一步防止过
拟合现象的出现。在 Keras 框架中，Recurrent Dropout 的使用方式很简单。以长短期记忆神经
网络为例，只需要通过如下代码进行指定即可。

```
LSTM(units=64,recurrent_dropout=0.2)
```

有的模型在训练时会出现较严重的过拟合现象，当仅仅使用 Dropout 不能较有效地防止
过拟合时，可以同时使用 Recurrent Dropout 来进一步防止过拟合现象的出现。

7.7.2　叠加长短期记忆神经网络

在以上所有的项目实战中，都只使用了一层的循环神经网络单元。和卷积神经网络中的结

构类似，可以使用多层的 RNN 单元，逐步从样本中提取可用于完成指定任务的特征。

以长短期记忆单元为例，在模型中使用多层长短期记忆单元的模型称为叠加长短期记忆神经网络。在使用 Keras 框架进行实现时，多层长短期记忆单元的前几层需要将 return_sequences 设置为 True，最后一层长短期记忆单元中的 return_sequences 设置为 False。由于使用多层长短期记忆单元使其模型的参数较多，因此在模型中使用 Dropout 来防止出现严重的过拟合现象。模型的构建代码如下所示。

```
from keras.models import Sequential
from keras.layers import Embedding, LSTM, Dropout, Dense
from keras.optimizers import Adam
embedding_dim = 32
model = Sequential()
model.add(Embedding(input_dim=words_size,
                    input_length=maxlen,
                    output_dim=embedding_dim))
# 第一层长短期记忆单元
model.add(LSTM(units=128,
               return_sequences=True))
model.add(Dropout(0.2))
# 第二层长短期记忆单元
model.add(LSTM(units=256,
               return_sequences=False))
model.add(Dropout(0.2))
model.add(Dense(units=1,
                activation='sigmoid'))
model.summary()
```

模型的总结如图 7.18 所示。从模型总结中可以分析出输入数据经过每一层处理后的格式变化。首先，输入数据在经过嵌入层以后，输出的每一个样本由 135 个时间步组成，其中每个时间步有 32 个特征值。然后，经过 128 个长短期记忆单元处理，因为将 return_sequences 参数设置为 True，每一个单元会返回每一个时间步的输出，所以每个单元会输出 135 个值，且因为这一层共有 128 个单元，所以每个样本经过处理后的格式变为(135, 128)。Dropout 层不会改变数据的格式。最后使用 256 个将 return_sequences 参数设置为 False 的单元，在处理每个样本时，每个单元只返回一个值，且因为这一层共有 256 个单元，所以最后的输出格式为 256。

模型的编译参数和训练使用的训练集数据与前几节中一致，在这里就不赘述了。叠加长短期记忆神经网络模型的训练结果如图 7.19 所示。从图中可以看出，该模型在训练集上的预测准确率最高约为 94%，在验证集上的预测准确率最高为 85.7%，效果比只使用一层长短期记忆单元好一些。

```
Layer (type)                 Output Shape              Param #
=================================================================
embedding_1 (Embedding)      (None, 135, 32)           320000
_____
lstm_1 (LSTM)                (None, 135, 128)          82432
_____
dropout_1 (Dropout)          (None, 135, 128)          0
_____
lstm_2 (LSTM)                (None, 256)               394240
_____
dropout_2 (Dropout)          (None, 256)               0
_____
dense_1 (Dense)              (None, 1)                 257
=================================================================
Total params: 796,929
Trainable params: 796,929
Non-trainable params: 0
_____
```

图 7.18　叠加长短期记忆神经网络模型的总结

```
Epoch 1/5
 - 129s - loss: 0.5056 - acc: 0.7377 - val_loss: 0.3746 - val_acc: 0.8430
Epoch 2/5
 - 116s - loss: 0.2937 - acc: 0.8811 - val_loss: 0.3635 - val_acc: 0.8570
Epoch 3/5
 - 117s - loss: 0.2173 - acc: 0.9125 - val_loss: 0.4101 - val_acc: 0.8391
Epoch 4/5
 - 116s - loss: 0.1643 - acc: 0.9402 - val_loss: 0.4186 - val_acc: 0.8430
Epoch 5/5
 - 115s - loss: 0.1563 - acc: 0.9402 - val_loss: 0.4882 - val_acc: 0.8266
```

图 7.19　叠加长短期记忆神经网络模型的训练结果

7.7.3　双向长短期记忆神经网络

在之前学习的几种循环神经网络中，单元在处理当前时间步的输出时会考虑到来自上一个时间步的隐藏状态或单元状态。但是在一些任务中，当前时间步的输出不仅与之前的时间步相关，还会与之后的时间步相关。

例如，预测句子中缺失的词汇任务不仅需要根据其前文的内容，还需要考虑到其后表达的内容，也就是要基于上下文（context）进行判断。下面给出两个句子。

今天外面下雨，我们**不去**外面打球了。

今天外面下雨，我们**去**室内打球吧。

如果要预测"我们"之后的词汇，仅仅考虑前面"今天外面下雨"，是无法准确预测是"去"或者"不去"。但是如果同时考虑到其后的内容，根据"外面"或者"室内"就能够准确地预测出"去"或者"不去"。

图 7.20 展示了一个双向长短期记忆神经网络处理样本中 3 个时间步 x_{t-1}、x_t、x_{t+1} 的过程。双向长短期记忆神经网络从样本中的第一个时间步到最后一个时间步依次循环处理每一个时间步，这称为正向循环（图中使用向右的箭头表示）；从最后一个时间步依次循环处理到第一个时间步，这称为反向循环（图中使用向左的箭头表示）。然后把从正向循环与反向循环中得到的输出结果进行拼接，得到最终这 3 个时间步的输出 y_{t-1}、y_t、y_{t+1}。这样对于最终拼接后的

某一个结果，真正考虑到了上下文。

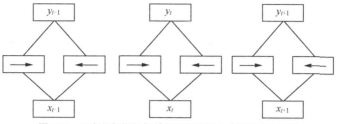

图 7.20 双向长短期记忆神经网络处理 3 个时间步的过程

掌握了双向长短期记忆神经网络的原理以后，构造一个双向长短期记忆神经网络模型。使用 Keras 框架来实现的方式很简单，只需要在长短期记忆单元这一层传入 Bidirectional 函数就可以了。在以下代码中使用了两层的双向长短期记忆单元，第一层中使用了 64 个长短期记忆单元，第二层中使用了 128 个长短期记忆单元，在每一层的外面都使用了 Bidirectional 函数，这样这两层长短期记忆单元就都变为双向长短期记忆单元。

```
from keras.models import Sequential
from keras.layers import Embedding, Bidirectional, LSTM, Dropout, Dense
from keras.optimizers import Adam
embedding_dim = 32
model = Sequential()
model.add(Embedding(input_dim=words_size,
                    input_length=maxlen,
                    output_dim=embedding_dim))
model.add(Bidirectional(LSTM(units=64,
                             return_sequences=True,
                             recurrent_dropout=0.2)))
model.add(Bidirectional(LSTM(units=128,
                             return_sequences=False,
                             recurrent_dropout=0.2)))
model.add(Dropout(0.2))
model.add(Dense(units=1,
                activation='sigmoid'))
model.summary()
```

双向长短期记忆神经网络模型的总结如图 7.21 所示。对于第一层，使用 64 个长短期记忆单元，如果不使用 Bidirectional 函数，那么其输出格式应该为(None, 135, 64)。使用 Bidirectional 函数处理以后，将正向循环与反向循环的输出结果进行拼接，输出格式变为 (None, 135, 128)，每个时间步中的特征值个数为之前的两倍。

同样，编译与训练模型时使用的数据集为之前处理过的情感分析数据集。双向长短期记忆神经网络模型的 5 次训练结果如图 7.22 所示。从图中可以看出，模型在训练集上的预测准确率随着迭代次数的增加而增加，在验证集上的准确率相对比较稳定，在 85%左右。

```
Layer (type)                    Output Shape              Param #
=================================================================
embedding_1 (Embedding)         (None, 135, 32)           320000

bidirectional_1 (Bidirection    (None, 135, 128)          49664

bidirectional_2 (Bidirection    (None, 256)               263168

dropout_1 (Dropout)             (None, 256)               0

dense_1 (Dense)                 (None, 1)                 257
=================================================================
Total params: 633,089
Trainable params: 633,089
Non-trainable params: 0
```

图 7.21　双向长短期记忆神经网络模型的总结

```
Epoch 1/5
 - 94s - loss: 0.5337 - acc: 0.7381 - val_loss: 0.3846 - val_acc: 0.8344
Epoch 2/5
 - 90s - loss: 0.3217 - acc: 0.8686 - val_loss: 0.3543 - val_acc: 0.8422
Epoch 3/5
 - 90s - loss: 0.2531 - acc: 0.9035 - val_loss: 0.3434 - val_acc: 0.8531
Epoch 4/5
 - 90s - loss: 0.1930 - acc: 0.9307 - val_loss: 0.3780 - val_acc: 0.8500
Epoch 5/5
 - 96s - loss: 0.1629 - acc: 0.9404 - val_loss: 0.4008 - val_acc: 0.8508
```

图 7.22　双向长短期记忆神经网络模型的 5 次训练结果

7.7.4　注意力模型

对于情感分析项目，一句话中的情感大多数时候是由句中的几个词决定的。下面给出 4 个句子。

这家店的**服务**质量**很差**，我以后再也**不买**了。

送餐速度**太慢**，我足足等了一个半小时。

这真的是太**好吃**了，**价格**也很**合适**。

这个食物的分量**很足**，我感受到了满满的**幸福**。

前两个句子表达了负向情感，后两个句子表达了正向情感。对于这 4 个句子，其实不需要从第一个词一直读到最后一个词才能判断出句子想要表达的情感。对于第 1 个句子，只关注句中"服务""很差""不买"这 3 个黑体词就足以判断出这个句子表达的是负向情感。对于第 3 个句子，根据句子中的 3 个黑体词"好吃""价格""合适"就能够判断出这个句子表达了正向情感。

根据这个思路，就可以设计出注意力模型。注意力模型就是把注意力放在决定一句话含义的词汇上，如上面 4 个句子中的黑体词。通过减少无关紧要的词汇对模型的干扰，将注意力放在重要的词汇上，模型能够更"专注"地完成指定的任务。

注意力模型的工作原理如图 7.23 所示，图中最下方 y_{t-1}、y_t、y_{t+1} 为图 7.20 中双向循环长短期记忆神经网络模型处理过的 3 个时间步 x_{t-1}、x_t、x_{t+1} 的输出。将这 3 个输出的向量分别经过全连接层与扁平化层处理后，得到 3 个标量值，然后将这 3 个标量值经过 Softmax 函数得到

3 个和为 1 的标量值 α_{t-1}、α_t、α_{t+1}。这 3 个标量值即为对 y_{t-1}、y_t、y_{t+1} 这 3 个输出向量的"注意力"，将 y_{t-1}、y_t、y_{t+1} 与 α_{t-1}、α_t、α_{t+1} 得到其被赋予的注意力。通过这个注意力模型，给对模型完成指定任务有更大贡献的词汇分配较大的权重，给没有过多实际含义的词汇分配较小的权重，进而让模型能够更好地完成当前任务。

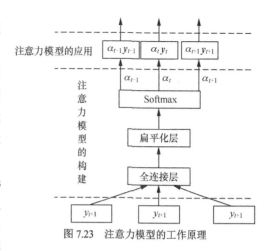

图 7.23　注意力模型的工作原理

掌握了注意力模型的工作原理后，使用 Keras 框架来构建图 7.23 所示的注意力模型。首先，从 Keras 框架中加载构建注意力模型所需要的模块。因为注意力模型中涉及一些高级的计算，所以需要使用 RepeatVector、Permute、Multiple、Lambda 来完成指定的运算。

为了构建模型，首先，在模型中加入嵌入层，生成词向量。然后，将词向量使用双向长短期记忆层进行处理。接下来，基于双向长短期记忆层的输出，构建注意力权重。按照图 7.23 中的结构，首先分别使用全连接层与扁平化层，然后使用 softmax 函数对扁平化之后的结果进行处理。为了让从 softmax 函数得到的注意力权重能够与双向长短期记忆层的输出相乘，需要将注意力权重格式转换成与双向长短期记忆层的输出一样的格式。在这里需要首先使用 RepeatVector 函数将注意力权重的维度转换为长短期记忆单元数的 2 倍，然后使用 Permute 函数将重复过后的结果转换成与双向长短期记忆层的输出一样的格式。最后，将转换后的注意力权重与双向长短期记忆层的输出相乘，得到拥有注意力的输出。具体实现方式如以下代码所示。

```python
from keras.models import Model
from keras.layers import Input, Embedding, Bidirectional, LSTM, Dense, Flatten, Activation
from keras.layers import RepeatVector, Permute, Multiply, Lambda
from keras.optimizers import Adam
import keras.backend as K
# 指定词向量的维度
embedding_dim = 32
# 使用 128 个长短期记忆单元
n_units = 128
inputs = Input((maxlen,))
embeddings = Embedding(input_dim=words_size,
                       input_length=maxlen,
                       output_dim=embedding_dim)(inputs)
# 双向长短期记忆层
lstm_outputs = Bidirectional(LSTM(n_units,
                                  return_sequences=True))(embeddings)
# 注意力模型的构建
```

```
# 全连接层
attention = Dense(1, activation='tanh')(lstm_outputs)
# 扁平化层
attention = Flatten()(attention)
# Softmax 函数的使用
attention = Activation('softmax')(attention)
attention = RepeatVector(n_units * 2)(attention)
attention = Permute([2, 1])(attention)
# 将注意力模型应用在双向长短期记忆层的输出
result = Multiply()([lstm_outputs, attention])
result = Lambda(lambda x: K.sum(x, axis=-2))(result)
# 模型的输出
outputs = Dense(1, activation='sigmoid')(result)
model = Model(inputs, outputs)
model.summary()
```

注意力模型的总结如图 7.24 所示。从模型总结中可以看出 RepeatVector 与 Permute 这两个函数的作用。使用 softmax 函数的输出数据格式为(None, 135)，然后将其使用 RepeatVector 函数重复 256（即 128×2）次，得到(None, 256, 135)格式的数据，最后使用 Permute 函数将最后两个维度进行置换得到(None, 135, 256)格式的数据，这个格式的注意力权重与双向长短期记忆层的输出的格式一致，可以进行乘法计算。接下来，使用 Lambda 函数将(None, 135, 256)格式的数据转换为(None, 256)格式的数据。最后，使用一个全连接层完成二分类任务。

```
Layer (type)                      Output Shape           Param #     Connected to
==================================================================================
input_1 (InputLayer)              (None, 135)            0

embedding_1 (Embedding)           (None, 135, 32)        320000      input_1[0][0]

bidirectional_1 (Bidirectional)   (None, 135, 256)       164864      embedding_1[0][0]

dense_1 (Dense)                   (None, 135, 1)         257         bidirectional_1[0][0]

flatten_1 (Flatten)               (None, 135)            0           dense_1[0][0]

activation_1 (Activation)         (None, 135)            0           flatten_1[0][0]

repeat_vector_1 (RepeatVector)    (None, 256, 135)       0           activation_1[0][0]

permute_1 (Permute)               (None, 135, 256)       0           repeat_vector_1[0][0]

multiply_1 (Multiply)             (None, 135, 256)       0           bidirectional_1[0][0]
                                                                     permute_1[0][0]

lambda_1 (Lambda)                 (None, 256)            0           multiply_1[0][0]

dense_2 (Dense)                   (None, 1)              257         lambda_1[0][0]
==================================================================================
```

图 7.24　注意力模型的总结

使用同样的编译参数与同样的训练集进行 5 次训练后，这个注意力模型的训练结果如图 7.25 所示。对比前面的模型，可以看出通过注意力模型的使用，模型在验证集的预测准确率约为 86.8%。比之前的模型表现出更高的准确率。

```
Epoch 1/5
 - 109s - loss: 0.5136 - acc: 0.7332 - val_loss: 0.3605 - val_acc: 0.8633
Epoch 2/5
 - 108s - loss: 0.2914 - acc: 0.8873 - val_loss: 0.3454 - val_acc: 0.8688
Epoch 3/5
 - 105s - loss: 0.2385 - acc: 0.9096 - val_loss: 0.3822 - val_acc: 0.8508
Epoch 4/5
 - 106s - loss: 0.1784 - acc: 0.9311 - val_loss: 0.4457 - val_acc: 0.8313
Epoch 5/5
 - 111s - loss: 0.1457 - acc: 0.9447 - val_loss: 0.4856 - val_acc: 0.8344
```

图 7.25　注意力模型的 5 次训练结果

7.8 文本生成项目

循环神经网络除了可以用来进行对文本的分类外，还可以根据已有的文本数据来生成具有类似风格的文本，这样的技术称为文本生成。例如，如果使用莎士比亚的书籍作为训练集训练一个文本生成模型，那么这个模型能够生成与莎士比亚写作手法类似的文本。在本节中，使用诗人李白的诗词作为数据集来训练一个使用长短期记忆神经网络构建的文本生成模型，使得模型能够生成和李白写得一样华丽、豪迈的诗句。

在这个项目中使用的训练文本数据为李白写的全部的诗句，存储在文本文件 libai.txt 中。在情感分析的项目中，使用词来对句子进行分割，因为每个词能够更好地表达句子的含义。在文本生成项目中，通常让模型来逐一生成句子中的每一个字以产生更好的效果，因此在这个项目中使用字作为文本的基本单位。文本生成模型的工作原理为构建一个循环神经网络模型，模型的输入为定长的句子，然后使用这个模型来预测与输入句子相连接的下一个字符。例如，将输入句子的长度指定为 20 个字符，使用以下 20 个字符作为模型的输入。

君不见黄河之水天上来，奔流到海不复回。君

训练这个模型能够预测出接下来的一个字符"不"。接下来，可以跨过句首 3 个字符，继续使用以下 20 个字符作为模型的输入。

黄河之水天上来，奔流到海不复回。君不见高

训练这个模型能够预测出接下来的一个字符"堂"。依次类推，按照这个方式对模型进行训练。由此，模型能够发现李白写诗的一些手法，进而生成类似风格的诗句。

掌握了文本生成模型的训练方式与工作原理后，构建一个用于生成具有李白写作手法的诗词的文本生成模型。首先，加载数据集中的数据，如以下代码所示。

```
with open("libai.txt", 'r', encoding='utf-8') as file:
    content = file.read()
```

运行以上代码后，文本文件中存储的李白的诗句全部存储在程序中的 content 变量中。为了将文本中所有的字符进行标记化，首先获得文本中不重复的字符，并将其存储到 chars 列表中。然后，使用 n_chars 来表示文本中不重复的字符的个数。最后，将每个字符与一个数字以字典的形式联系起来，使用 char_indices 来表示，并将数字与对应的字符以字典的形式联系起来，使用 indices_char 来表示。构建的这两个字典分别在稍后的数据集预处理与文本生成时会用到。构建方式如以下代码所示。

```
chars = list(set(content))
n_chars = len(chars)
# 字符与对应的数字标记
char_indices = dict((c, i) for i, c in enumerate(chars))
# 数字标记与对应的字符
indices_char = dict((i, c) for i, c in enumerate(chars))
```

接下来，对数据集中的文本进行预处理。经过预处理之后，数据集中每个句子的长度为20 个字符，每个句子对应一个标签值，这个标签值为对应句子的下一个字符。每次隔 3 个字符取出一个句子。如以下代码所示，使用 sentences 列表来存储长度为 20 个字符的句子，使用 next_chars 列表来存储每个句子对应的下一个字符。从 content 变量中每次隔 3 个字符来取出 20 个字符及其对应的下一个字符，并分别存储在这两个列表中。

```
maxlen = 20
step = 3
sentences = []
next_chars = []
for i in range(0, len(content) - maxlen, step):
    sentences.append(content[i: i + maxlen])
    next_chars.append(content[i + maxlen])
```

得到定长的句子及其对应的下一个字符后，将其中所有的字符转换为独热编码的形式。每一个字符都使用长度为 n_chars 的数组来表示，数组中只有这个字符对应的值为 1，其余位置的值为 0。因为独热编码中只有 0 与 1 两个数字，所以为了减少内存空间，使用 Bool 类型来表示所有的值。具体实现方式如以下代码所示。

```
# 将所有句子中的字符转换为独热编码的形式
import numpy as np
X_train = np.zeros((len(sentences), maxlen, len(chars)), dtype=np.bool)
y_train = np.zeros((len(sentences), len(chars)), dtype=np.bool)
for i, sentence in enumerate(sentences):
    for j, char in enumerate(sentence):
        X_train[i, j, char_indices[char]] = 1
    y_train[i, char_indices[next_chars[i]]] = 1
```

将训练集准备好以后，即可构建文本生成模型。这个模型的输入为刚刚处理好的训练集数据，每个句子的长度均为 maxlen，句中的每个字符使用长度为 n_chars 的独热编码表示。整个模型只使用有 128 个单元的长短期记忆神经网络，然后连接一个全连接层来预测输入句子对应的下一个字符。具体实现方式如以下代码所示。

```
from keras.models import Sequential
from keras.layers import LSTM, Dense
from keras.optimizers import RMSprop
model = Sequential()
model.add(LSTM(units=128,
```

```
                 input_shape=(maxlen, n_chars)))
model.add(Dense(units=n_chars,
                activation='softmax'))
```

构建好了模型以后，对模型进行编译与训练。将所有字符都转换为独热编码的形式，模型的训练方式与多分类模型的训练方式一样，根据模型的输入句子来预测出一个与之对应的字符，所以模型训练时需要使用多元交叉熵函数。为了让模型能够较快地完成训练，这里将学习率指定为较大的值，如 0.01。编译与训练模型的代码如下所示。

```
model.compile(loss='categorical_crossentropy',
              optimizer=RMSprop(lr=0.01),
              metrics=None)
model.fit(X_train,
          y_train,
          batch_size=128,
          epochs=50)
```

将模型训练好了以后，需要定义 sample 函数以根据模型的预测值选择合适的字符。如果直接使用模型的预测值对应的字符，那么会导致生成的文本有很大概率与训练集中的文本一致。因此，需要使用 sample 函数在生成的文本中加入一些"灵活性"或者"多样性"。采样函数的参数 temperature 的值决定了生成的文本的灵活性。当 temperature 的值趋于 1 时，生成的文本很可能与训练文本中的句子重复；当 temperature 的值趋于 0 时，生成的文本有很大的灵活性。sample 函数的定义如以下代码所示。

```
def sample(preds, temperature=1.0):
    preds = np.asarray(preds).astype('float64')
    preds = np.log(preds) / temperature
    exp_preds = np.exp(preds)
    preds = exp_preds / np.sum(exp_preds)
    probas = np.random.multinomial(n=1, pvals=preds, size=1)
    return np.argmax(probas)
```

最后，就可以使用训练好的模型，通过采样函数来生成指定长度的文本。为了生成文本，首先从数据集中随机选择一个与文本生成模型训练时使用的句子长度一样的句子。然后，将这个随机选择的句子转换为独热编码的形式，转换方式与训练集中使用的方式一致。接着，将转换后的句子用作刚刚训练好的文本生成模型的输入，得到模型的预测值。接下来，将预测值使用 sample 函数进行处理，以获得其在指定"多样性"环境下对应字符的数字标记值，并根据数字标记值从字典中找到对应的字符。最后，将生成的字符存储起来，并将这个字符追加到随机选择的句子中用于生成下一个字符。依次类推，逐次生成指定长度的文本。具体实现方式如以下代码所示。

```
import random
def generate_text(length, diversity):
    # 随机选择一个句子
    start_index = random.randint(0, len(content) - maxlen - 1)
    sentence = content[start_index: start_index + maxlen]
```

```
# 用于存储生成的字符
generated = ''
for i in range(length):
    x_pred = np.zeros((1, maxlen, len(chars)))
    # 将随机生成的句子中的字符转换为独热编码的形式
    for i, char in enumerate(sentence):
        x_pred[0, i, char_indices[char]] = 1
    # 根据随机选择的句子生成下一个字符
    preds = model.predict(x_pred, verbose=0)[0]
    # 获得生成的字符的数字标记
    next_index = sample(preds, diversity)
    # 根据数字标记获得对应字符
    next_char = indices_char[next_index]
    # 存储生成的字符
    generated += next_char
    # 将生成的字符追加到随机选择的句子中
    sentence = sentence[1:] + next_char
return generated
```

定义好 generate_text 函数以后，就可以使用它在特定的“多样性”环境下生成指定长度的文本，例如，可以将函数中 diversity 参数的值设置为 0.2，diversity 参数对应采样函数中的 temperature 参数。将 length 参数的值设置为 24，使模型能生成一个完整的诗句，如以下代码所示。

```
print(generate_text(24, 0.2))
```

运行以上代码，得到的输出如下。

古来万里合，盈苦生不在。此地皆一传，起时结五鹤。

可以看出生成的诗句与李白的风格比较类似。感兴趣的读者，可以试着解读使用模型生成的诗的含义。

这样使用长短期记忆单元作为文本生成模型的技术，表面上看用处并不多，但实际上并不是这样的。根据循环神经网络构建的文本生成模型能够从文本文件中学习到语法与构词结构的特性，使其能够应用到很多的应用中。如在搜索引擎中，根据用户当前的输入来自动补全用户想要搜索的句子等。

7.9　某公司股票价格预测项目

RNN 模型不仅应用在自然语言处理领域，还广泛应用在金融领域，如对公司股票价格预测等。本节会从数据集的预处理，到模型的构建与训练，以及最后的可视化预测的结果，详细介绍如何使用 RNN 模型来对某公司股票价格进行预测。

7.9.1 数据集的预处理

这个项目使用的数据集为某公司 2012~2017 年的股票价格数据,其中以 2012~2016 年的数据作为训练集,以 2017 年的数据作为测试集,数据集中的每一行代表一天的股票价格相关信息。数据集中前 5 个样本数据如图 7.26 所示。在该项目中,使用股票的开盘价格作为特征值,即数据集中 Open 列对应的数据。

Date	Open	High	Low	Close	Volume
1/3/2012	325.25	332.83	324.97	663.59	7,380,500
1/4/2012	331.27	333.87	329.08	666.45	5,749,400
1/5/2012	329.83	330.75	326.89	657.21	6,590,300
1/6/2012	328.34	328.77	323.68	648.24	5,405,900
1/9/2012	322.04	322.29	309.46	620.76	11,688,800

图 7.26 某公司股票数据集的前 5 个样本数据

首先,在程序中加载训练集数据,并选取开盘价格用作特征值,如以下代码所示。

```python
import numpy as np
import pandas as pd
train_data = pd.read_csv('datasets/Google_Stock_Price_Train.csv')
# 将股票的开盘价格作为特征值
trainset = train_data['Open'].values.reshape(-1, 1)
```

为了让 RNN 模型更容易拟合数据,将训练集中的所有特征值进行归一化处理,如以下代码所示。

```python
# 将数据集中的特征值进行归一化
from sklearn.preprocessing import MinMaxScaler
sc = MinMaxScaler(feature_range=(0, 1))
trainset = sc.fit_transform(trainset)
```

接下来,将训练集中的时间序列数据转换成(样本个数, 时间步的个数, 特征数)的格式。在这个项目中,将时间步长指定为 60。因此这个股票预测项目中,使用前 60 天的股票开盘价格来预测第 61 天的股票开盘价格。处理后的样本中,每个时间步中只有一个特征值,即当天对应的股票开盘价格。数据的处理方式为从原有训练集中依次取出前 60 个样本的特征值组成新训练集中的一个样本,并将第 61 个样本作为新训练集中这个样本的标签值。具体实现方式如以下代码所示。

```python
# 获取样本的个数
n_trainset = len(trainset)
# 设置处理后的每个样本中时间步的个数
n_timesteps = 60
# X_train 与 y_train 分别存储处理过后的样本与标签值
X_train = []
y_train = []
for i in range(n_timesteps, n_trainset):
    X_train.append(trainset[i - n_timesteps: i, 0])
    y_train.append(trainset[i, 0])
# 将处理过后的训练集数据转换为(样本个数, 时间步长, 特征数)的格式
X_train = np.array(X_train)
```

```
X_train = X_train.reshape(X_train.shape[0], X_train.shape[1], 1)
y_train = np.array(y_train)
```

通过运行 print(X_train.shape) 与 print(y_train.shape) 这两行代码，可以发现处理过后新的训练集特征与标签的格式分别为(1198, 60, 1)、(1198,)。训练集中共有 1 198 个样本，每一个样本中有 60 个时间步，每一个时间步中有一个特征值。每一个样本对应一个标签值。从数据的实际含义来说，训练集中每一个样本中包含 60 天的股票开盘价格，其对应的标签值为第 61 天的股票开盘价格。

7.9.2 模型的构建与训练

将数据集处理好以后，使用叠加长短期记忆神经神经网络来对数据集进行建模。在这个模型中，使用 3 层的 LSTM 单元，第 1 层与第 2 层均使用 64 个单元，第 3 层使用 128 个单元。因为前两层的输出都需要使用 LSTM 单元进行处理，所以需要将其 return_sequences 参数指定为 True。而第 3 层的 LSTM 单元的输出连接一个全连接神经网络单元以完成预测，所以需要将其 return_sequences 参数指定为 False。从本质上来说，这个股票价格预测项目为回归分析项目，因为数据值中的标签为价格（连续值），而不是类别，所以在最后一个用于回归的全连接神经网络单元不需要使用激活函数。由于使用 LSTM 单元构建的模型参数较多，因此在模型中使用 Dropout 来防止过拟合现象的出现。模型的构建方式如以下代码所示。

```
from keras.models import Sequential
from keras.layers import Dense, LSTM, Dropout
from keras.optimizers import Adam
model = Sequential()
# 第 1 层 LSTM 单元
model.add(LSTM(units=64,
               return_sequences=True,
               input_shape=X_train.shape[1:]))
model.add(Dropout(0.2))
# 第 2 层 LSTM 单元
model.add(LSTM(units=64,
               return_sequences=True))
model.add(Dropout(0.2))
# 第 3 层 LSTM 单元
model.add(LSTM(units=128,
               return_sequences=False))
model.add(Dropout(0.2))
# 输出层
model.add(Dense(units=1, activation=None))
```

构建好模型以后，使用处理过的新的训练集数据对模型进行编译与训练。由于此项目为回归分析，因此使用均方误差（mse）作为模型的损失函数，如以下代码所示。

```
model.compile(optimizer=Adam(),
              loss='mse',
              metrics=['mae'])
model.fit(X_train,
          y_train,
          epochs=100,
          verbose=2,
          batch_size=32)
```

7.9.3　可视化预测的股票开盘价格与实际的股票开盘价格

为了直观地对比模型对股票开盘价格预测的走势与实际走势的差距，将其进行可视化。首先，加载测试集并按照处理训练集数据的方式对其进行处理，获得(样本个数, 时间步长, 特征数)格式的新的训练集，如以下代码所示。

```
# 对测试集数据进行与训练集数据一样的处理
test_data = pd.read_csv('datasets/Google_Stock_Price_Test.csv')
dataset = pd.concat((train_data['Open'], test_data['Open']), axis = 0)
testset = dataset[len(dataset)-len(test_data)-n_timesteps:].values.reshape(-1,1)
testset = sc.transform(testset)
# 将测试集数据转换为(样本个数, 时间步长, 特征数)格式
X_test = []
n_test = len(testset)
for i in range(n_timesteps, n_test):
    X_test.append(testset[i-n_timesteps: i, 0])
X_test = np.array(X_test)
X_test = X_test.reshape(X_test.shape[0], X_test.shape[1], 1)
```

将测试集处理好后，使用训练好的模型对新构建的测试集样本进行预测。因为测试集与训练集都经过了归一化处理，所以要获得实际的预测值，需要对预测值进行反向转换，如以下代码所示。

```
# 预测的股票开盘价格
predicted_stock_price = model.predict(X_test)
predicted_stock_price = sc.inverse_transform(predicted_stock_price)
# 实际的股票开盘价格
real_stock_price = test_data['Open'].values.reshape(-1, 1)
```

最后，对模型预测的价格与实际价格使用 Matplotlib 库进行可视化，使用红线来表示实际的股票开盘价格，使用蓝线来表示模型预测的股票开盘价格，如以下代码所示。

```
# 可视化预测股票价格走势与实际价格走势
import matplotlib.pyplot as plt
# 使用 Matplotlib 库显示中文字体
plt.rcParams['font.sans-serif']=['SimHei']
# 使用红线画出实际的股票开盘价格
plt.plot(real_stock_price, color='red', label='实际的股票开盘价格走势')
# 使用蓝线画出预测的股票开盘价格
```

```
plt.plot(predicted_stock_price, color='blue', label='预测的股票价格开盘走势')
plt.title('某公司股票价格走势预测')
plt.xlabel('时间')
plt.ylabel('股票价格')
plt.legend()
plt.show()
```

图 7.27 中的红线与蓝线分别展示了实际的股票开盘价格走势与使用模型预测的股票开盘价格走势。从图中可以直观地看出，从开始的上升，到中间的平缓，到最后的极速上升与快速下降，两条线的走势很相近。由此可见，将金融类时间序列数据经过适当的处理后，使用合适的循环神经网络模型，可以较准确地预测数据的走势。

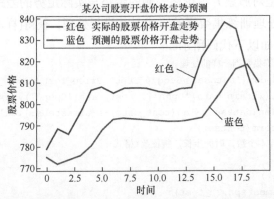

图 7.27　预测的股票开盘价格走势与实际的股票开盘价格走势可视化

7.10　自然语言处理技术新进展

在自然语言处理领域，核心的任务就是让计算机看懂人类的文字。为此，词的向量化被广泛地应用，将每一个词转换成一个向量，就可以在一定程度上捕获词汇的语义。本节将详细讲解如何将每一个词转换为与其对应的向量。但是，将每一个词使用一个固定的向量来表示时存在一个问题。在汉语或者英语以及其他很多语言中，存在一词多义的现象。以汉语为例，对于下面 5 个句子中的黑体词。前两个句子中的"算账"有着完全不同的含义，同样，后面 3 个句子中的"赶"也有着完全不同的含义。

你别打扰他，他正在**算账**呢！

这回算你赢，下回我再找你**算账**。

他已经走远了，**赶**不上了。

把牲口**赶**到外面去。

他在百忙之中**赶**写了这篇文章。

按照本章中所讲述的将词汇转换成向量的方式，那么对于"算账""赶"这两个词都只会使用一个词向量来表示，这样则完全不能够表示这两个词在不同语境下的不同含义。为了解决一词多义的问题，就需要结合词汇所在的语境使用不同的向量来表示同一个词。这种对于同一个词在不同语境下由不同的向量表示的词向量称为上下文词向量（contextualized word embedding）。

7.10.1 迁移学习在自然语言处理中的应用

第 6 章介绍了迁移学习在图片处理中的应用。从中可以看出，通过应用训练好的优秀的模型来进行迁移学习，可以适当省去自己构建并训练模型的过程，只需要对已有模型进行适当修改并有针对性地重新训练，就可以达到较好的效果。类似地，在自然语言处理领域，同样有在大规模语言数据集上训练好的模型，我们可以直接使用或者对其进行参数微调（fine-tuning），使其能够产生上下文词向量。本节会讲解并应用目前在自然语言处理领域生成上下文词向量的两个主流模型——ELMo 模型与 BERT 模型，并会对 GPT-2 模型进行介绍。

7.10.2 ELMo 模型介绍与实战应用

ELMo 为 Embedding from Language Model 的缩写，可以译为从语言模型中提取出的词向量。图 7.28 所示的这个语言模型其实就是两层的双向长短期记忆神经网络。由于它通过正向循环与反向循环分别从句首到句尾，以及从句尾到句首处理每一个词语，因此它生成了拥有上下文含义的词向量。ELMo 模型是一个已经训练好的模型，称为预训练模型（pre-trained model），如卷积神经网络中的 VGG-16 模型。从本质上来说，ELMo 模型是一个可以从中直接获取上下文词向量的模型，得到的上下文词向量可以直接用于完成指定的任务。其中，$t_1, t_2, \cdots, t_N$ 表示标记（token）序列；$E_1, E_2, \cdots, E_N$ 是 ELMo 向量的分量。

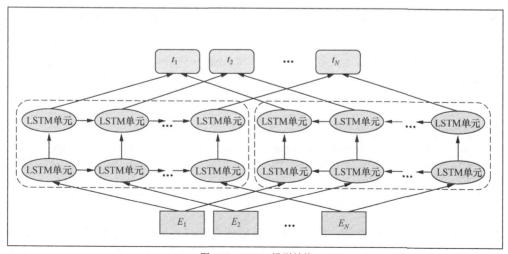

图 7.28 ELMo 模型结构

为了避免太抽象，直接使用代码的形式来直观地学习 ELMo 模型的原理。TensorFlow Hub 中已经封装了训练好的 ELMo 模型，所以可以直接从中加载。目前最新的版本为 3，建议在项目中使用最新的版本。将 ELMo 模型中的 signature 参数指定为 default 后，模型输入可以为整句话，即字符串，但是句中的每个词必须使用空格分隔开来。将 as_dict 指定为 True 后，模型的输出为字典（键值对）的形式，这样可以从这个字典中选择所需的输出，如以下代码所示。

```
import tensorflow_hub as hub
elmo = hub.Module("*****tfhub***/google/elmo/3", trainable=True)
embeddings = elmo(
    ["the cat is on the mat", "dogs are in the fog"],
    signature="default",
    as_dict=True)
print(embeddings)
```

运行以上代码，ELMo 模型的输出如图 7.29 所示。该输出包含了 6 种输出。lstm_outputs1 与 lstm_outputs2 分别为 ELMo 模型中第一层和第二层的输出，其中每一个词语表示为维度为 1 024 的上下文词向量。

```
{'word_emb': <tf.Tensor 'module_apply_default/bilm/Reshape_1:0' shape=(2, 6, 512) dtype=float32>,
 'lstm_outputs2': <tf.Tensor 'module_apply_default/concat_1:0' shape=(2, ?, 1024) dtype=float32>,
 'sequence_len': <tf.Tensor 'module_apply_default/Sum:0' shape=(2,) dtype=int32>,
 'elmo': <tf.Tensor 'module_apply_default/aggregation/mul_3:0' shape=(2, 6, 1024) dtype=float32>,
 'default': <tf.Tensor 'module_apply_default/truediv:0' shape=(2, 1024) dtype=float32>,
 'lstm_outputs1': <tf.Tensor 'module_apply_default/concat:0' shape=(2, 6, 1024) dtype=float32>}
```

图 7.29　ELMo 模型的输出

可以使用 Keras 框架的 backend 中的 get_value 函数来查看每一个输出格式中的具体值，如用以下代码来查看 sequence_len 中存储的每个输入句子的长度。

```
from keras import backend as K
K.get_value(embeddings['sequence_len'])
```

这段代码的运行结果为[6, 5]，分别对应输入中第一个与第二个句子包含的词数。在掌握了 ELMo 模型的工作原理后，通过一个项目来学习如何在实际项目中应用 ELMo 模型。

这个实战项目为垃圾短信分类项目，数据集中前 6 个样本如图 7.30 所示。数据集中的样本标签分为两类，分别为 ham（代表正常短信）与 spam（代表垃圾短信）。样本的标签存储在 v1 列。v2 列为与标签值所对应的短信内容。

v1	v2
ham	Go until jurong point, crazy.. Available only in bugis n great world la e buffet... Cine there got amore wat.
ham	Ok lar... Joking wif u oni...
spam	Free entry in 2 a wkly comp to win FA Cup final tkts 21st May 2005. Text FA to 87121 to receive entry ques
ham	U dun say so early hor... U c already then say...
ham	Nah I don't think he goes to usf, he lives around here though
spam	FreeMsg Hey there darling it's been 3 week's now and no word back! I'd like some fun you up for it still?

图 7.30　垃圾短信分类数据集样本示例

首先，在程序中加载数据集，取出 v2 列的值作为特征，用 x 变量表示；取出 v1 列的值作为标签，用变量 y 表示。因为标签值为字符串 ham 与 spam，所以需要将其转换为数字 0 与

1 的形式。然后，取出前 2 000 个样本作为训练集，以接下来的 200 个样本作为测试集。具体实现方式如以下代码所示。

```
import pandas as pd
# 加载数据集
path = "datasets/spam.csv"
data = pd.read_csv(path, encoding='latin-1')
# 获得短信文字内容（特征值）
X = data['v2'].values
# 获得标签值，并将标签值转换为 0 与 1 的形式
y = data['v1'].astype('category').cat.codes.values
# 将数据集分为训练集与测试集
X_train = X[0: 2000]
y_train = y[0: 2000]
X_test = X[2000: 2200]
y_test = y[2000: 2200]
```

接下来，为了让 ELMo 模型与 Keras 框架中所有层一样可以直接通过调用的方式使用，需要将 ELMo 以 Python 类（Class）的形式进行封装。如以下代码所示，在 build 函数中使用 TensorFlow Hub 加载 ELMo 模型。在 call 函数中指定 ELMo 模型的调用方式，模型的输入为字符串，使用 tf.string 表示，在模型的输出中，使用 default 作为模型输出。最后在 compute_output_shape 函数指定 ELMo 模型输出数据的格式，使用输出中的 default 后，输出的格式为(样本个数, 1024)。

```
from keras import backend as K
from keras.layers import Layer
import tensorflow_hub as hub
import tensorflow as tf
class ElmoEmbeddingLayer(Layer):
    def __init__(self):
        super(ElmoEmbeddingLayer, self).__init__()
    def build(self, input_shape):
        # 加载 ELMo 模型
        self.elmo = hub.Module("*****tfhub***/google/elmo/3", trainable=True)
        super(ElmoEmbeddingLayer, self).build(input_shape)
    def call(self, x):
        # 指定 ELMo 模型的参数
        result = self.elmo(K.squeeze(K.cast(x, tf.string), axis=1),
                           as_dict=True,
                           signature='default')['default']
        return result
    def compute_output_shape(self, input_shape):
        # 指定 ELMo 模型的输出数据的格式
        return (input_shape[0], 1024)
```

将 ELMo 模型封装为 Keras 框架中直接调用的层以后，就可以在构建模型时直接使用它。使用从 ELMo 模型中获得的上下文词向量构建垃圾短信分类模型的步骤如下。

（1）指定模型的输入，同样地，将模型的输入类型指定为 tf.string。

（2）将模型接收到的输入字符串交由封装好的 ELMo 模型进行处理，从中获得上下文词

向量。

（3）连接一个全连接神经网络，使用从 ELMo 模型中获得的上下文词向量完成分类。

具体实现方式如以下代码所示。

```
from keras.layers import Input, Dense
from keras.models import Model
from keras.optimizers import Adam
# 将整句作为输入
inputs = Input(shape=(1,), dtype=tf.string)
# 使用 ELMo 模型获得上下文词向量
embedding = ElmoEmbeddingLayer()(inputs)
# 使用全连接神经网络完成分类任务
dense = Dense(256, activation='relu')(embedding)
outputs = Dense(1, activation='sigmoid')(dense)
model = Model(inputs=[inputs], outputs=outputs)
model.summary()
```

图 7.31 所示为刚刚构建的垃圾短信分类项目的模型总结。模型的结构较简单，它使用封装好的 ELMo 模型来获得上下文词向量，然后将其交由全连接神经网络进行分类。

```
Layer (type)                     Output Shape            Param #
=================================================================
input_1 (InputLayer)             (None, 1)               0

elmo_embedding_layer_1 (Elmo     (None, 1024)            0

dense_1 (Dense)                  (None, 256)             262400

dense_2 (Dense)                  (None, 1)               257
=================================================================
Total params: 262,657
Trainable params: 262,657
Non-trainable params: 0
```

图 7.31　垃圾短信分类项目的模型总结

构建好模型以后，对模型进行编译与训练。因为数据集中样本标签只有两类，所以使用二元交叉熵函数作为损失函数对模型进行编译，然后使用训练集中的数据对模型进行训练，如以下代码所示。

```
model.compile(loss='binary_crossentropy',
              optimizer=Adam(),
              metrics=['accuracy'])
model.fit(X_train,
          y_train,
          epochs=3,
          validation_split=0.2,
          verbose=2,
          batch_size=16)
```

ELMo 模型的训练结果如图 7.32 所示。从图中可以看出，仅仅使用训练集中的数据对模型进行了 3 次训练，最后模型在训练集与测试集上的预测准确率都超过了 99%，这显示了使用从 ELMo 模型中获得的上下文词向量完成分类任务时的优异性能。

```
Epoch 1/3
 - 69s - loss: 0.1215 - acc: 0.9494 - val_loss: 0.0556 - val_acc: 0.9800
Epoch 2/3
 - 56s - loss: 0.0438 - acc: 0.9850 - val_loss: 0.0407 - val_acc: 0.9900
Epoch 3/3
 - 66s - loss: 0.0235 - acc: 0.9925 - val_loss: 0.0240 - val_acc: 0.9950
```

图 7.32　ELMo 模型的训练结果

7.10.3　BERT 模型介绍与实战应用

BERT 为 Bidirectional Encoder Representations from Transformer 的缩写，可以翻译为来自 Transformer 的双向编码器表征。与 ELMo 模型类似，BERT 模型同样为预训练模型，可以将其下载下来直接使用。BERT 模型的出现使得自然语言处理领域达到了一个新的里程碑，其性能超过许多使用特定结构的模型，一度刷新了 11 项自然语言处理任务的纪录，包括文本匹配（quora question pairs）、自然语言问题推理（question natural language inference）、命名实体识别（named entity recognition）等。BERT 模型的优异性能主要来自 Transformer 的使用，在上文讲解了注意力模型基于长短期记忆神经网络的使用，在 Transformer 中完全舍弃了长短期记忆神经网络，全部使用注意力机制，使得模型的训练可以通过并行的方式大幅加速。

从应用的角度来说，只需要了解 BERT 模型中一些关键的原理就能够在项目中直接使用。可以将 BERT 模型简单地理解为一个嵌入层，为了让 BERT 模型能够生成更合适的上下文词向量，需要在模型训练时对其参数进行微调。模型参数的微调通常针对预训练模型，为了让预训练模型能够在其他数据集（用于训练这个模型的训练集以外的数据集）上同样表现出较好的效果，需要在重新训练过程中，对其参数做小幅度的调整。例如，参数微调的一种方式为，在对预训练模型进行重新训练时，使用较小的学习率值，如 0.000 01，这样在模型训练时不会对已有的参数值有较大的改动。

在本章中，我们学习并对比了不同循环神经网络模型在情感分析数据集上的效果。为了对 BERT 模型的实际效果有一个直观的理解，将 BERT 模型应用在同样的情感分析数据集上以对其进行分类，然后将其结果与 RNN 模型中得到的结果做对比。

首先，在程序中加载之前在情感分析数据集预处理时保存的数据集，并将其划分为训练集与测试集，如以下代码所示。

```
# 加载数据集，并将其分为训练集与测试集
import numpy as np
from sklearn.model_selection import train_test_split
X = np.load('datasets/delivery_review.npy', allow_pickle=True)
y = np.load('datasets/delivery_label.npy', allow_pickle=True)
X_train, X_test, y_train, y_test = train_test_split(X,
                                                    y,
                                                    test_size=0.2,
                                                    shuffle=True)
```

然后，指定预训练的 BERT 模型的配置文件、模型参数文件及用于标记化的所有词汇的文件位置，如以下代码所示。这 3 个文件都在文件夹 chinese_L-12_H-768_A-12 中。

```
config_path = 'datasets/chinese_L-12_H-768_A-12/bert_config.json'
checkpoint_path = 'datasets/chinese_L-12_H-768_A-12/bert_model.ckpt'
dict_path = 'datasets/chinese_L-12_H-768_A-12/vocab.txt'
```

在使用 BERT 模型之前，需要对数据集的每个句子中的字进行标记化。在之前的情感分析项目中，将每一个句子按照词进行划分，但是当使用 BERT 模型时，对于中文句子通常使用字进行划分效果会稍好一些，即字符级别的分词。这里的分词方式与本章中讲解的分词方式是一样的，每一个字都使用一个数字来表示。vocab.txt 文件中每一行为一个字符，从文件中依次取出每一行的字符后，将其与一个数字联系起来，以键值对的方式存储在字典中。最后，使用这个字典对 BERT 模型中用于词汇标记化的 Tokenizer 进行初始化。具体实现方式如以下代码所示。

```
# 词汇标记化
token_dict = {}
with open(dict_path, encoding='utf-8') as reader:
    for line in reader:
        token = line.strip()
        # 将所有的词汇依次标记为 0, 1, 2, …
        token_dict[token] = len(token_dict)
from keras_bert import Tokenizer
tokenizer = Tokenizer(token_dict)
```

可以使用“人工智能改变世界”来展示经过字符集分词的句子，使用 tokenizer 中的 tokenize 函数来对这个句子进行字符级别的分词，如以下代码所示。

```
sentence = "人工智能改变世界"
tokenizer.tokenize(sentence)
```

这段代码运行之后得到的输出结果如下所示。

```
['[CLS]', '人', '工', '智', '能', '改', '变', '世', '界', '[SEP]']
```

可以看出，这个句子中的每一个字都被分离开来。最重要的是，这个句子中的开头多了一个[CLS]符号，末尾多了一个[SEP]符号。这个句子经过 BERT 模型处理后，开头的[CLS]对应位置的输出向量为代表整个句子的向量。在这个项目中，使用这个代表整个句子的向量[CLS]连接一个二分类器完成分类任务，末尾的[SEP]符号为句间的分隔符。例如，对于句子“很好吃”，经过分词后将整个句子按照每一个字进行分割，然后在句首、句尾分别加上[CLS]与[SEP]，将这个句子经过 BERT 模型处理后，使用[CLS]这个位置对应的输出向量作为二分类器输入，完成分类任务，如图 7.33 所示。

接下来，使用 tokenizer 中的 encode 函数依次对数据集中的所有句子进行标记化。由于 GPU 中内存不足，将每个句子的长度固定为 150 个字，如果计算机中或者使用的云服务器中的内存足够，可以

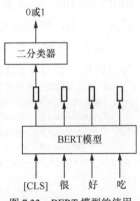

图 7.33　BERT 模型的使用

将句子的最大长度设置为数据集中包含字最多的句子的长度，这样可以保存所有的信息。这里的词汇标记化和序列填充与 7.2 节中的类似，如以下代码所示。

```
from keras.preprocessing.sequence import pad_sequences
X_train_1 = []
X_train_2 = []
for X in X_train:
    indices, segments = tokenizer.encode(X)
    X_train_1.append(indices)
    X_train_2.append(segments)
# 指定所有句子的最大长度为 150 个字
maxlen = 150
X_train_1 = pad_sequences(X_train_1,
                          maxlen=maxlen,
                          padding='pre',
                          truncating='pre')
X_train_2 = pad_sequences(X_train_2,
                          maxlen=maxlen,
                          padding='pre',
                          truncating='pre')
```

接着，在程序中加载预训练的 BERT 模型，分别指定配置文件 bert_config.json、模型参数文件 bert_model.ckpt 的位置，以及每个句子的长度经过标记化与序列填充后的长度 maxlen，如以下代码所示。

```
# 加载 BERT 模型
from keras_bert import load_trained_model_from_checkpoint
bert_model = load_trained_model_from_checkpoint(config_path,
                                                checkpoint_path,
                                                seq_len=maxlen)
# 将 BERT 模型的所有参数设置为可进行训练
for layer in bert_model.layers:
layer.trainable = True
```

将预训练的 BERT 模型的配置信息与权重都加载好以后，就可以构建模型完成分类任务。在模型接收到输入数据后，将输入数据传入 BERT 模型中。因为在 BERT 模型的输出中，[CLS]字符所对应位置的输出向量能够代表整个句子，[CLS]字符在句首位置，即下标为 0 的位置，所以取出其下标为 0 位置处的向量后，使用一个只有一个单元的全连接层作为二分类器完成分类任务，如以下代码所示。

```
# 指定分类模型的输入
from keras.models import Model
from keras.layers import Input, Lambda, Dense
from keras.optimizers import Adam
inputs_1 = Input(shape=(None,))
inputs_2 = Input(shape=(None,))
# 从 BERT 模型中获得句中所有词语的上下文词向量
embedding = bert_model([inputs_1, inputs_2])
```

```
# 取出每个句子中句首的[CLS]用于完成分类任务
cls = Lambda(lambda sequences: sequences[:, 0])(embedding)
outputs = Dense(1, activation='sigmoid')(cls)
model = Model([inputs_1, inputs_2], outputs)
```

最后，将构建好的模型进行编译并使用训练集对其进行训练。为了让预训练的 BERT 模型参数在模型训练过程中不会出现过大的调整，将 Adam 梯度下降优化算法中的学习率指定为 0.000 01，这样在每次训练时，模型的参数只会有较小幅度的调整，如以下代码所示。

```
model.compile(
    loss='binary_crossentropy',
    optimizer=Adam(lr=1e-5),
    metrics=['accuracy']
)
model.fit([X_train_1, X_train_2],
          y_train,
          epochs=5,
          batch_size=32,
          validation_split=0.1,
          verbose=2)
```

BERT 模型的 5 次训练结果如图 7.34 所示。从图中可以看出，使用 BERT 模型以后，模型在训练集上有最高约 97% 的预测准确率，在验证集上有最高约 92% 的预测准确率。在这个项目中，由于 GPU 内存的不足，只保存所有句子中的 150 个字，如果使用句中全部的字，准确率会更高。由此可见 BERT 模型的强大之处，这也是为什么 BERT 模型的出现是自然语言处理领域的一个新的里程碑。只需要对 BERT 模型的参数做微调，然后使用一个简单的二分类器，就能够达到较高的预测准确率。

```
Epoch 1/5
 - 126s - loss: 0.3354 - acc: 0.8660 - val_loss: 0.2181 - val_acc: 0.9234
Epoch 2/5
 - 112s - loss: 0.2328 - acc: 0.9127 - val_loss: 0.2256 - val_acc: 0.9203
Epoch 3/5
 - 112s - loss: 0.1733 - acc: 0.9361 - val_loss: 0.2683 - val_acc: 0.9047
Epoch 4/5
 - 112s - loss: 0.1210 - acc: 0.9613 - val_loss: 0.2936 - val_acc: 0.9172
Epoch 5/5
 - 112s - loss: 0.0816 - acc: 0.9703 - val_loss: 0.3098 - val_acc: 0.9141
```

图 7.34 BERT 模型的 5 次训练结果

7.10.4 GPT-2 模型介绍

GPT 模型为 Generative Pre-Training Model 的缩写，可以译为生成预训练模型。GPT-2 模型为 GTP 模型的 2.0 版本。GPT-2 模型的训练方式与本章中使用长短期记忆神经网络模型进行文本生成时的训练方式类似，使用 40GB 的文本作为训练集数据，训练的方式为基于之前的文本，预测文本中下一个词。GPT-2 模型同样是基于 Transformer 的、非常强大的预训练模型，可以用来生成具有上下文含义的文本，如图 7.35 所示。图中黑体文字为 GPT-2 模型的输入，后续的文字为模型根据输入的文字自动生成的文本。

My name is Bei Zhou. I graduated from the University of Sydney specializing in Data Science. I'm currently running a blog that I make by hand from scratch. I write about things that interest me and you could say I write about blogging. Whether you're doing the same or not, we can talk about blogging, data science, data visualization, and everything in between. I am a data science and analytics professional with a strong interest in startups, data engineering, data architecture, and a very strong desire to be a designer/programmer

图 7.35　使用 GPT-2 模型生成文本

同样可以使用 GPT-2 模型根据以前的代码生成后续的代码，如图 7.36 所示，图中黑体代码为模型的输入，前 3 行代码为使用 Keras 框架构建全连接神经网络的常用代码，后面的代码为 GPT-2 模型自动生成的代码。可以看出，虽然这段代码语法上有错误，但只需要在模型第一层中指定输入数据的格式即可，整体代码的格式还是不错的。

```
from keras.layers import Dense
from keras.models import Sequential
model = Sequential()
model.add(Dense( 32 , input_shape = input_shape))
model.add(Dense( 16 , input_shape = input_shape))
model.add(Dense( 3 , activation = ' relu ' ))
# We need to build a semantically stable representation with these
# weights and biases
```

图 7.36　使用 GPT-2 模型生成的代码

除了文本生成以外，还可以使用 GPT-2 模型做知识问答（Question Answering）。如图 7.37 所示，对 GPT-2 模型提问 "Who is Bei Zhou?"，然后模型自动回答出一段文字。虽然文字的内容不是这个问题的准确答案，但是这段文字的内容确实是对一个人物的描述。

Q: Who is Bei Zhou?
A: Bei Zhou is a mighty man with nearly endless knowledge. He has mastered many martial arts styles. Not only that, he is also the subject of numerous famous histories. He is considered a great man.

图 7.37　使用 GPT-2 模型做知识问答

除了这 3 个例子以外，GPT-2 模型在很多其他自然语言处理任务如阅读理解、文本总结、机器翻译等中也表现出了优异的性能。

7.11　本章小结

本章详细介绍了多种循环神经网络的工作原理与实战应用，并将其应用在自然语言处理领域与金融领域的项目中，如情感分析项目、文本生成项目、股票价格预测项目等。项目中所有的模型都不一定为完成该项目的最好的模型，提供的模型主要用于原理的详解，希望能够起到抛砖引玉的作用。

本章介绍的所有模型都没有好坏之分，虽然注意力模型在当前的情感分析数据集上最后达到了较高的预测准确率，但是在其他数据集上它并不一定是最优秀的模型。模型的选择需要根据数据集的特点、模型的优缺点、实际效果等因素综合考虑。

对于自然语言处理的相关项目，虽然 BERT、ELMo、GPT-2 等模型被广泛地应用，但是缺点为模型在运行时占用较多的内存，并需要使用大量的计算资源。如果计算机或者服务器中的内存与计算资源不足，会导致模型运行速度很慢。因此，模型的选择需要结合实际情况综合考量。

第三部分　高级技术

在掌握了第二部分的全部内容后，你对于深度学习模型的工作原理以及其在实际的项目应用会有较深刻的理解。但是要精通深度学习，还需要学习其余几种高级模型，分别为自编码模型与生成对抗网络模型。除此之外，深度学习在强化学习中的应用——深度强化学习更是不容小觑。第三部分会对这几种模型进行详细讲解。

自编码模型的工作原理较简单，尽管自编码模型的架构不复杂，但是它能够实现一些较复杂的应用，如数据降维、异常检测与图片去噪。这几个在实际生活中很难解决的问题能够通过自编码模型解决。

美国工程院院士、Facebook 人工智能研究院院长 Yann LeCun 曾说："生成对抗网络是机器学习在过去十几年时间中最有趣的想法。"在学完生成对抗网络的原理与项目实战的内容后，你同样会觉得生成对抗网络是学过的所有的模型中最有兴趣的一个。

强化学习技术经过多年的发展逐渐成熟。然而，得益于深度学习技术的高速发展，深度学习技术与强化学习技术不断融合，形成深度强化学习技术，从而使得强化学习技术达到了一个新的高度。本书最后一章详细讲解了深度强化学习中重要的 3 种算法——Deep Q-Learning 算法、策略梯度算法与演员-评判家算法。通过学习每一个算法，并了解其在《月球登陆》游戏中的应用，读者能够彻底掌握这 3 个算法，并将其应用到实际的项目中。

第8章　自编码模型

8.1　自编码模型的原理详解

自编码（auto-encoder）模型是一种无监督的神经网络模型。无监督在这里指的是自编码模型在训练时不需要使用样本中的标签，只需要样本中的特征值。自编码模型由编码器（encoder）与解码器（decoder）两部分组成，编码器与解码器在模型进行训练时相互配合。编码器将数据集样本中的特征值进行压缩，得到编码。解码器利用从编码器中得到的编码重构（reconstruct）样本特征值，使得重构的特征值与原始特征值尽可能地相近。

图 8.1 所示为使用自编码模型来重构 MNIST 数据集中的图片的工作原理。首先，将 MNIST 数据集中的图片作为自编码模型中编码器的输入，从编码器中得到编码。然后，将编码作为解码器的输入，得到重构后的图片。尽管重构后的图片很难与原图片所有像素值完全一致，但是会在自编码模型训练时使两者尽可能地相近。

图 8.1　自编码模型的工作原理

自编码模型中使用损失函数来衡量模型的重构误差（reconstruction error）。以 MNIST 数据集为例，重构误差为从解码器中得到的重构图片与编码器中的输入图片之间使用损失函数计算出的像素值的差值。在模型训练时，使用梯度下降算法来逐步减小重构误差，使自编码模型能够更好地重构出原始图片。

为什么我们构建一个自编码模型的主要目的仅仅是重构和输入数据一样的特征值？已经

有了原始数据，为什么还要构建一个模型来对其进行重构？表面上看来，这个模型没有任何实际意义。但是实际上，自编码模型能够解决一些其他模型无法处理的问题。在本章中，通过学习自编码模型在实际项目中的 3 种应用，读者就能够很清楚地掌握自编码模型的"用武之地"了。这 3 个应用分别为数据降维（dimension reduction）、异常检测（anomaly detection）及图片去噪（image denoising）。

8.2　应用自编码模型对数据降维

在实际项目中，有时候收集到的数据中样本的特征值个数特别多。如果使用所有的特征值对模型进行训练，很容易产生过拟合的现象。在这种情况下，一般需要根据经验选取样本中一些重要的特征值来训练模型，或者应用数据降维技术来对数据集中样本特征值进行压缩，将经过压缩以后的数据集用于训练分类或者回归模型。

在某数据分析竞赛中，使用数据降维技术来对数据集中过多的特征值进行降维处理是很常见的，其中一些获奖的模型中就使用自编码模型来对数据进行降维。在本节中，使用自编码模型来对 Olivetti Faces 数据集中的图片数据进行压缩。Olivetti Faces 数据集是一个小型的人脸库，由 40 个人的 400 张黑白图片组成，即每个人有 10 张人脸图片。每个人的 10 张图片都在不同的时间、不同的光线下、不同的表情时拍摄。数据集中图片的所有像素值经过了归一化处理，使得每一个像素值均为 0～1 的一个数字。值得注意的是，数据集中的图片全部经过了扁平化处理，使得每一张图片均为一个维度为 4096 的向量。

sklearn 模块中已经封装好了 Olivetti Faces 数据集，所以可以在程序中使用 sklearn 模块加载已经处理过的数据集。当对数据集中的样本的特征值进行压缩时，不需要使用标签值，所以只将数据集中的全部样本特征值取出，用作训练集中的样本特征值，使用 X_train 变量来表示。使用 n_features 变量存储训练集样本的特征值个数。具体实现方式如以下代码所示。

```
from sklearn import datasets
dataset = datasets.fetch_olivetti_faces()
X_train = dataset['data']
n_features = X_train.shape[1]
```

接下来，构建自编码模型来对训练集中的样本特征值进行压缩。因为数据集中的所有数据已经进行了扁平化处理，所以使用全连接层就能够对其进行处理。如果图片数据没有经过扁平化处理，则需要使用卷积层对其进行处理。

首先，构建自编码模型中的编码器。编码器接收训练集每一个样本中的全部特征值，因为样本特征值的个数存储在 n_features 变量中，所以指定输入数据的格式为 (n_features,)。然后，使用 3 个全连接层对特征值进行逐步压缩，以最后一层的输出作为编码器对特征值进行维度压缩后的编码。由于编码器中第 3 个全连接层的单元数为 16，因此编码器将由 4096 维的输入数据压缩为 16 维的数据。这里编码器模型中全连接层的个数、每个全连接层中单元的个数，以及最后得到的编码的维度都需要根据实现项目需要来合理选择。

接着，自编码模型中的解码器对从编码器中接收到的编码进行解压，以尽可能地重构出与原始特征值一样的数据。在解码器中同样使用 3 个全连接层，每一层的单元数与编码器中的单元数相对应。解码器模型中的全连接层个数与其单元数可以与编码器中的不一致，但是在实际项目中经过多次试验后发现，在编码器与解码器的模型结构相对应的情况下，自编码模型对输入数据的压缩效果与重构出的特征值会好一些。根据自编码模型的工作原理，解码器最后输出的数据维度必须与编码器中接收到的数据维度一致。因为在之前已经将数据集中样本的维度存储到了 n_features 变量中，所以将解码器最后一个全连接层的单元数指定为 n_features 即可保证自编码模型的输入与输出数据的维度一致。这个用于数据压缩的自编码模型的构建方式如以下代码所示。

```python
from keras.models import Model
from keras.layers import Input, Dense
from keras.optimizers import RMSprop
# 构建编码器
inputs = Input(shape=(n_features,))
x = Dense(units=64,
          activation='relu')(inputs)
x = Dense(units=32,
          activation='relu')(x)
encoding = Dense(units=16,
                 activation='relu')(x)
# 构建解码器
x = Dense(units=32,
          activation='relu')(encoding)
x = Dense(units=64,
          activation='relu')(x)
outputs = Dense(units=n_features,
                activation='relu')(x)
# 构建自编码模型
model = Model(inputs, outputs)
model.summary()
```

图 8.2 所示为刚刚构建的自编码模型的总结。从总结中可以看出，自编码模型的输入与输出的数据维度是一样的，均为 4096。编码器使用 3 个全连接层对输入数据进行压缩，得到一个 16 维的编码。接下来，解码器使用与其相对应的 3 个全连接层对编码进行解压，使其逐步重构为 4096 维。

构建好自编码模型后，对其进行编译，并使用数据集中样本的特征值对其进行训练。在模型进行编译时，选用均方差作为模型训练中的损失函数来计算重构误差。

因为自编码模型的训练目标为尽可能地重构出与输入数据一样的特征值，所以输入数据的特征值即为模型训练时需要使用的标签值。模型的编译与训练过程如以下代码所示。

```
Layer (type)                 Output Shape              Param #
=================================================================
input_1 (InputLayer)         (None, 4096)              0
dense_1 (Dense)              (None, 64)                262208
dense_2 (Dense)              (None, 32)                2080
dense_3 (Dense)              (None, 16)                528
dense_4 (Dense)              (None, 32)                544
dense_5 (Dense)              (None, 64)                2112
dense_6 (Dense)              (None, 4096)              266240
=================================================================
Total params: 533,712
Trainable params: 533,712
Non-trainable params: 0
```

图 8.2　自编码模型的总结

```
model.compile(optimizer=RMSprop(),
              loss='mse',
              metrics=None)
model.fit(X_train,
          X_train,
          epochs=300,
          batch_size=16,
          validation_split=0.1,
          verbose=2)
```

自编码模型训练好以后,取出模型中的编码器,对数据集中的样本特征值进行压缩。对于这个数据降维项目,自编码模型中的解码器的作用就是配合编码器一起训练,确保编码中包含能够重构出原始数据的信息。如以下代码所示,首先使用 Model 模型从自编码模型中取出编码器,然后使用其中的 predict 函数对输入数据进行压缩。

```
# 取出自编码模型中的编码器
encoder = Model(inputs, encoding)
# 对数据集中的样本特征值进行压缩
X_train_low_dimension = encoder.predict(X_train)
print(X_train_low_dimension.shape)
```

运行这段代码以后,得到的输出为(400, 16)。可以看出通过自编码模型中的编码器,可能将原本 4069 维的输入数据压缩为 16 维。得到了降维的数据后,可以将其用作后续训练其他分类模型的数据集。当把一个高维度的数据压缩至低维度时,一定会有部分信息丢失,所以自编码的核心为将数据充分降维,使原始数据中的重要信息得以保留在编码中,且编码能够尽可能还原出原始数据。

在这个数据降维项目中,将数据集的样本特征值的维度降为 16。压缩以后的数据维度的选取并没有一个通用的值,需要根据后续的分类或者回归模型的实际情况进行调整,最终选择一个最合适的值。

这就是自编码模型的第一个应用，表面上看起来是没有意义地将输入数据进行重构，其实它可以解决一个对数据集进行预处理的问题——如何合适地对输入数据进行压缩。了解了使用自编码模型对数据进行压缩的原理后，接下来介绍自编码模型的第二个应用——检测数据集中的异常数据。

8.3 应用自编码模型进行异常检测

8.3.1 异常检测的原理

当出国旅行时，在刷卡付款之后的几分钟内，有的时候，你可能会收到来自国内银行的短信或者邮件，内容是"系统检测出您的银行卡在境外有一笔异常交易，和您确认一下这个交易是否是您本人进行的"。这是因为银行中的异常交易检测系统判定这笔交易为异常。早些时候，银行通常会用事先定义好的规则来对交易进行检测，如将突然有一笔来自境外的交易或者在一个不经常去的商店里买了大量的商品等情况视为异常交易。使用特定规则来判定交易是否正常是很困难的，而且准确度通常较低，因为这些有限的规则很难识别出所有的情况。目前在银行中经常使用机器学习算法来自动对交易进行检测。

在本节中，使用自编码模型来对异常交易进行检测。异常检测的原理正是使用自编码能够重构原始数据的特点。首先，将数据集中的异常交易数据与正常交易分离开来，分别进行存储。然后，构建一个自编码模型，只使用正常交易数据对其进行训练，使得训练好的模型能够较好地重构出正常的交易数据。于是，在自编码模型训练好以后，当使用正常交易数据作为输入时，重构误差较小；当使用异常交易数据作为自编码模型的输入时，重构误差相对来说会较大。因为异常交易数据与正常交易数据的特征值有一些差别，自编码模型只使用了正常的交易数据进行训练，所以这个使用正常交易数据训练出的自编码模型显然不能够较好地还原异常交易数据，导致其重构误差相对较大。根据这个原理，可以设定一个合适的阈值（threshold），阈值的选定一般需要将数据进行可视化以后再选择。当输入的交易数据经过训练好的自编码模型得到的重构误差小于这个阈值时，判定其为正常交易；当输入的交易数据经过自编码模型得到的重构误差大于这个阈值时，判定其为异常交易。

这里为了避免太抽象，以银行交易异常检测为例讲解使用自编码模型进行异常检测的原理。当使用自编码模型对其他数据集中的异常数据进行检测时，其原理与异常交易检测原理一样。首先将训练集中的正常数据与异常数据分离，然后仅使用正常数据来训练自编码模型，使其能够较好地重构出正常数据，即模型在正常数据上的重构误差较小。这样当将异常数据输入自编码模型中进行重构时，得到的重构误差相对较大，因此可以使用合适的阈值将异常数据与正常数据根据其重构误差进行分离，从而实现检测出数据集中的异常数据的功能。

8.3.2　检测信用卡异常交易

掌握了使用自编码模型对异常交易进行检测的原理后，接下来使用实际的信用卡交易数据作为数据集，通过自编码模型来检测其中的异常交易数据。数据集中共有 284 807 条交易数据，其中 492 条为异常交易数据，其余为正常交易数据。每一个样本都有 30 个特征值，其中 28 个特征值的名字为 $V1, V2, V3, \cdots, V28$，这些特征值本应为用户或者卖家的相关数据，这里为了保护用户与卖家的隐私，对其做了特殊的处理。剩下的两个特征值分别为交易金额（amount）与交易时间（time），这两个特征值为交易中的实际值。每一个交易数据样本都对应一个标签，位于数据集中的 Class 列。标签值一共有两种，分别为 0（代表正常交易）与 1（代表异常交易）。数据集的全部数据存储在 creditcard.csv 文件中，可以使用 Excel 软件将此文件打开，然后与数据集的介绍相对应，详细查看样本的特征值与标签的特点，进而对数据集有更好的了解。

首先，在程序中加载数据集。因为数据集中的交易金额与交易时间特征值都为原始的实际值，而其他的特征值经过了标准化处理，所以同样需要对这两个特征值进行标准化处理，如以下代码所示。

```python
import pandas as pd
path = "datasets/creditcard.csv"
df = pd.read_csv(path)
# 将交易金额与交易时间数据标准化
df["Amount"] = (df["Amount"] - df["Amount"].mean()) / df["Amount"].std()
df["Time"] = (df["Time"] - df["Time"].mean()) / df["Time"].std()
```

然后，为了单独使用正常交易数据来训练自编码模型，需要将数据集中的正常交易数据与异常交易数据分开，使用 df_normal 来存储所有的正常交易数据，使用 df_fraud 来存储所有的异常交易数据，并使用 n_fraud 变量来存储数据集中异常交易的个数，如以下代码所示。

```python
# 将正常交易数据与异常交易数据分开
df_normal = df[df["Class"] == 0]
df_fraud = df[df["Class"] == 1]
n_fraud = df_fraud.shape[0]
```

把正常与异常的交易数据分开以后，预留出与异常交易个数一样的正常交易数据，这些预留的正常交易数据在后续的数据可视化与阈值的选取中会用到。对于其余的正常交易数据，在去掉对应的标签值以后，以其特征值作为训练集中的数据，因为自编码模型在训练时不需要使用样本的标签值。这里为了清晰起见，将 y_train 的值指定为 None，如以下代码所示。

```python
# 获取训练集中的数据
df_train = df_normal[0: -n_fraud].drop(["Class"], axis=1)
X_train = df_train.values
y_train = None
```

接着，将预留出的正常交易数据与异常交易数据拼接到一起，形成测试集中的数据。因为需要选择阈值来区别出正常交易与异常交易，所以在测试集数据中要保留其特征值。经过处理后的测试集包含相同个数的正常交易数据与异常交易数据，因此可以保证后面对阈值的选取是合理的。对测试集的处理方式如以下代码所示。

```
# 获取测试集中的数据
df_test = df_normal[-n_fraud:]
df_test = df_test.append(df_fraud)
df_test_labels = df_test["Class"]
df_test = df_test.drop(["Class"], axis=1)
X_test = df_test.values
y_test = df_test_labels.values
```

准备好训练集与测试集后，开始构建用于异常检测的自编码模型。虽然在异常检测中不需要对自编码模型中的编码器与解码器进行区分，因为使用自编码模型进行异常数据检测时利用正常数据与异常数据的重构误差。但是为了容易理解，代码的注释中标出了分别用于构建编码器与解码器的代码。在这个自编码模型中，编码器由两个全连接层组成，分别使用了 20 个与 15 个单元，解码器使用与编码器完全相反的结构，由两个单元数分别为 15 与 20 的全连接层组成。具体实现方式如以下代码所示。

```
# 构建自编码模型
from keras.layers import Input, Dense
from keras.models import Model
from keras.optimizers import Adam
n_feature = X_train.shape[1]
# 构建编码器
inputs = Input(shape=(n_feature,))
x = Dense(units=20,
          activation='tanh')(inputs)
encoding = Dense(units=15,
                 activation='tanh')(x)
# 构建解码器
x = Dense(units=20,
          activation='tanh')(encoding)
outputs = Dense(n_feature, activation='tanh')(x)
# 构建自编码模型
model = Model(inputs, outputs)
model.summary()
```

这个用于异常检测的自编码模型总结如图 8.3 所示。从图中可以看出，自编码模型的输入与输出数据的维度是一样的，均为 30。

将自编码模型构建好以后，对其进行编译与训练。训练模型时，必须使用正常交易数据，这样模型在对正常交易数据进行还原时产生的重构误差才能够比对异常交易数据进行还原时产生的重构误差小，进而实现异常检测的功能。编译与训练方式如以下代码所示。

```
Layer (type)                   Output Shape              Param #
=================================================================
input_1 (InputLayer)           (None, 30)                0

dense_1 (Dense)                (None, 20)                620

dense_2 (Dense)                (None, 15)                315

dense_3 (Dense)                (None, 20)                320

dense_4 (Dense)                (None, 30)                630
=================================================================
Total params: 1,885
Trainable params: 1,885
Non-trainable params: 0
```

图 8.3　用于异常检测的自编码模型总结

```
model.compile(optimizer=Adam(),
              loss="mse",
              metrics=None)
model.fit(X_train,
          X_train,
          epochs=10,
          batch_size=32,
          validation_split=0.2,
          verbose=2,
          shuffle=True)
```

　　将用于异常检测的自编码模型训练好以后，将其应用在之前处理好的测试集上。测试集包含等量的正常交易数据与异常交易数据。将数据集中所有样本的特征值作为自编码模型的输入，得到所有样本使用自编码模型进行重构以后的特征值，使用 X_predict 变量存储。然后，使用 NumPy 库中的 norm 函数计算出重构的特征值 X_predict 与实际的特征值 X_test 的重构误差，如以下代码所示。

```
import numpy as np
X_predict = model.predict(X_test)
reconstruction_error = np.linalg.norm(X_test - X_predict, axis=1)
```

　　最后，为了选取合适的阈值来根据重构误差区分正常交易数据与异常交易数据，需要将测试集中得到的重构误差进行可视化。首先，加载用于可视化的 Matplotlib 库，对其字体与字号进行合适的调整。然后，将测试集中所有样本经过自编码模型重构后得到的重构误差与测试集样本的标签值相对应，将正常交易数据的重构误差与异常交易数据的重构误差按照标签值进行分组，并将分成的两组数据按照不同颜色进行标记。这里根据可视化的结果，发现将阈值设置为 4 能够较好地区分正常交易数据与异常交易数据。最后在一张图片上根据配置的信息画出正常交易数据的重构误差、异常交易数据的重构误差及阈值。可视化的代码如下所示。

```
import matplotlib.pyplot as plt
plt.rcParams['font.sans-serif']=['SimHei']
plt.rcParams.update({"font.size":30})
# 将模型在测试集交易数据上的重构误差与其标签值对应
```

```
df_error = pd.DataFrame({"Reconstruction_Error": reconstruction_error,
                         "True_Class": y_test})
# 将正常交易数据与异常交易数据进行分组
groups = df_error.groupby('True_Class')
fig, ax = plt.subplots(figsize=(20, 10))
for name, group in groups:
    ax.plot(group.index,
            group.Reconstruction_Error,
            marker='o',
            ms=8,
            linestyle='',
            label="异常交易数据" if name == 1 else "正常交易数据")
# 设置区别正常交易数据与异常交易数据的重构误差的阈值
threshold = 4
# 在图中画出阈值
ax.hlines(threshold, ax.get_xlim()[0],
          ax.get_xlim()[1],
          colors='g',
          zorder=100,
          label='阈值')
ax.legend()
plt.title("使用自编码模型识别异常交易")
plt.ylabel("重构误差")
plt.xlabel("测试集数据")
plt.show()
```

运行这段代码，得到的可视化结果如图 8.4 所示。图中浅灰色的点表示异常交易数据的重构误差，黑色的点表示正常交易数据的重构误差。从图中可以看出，异常交易数据的重构误差远远高于正常交易数据的重构误差。在这里将阈值设置为 4，在图中使用一条直线来表示。图中大部分的正常交易数据被划分到这条线下面，绝大多数的异常交易数据被划分到这条线上面。虽然没能够识别出全部的异常交易数据，但是至少能够识别其中的 80%，这已经达到了很不错的效果。读者可以根据自己的想法来对自编码模型进行调整，如改变模型中全连接层的个数与每个层中的单元数等，从而达到更好的识别效果。

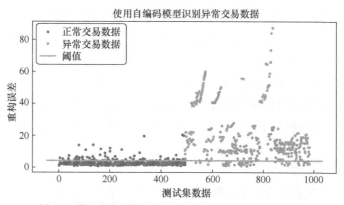

图 8.4 使用自编码模型对异常交易数据进行检测的可视化

187

8.4 应用自编码模型对图片去噪

8.4.1　项目介绍

图片去噪为去除图片中的噪声的过程。图片在成像或者传输过程中经常会受到使用的成像设备或者传输介质的干扰，使图片中的某些像素变得模糊。这些对图片像素值的干扰称为图片中的噪声。因此为了去除图片中的噪声，需要对其进行去噪处理。

本节详细讲解如何使用自编码模型对图片进行降噪处理。首先，数据集中要同时拥有原始图片，即没有噪声的图片与有噪声的图片。使用自编码模型对图片去噪的原理为使用自编码模型中的编码器对有噪声的图片进行编码。然后，使用解码器根据编码得到原始图片。为了能够让自编码模型实现这个功能，需要在对模型进行训练时将噪声图片作为模型的输入，将原始图片作为标签，从而让模型在训练过程中逐步找到合适的编码来重构原始图片。

因为图片去噪这个项目中需要处理的为图片数据，所以在编码器中需要使用卷积层。为了能够让解码器还原出原始图片，需要学习两种新的技术，分别为反卷积（deconvolution）与上采样（up sampling），接下来的两节会对这两种技术进行详细讲解并给出实际案例。

8.4.2　反卷积的原理与应用

从反卷积这个名字中可以看出，反卷积操作为卷积操作的逆向操作。在掌握了卷积操作的工作原理后，掌握反卷积的原理就容易很多了。为了能够使读者掌握反卷积的工作原理，本节将对反卷积操作中每一步进行讲

图 8.5　第 1 次反卷积操作

解。如图 8.5 所示，对于一张尺寸为 3×3 的图片，使用 2×2 的反卷积核进行反卷积操作。与卷积层中的卷积核一样，反卷积核为反卷积层中的参数，需要在初始化以后使用梯度下降算法找到合适的值，在这里为了计算简便，将反卷积核中的 4 个参数值全部初始化为 1，将步长指定为 1。在反卷积操作中，固定将滑动窗口的大小设定为 1×1。

在对图 8.5 所示的图片进行反卷积操作时，首先将滑动窗口放在图片中第 1 个像素的位置，将其对应的像素值与反卷积核中的 4 个参数值相乘，然后把相乘的结果放在得到的特征图的虚线对应位置，完成第 1 次反卷积操作。

接下来，将滑动窗口向右移动一像素。

接下来，将其对应的像素值与反卷积核中的 4 个参数值相乘，将相乘得到的结果放置在特征图中虚线对应的位置。这个时候会发现，其中两个值的位置与从第 1 次反卷积操作中得到的结果

所在的位置重合，只需要将重叠部分中对应位置的值相加即可。第 2 次反卷积操作如图 8.6 所示。

按照同样的方式，将滑动窗口的值向右移动一像素后，将其对应的像素值与反卷积核中的参数值相乘，然后放置到特征图中虚线所对应的位置，同样会发现有两个值的位置与上一次反卷积操作中得到的值所在的位置重合，这时候只需将重叠处的值进行相加。第 3 次反卷积操作如图 8.7 所示。

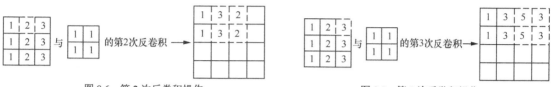

图 8.6　第 2 次反卷积操作　　　　　　　　　　图 8.7　第 3 次反卷积操作

当滑动窗口滑动至图片的最右端时，需要向下滑动至下一行最左边的位置，如图 8.8 所示。接下来，按照与前 3 次同样的反卷积操作方式，完成第 4 次反卷积操作。

依次类推，直至滑动窗口滑动至图片中最后一个像素，并完成对整张图片的反卷积操作，最后一次反卷积操作如图 8.9 所示。

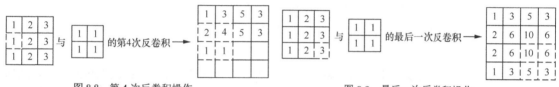

图 8.8　第 4 次反卷积操作　　　　　　　　　　图 8.9　最后一次反卷积操作

掌握了反卷积的原理后，使用 Keras 框架中提供的反卷积层（Conv2DTranspose）来实现并验证刚刚讲解的原理。与在讲解卷积层原理实战部分一样，首先定义一个与原理部分中一样的图片，然后定义只有一个反卷积核的反卷积层，并将其初始化为与原理部分中所示的反卷积核一样的值，最后使用这个反卷积层对图片进行处理，查看输出的值是否与原理部分所描述的结果一致。

定义图片的代码如下所示。其中，首先将图片中的像素值设置为与原理部分的图片中的像素值一样，然后将其转换为能够使用模型进行处理的形式，即(图片个数, 图片的长度, 图片的宽度, 图片的通道数)。

```
import numpy as np
img = [
    [1, 2, 3],
    [1, 2, 3],
    [1, 2, 3],
]
img = np.array(img).reshape(1, 3, 3, 1)
```

接下来，定义一个只有一个反卷积层的模型。模型中的反卷积层中只有一个尺寸为 2×2 的反卷积核，其 4 个参数值均被初始化为 1。将模型构建好以后，使用这个模型中的 predict

函数对图片进行反卷积操作，并输出得到的结果。具体实现方式如以下代码所示。

```
from keras.models import Model
from keras.layers import Input, Conv2DTranspose
inputs = Input((3, 3, 1))
outputs = Conv2DTranspose(filters=1,
                          kernel_size=(2, 2),
                          kernel_initializer="ones")(inputs)
model = Model(inputs, outputs)
result = model.predict(img)
```

8.4.3 上采样的原理与应用

在卷积神经网络中，除了卷积操作以外，还有池化操作。既然反卷积操作为卷积操作的逆向操作，那么上采样即为池化操作的逆向操作。

因为上采样的工作原理比较简单，所以就不将每一个步骤分开讲解了。上采样的示例如图 8.10 所示。图中左边为一个尺寸为 3×3 的有 9 个像素值的图片，右边为经过上采样处理过后得到的特征图的值。在这个上采样中，将滑动窗口的大小指定为 2×2，步长指定为 2。

图 8.10　上采样的示例

在对这个图片进行上采样时，首先将尺寸为 2×2 的滑动窗口放在特征图左上角的位置，然后使用图片中左上角的第 1 个像素值 "1" 作为特征图中滑动窗口对应的 4 个像素的值。接下来，将滑动窗口向右移动两个像素值，并使用图片中第 2 个像素值 "2" 作为特征图中当前滑动窗口对应的 4 个像素的值。依次类推，当滑动窗口滑动到特征图的最右边时，将其放置到最左边向下的两个像素值的位置。最后直到滑动窗口到达特征图右下角的位置，使用图片中右下角的像素值 "9" 作为特征图中当前滑动窗口对应的 4 个像素的值，完成上采样的全部操作。

在掌握了上采样的原理后，使用代码来学习如何在项目中使用上采样。在 Keras 框架中将上采样层定义为 UpSampling2D，与 Keras 框架中的所有层一样，可以在程序中直接调用。首先，定义一张与讲解原理部分时使用的一样的图片，并将其格式进行转换，如以下代码所示。

```
import numpy as np
img = [
    [1, 2, 3],
    [4, 5, 6],
    [7, 8, 9],
]
img = np.array(img).reshape(1, 3, 3, 1)
```

然后，构建一个只有一个上采样层的模型。在上采样层中指定滑动窗口的尺寸为 2×2，这个滑动窗口是特征图中使用的滑动窗口。其中步长的值默认与滑动窗口的尺寸值一样。定义好了模型以后，同样使用模型中的 `predict` 函数对刚刚定义的图片进行上采样，具体实现方式如以下代码所示。

```
from keras.models import Model
from keras.layers import Input, UpSampling2D
inputs = Input((3, 3, 1))
outputs = UpSampling2D(size=(2, 2))(inputs)
model = Model(inputs, outputs)
result = model.predict(img)
```

将反卷积与上采样的原理完全理解了以后不难看出，如果将卷积层与池化层应用在自编码模型的编码器中，那么应该将反卷积层与上采样层应用在解码器中。下一节详细讲解如何使用自编码模型来对图片进行去噪处理。

8.4.4　实现图片去噪项目

这个项目使用的数据集为 MNIST 数据集，在之前的项目中，MNIST 数据集一直用作图片数据来完成分类任务。在这个项目中，应用原始 MNIST 图片数据与加入噪声的图片数据来掌握如何使用自编码模型对图片进行去噪处理。

首先，在程序中加载数据集，图片去噪项目中只需要图片数据，不需要使用其对应的标签值。然后，将图片中所有的像素值进行归一化处理，并将数据集中的图片转换为(样本个数, 图片长度, 图片宽度, 通道数)的格式。具体实现方式如以下代码所示。

```
from keras.datasets import mnist
(X_train, _), (X_test, _) = mnist.load_data()
X_train = X_train / 255.0
X_test = X_test / 255.0
X_train = X_train.reshape((-1, 28, 28, 1))
X_test = X_test.reshape((-1, 28, 28, 1))
```

有了原始图片以后，在原始图片中加入噪声来获得噪声图片。加入噪声的方式为在原始图片的所有像素值中分别加入基于正态分布生成的随机值。这里使用 `noise_factor` 变量来控制噪声的影响，其值越大，加入的噪声对原始图片中的像素值的改变就会越大。在原始图片中加入噪声后，图片中有些像素值可能小于 0 或者大于 1。因为原始图片已经经过了归一化处理，所以需要将噪声图片中的像素值也转换为 0～1 的值。这里使用 NumPy 库中的 `clip` 函数将噪声图片中像素值小于 0 的值替换成 0，将大于 1 的值替换成 1，0～1 的像素值保持不变。具体实现方式如以下代码所示。

```
# 在图片中加入噪声
import numpy as np
noise_factor = 0.5
X_train_noisy = X_train + noise_factor * np.random.normal(loc=0.0, scale=1.0,
size=X_train.shape)
X_test_noisy = X_test + noise_factor * np.random.normal(loc=0.0, scale=1.0,
```

```
size=X_test.shape)
# 将加入噪声后的图片像素值进行剪裁
X_train_noisy = np.clip(X_train_noisy, 0.0, 1.0)
X_test_noisy = np.clip(X_test_noisy, 0.0, 1.0)
```

得到所有处理好的噪声图片后，通过以下代码从中随便取出一张图片，如图 8.11 所示，可以看出图中的数字由于受加入的噪声影响，很难分辨出其代表的数字。

```
import matplotlib.pyplot as plt
%matplotlib inline
img = X_test_noisy[4].reshape(28, 28)
plt.imshow(img)
```

为了构建用于图片去噪的自编码模型，首先构建自编码模型中的编码器，将输入的噪声图片数据依次使用卷积层、池化层、卷积层、池化层进行处理，得到对应的编码，然后将编码交由解码器进行处理，还原出原始图片。在解码器中依次使用上采样层、反卷积层、上采样层、反卷积层、反卷积层。虽然编码器与解码器中对应层使用的滑动窗口的大小完全一致，但是解码器在最后需要多使用一个反卷积层才能够将图片重构为原始的尺寸。这个原因可以从稍后的模型总结中分析出。构建图片去噪自编码模型的方式如以下代码所示。

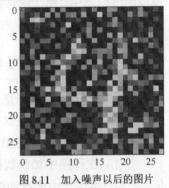

图 8.11 加入噪声以后的图片

```
from keras.layers import Input, Conv2D, MaxPooling2D, UpSampling2D, Conv2DTranspose
from keras.models import Model
from keras.optimizers import Adam
# 定义编码器
inputs = Input((28, 28, 1))
x = Conv2D(filters=10,
           kernel_size=(5, 5),
           activation='relu')(inputs)
x = MaxPooling2D((2, 2))(x)
x = Conv2D(filters=20,
           kernel_size=(2, 2),
           activation='relu')(x)
encoding = MaxPooling2D((2, 2))(x)
# 定义解码器
x = UpSampling2D((2, 2))(encoding)
x = Conv2DTranspose(filters=20,
                    kernel_size=(2, 2),
                    activation='relu')(x)
x = UpSampling2D((2, 2))(x)
x = Conv2DTranspose(filters=10,
                    kernel_size=(5, 5),
                    activation='sigmoid')(x)
outputs = Conv2DTranspose(filters=1,
```

```
                    kernel_size=(3, 3),
                    activation='sigmoid')(x)
# 构建自编码模型
model = Model(inputs=inputs, outputs=outputs)
model.summary()
```

这个自编码模型的总结如图 8.12 所示。从模型总结中可以看出，编码器中的最后一个卷积层输出的特征图尺寸为 11×11（忽略通道数），使用滑动窗口尺寸为 2×2 的池化层处理后得到的特征图尺寸为 5×5。因为池化层接收到的输入图片尺寸为奇数，所以对其进行处理时默认去掉最后一行与最后一列的像素值，这样图片的尺寸就变为偶数，才可以使用 2×2 的滑动窗口对其进行处理。这个地方的特殊处理导致在解码器中需要多使用一个反卷积层才能够将其重构为与原始图片一样的尺寸。

```
Layer (type)                   Output Shape          Param #
=================================================================
input_1 (InputLayer)           (None, 28, 28, 1)     0
conv2d_1 (Conv2D)              (None, 24, 24, 10)    260
max_pooling2d_1 (MaxPooling2   (None, 12, 12, 10)    0
conv2d_2 (Conv2D)              (None, 11, 11, 20)    820
max_pooling2d_2 (MaxPooling2   (None, 5, 5, 20)      0
up_sampling2d_1 (UpSampling2   (None, 10, 10, 20)    0
conv2d_transpose_1 (Conv2DTr   (None, 11, 11, 20)    1620
up_sampling2d_2 (UpSampling2   (None, 22, 22, 20)    0
conv2d_transpose_2 (Conv2DTr   (None, 26, 26, 10)    5010
conv2d_transpose_3 (Conv2DTr   (None, 28, 28, 1)     91
=================================================================
Total params: 7,801
Trainable params: 7,801
Non-trainable params: 0
```

图 8.12　图片去噪自编码模型的总结

构建好自编码模型以后，对其进行编译与训练。对这个模型进行编译时使用的损失函数可以为均方差函数，但是使用二元交叉熵作为损失函数得到的结果会相对好一些。在模型训练时，一定要将噪声图片作为模型的输入，将原始图片作为模型的"标签"，这样训练出的自编码模型才能够将噪声图片中的噪声去除。编译与训练模型的方式如以下代码所示。

```
model.compile(loss="binary_crossentropy",
              optimizer=Adam(),
              metrics=None)
model.fit(X_train_noisy,
          X_train,
          batch_size=32,
          epochs=5,
          verbose=2,
          validation_split=0.2)
```

运行以上代码将模型进行 5 次训练以后,使用训练好的图片去噪自编码模型对之前查看的噪声图片进行去噪处理。如以下代码所示,将图片的格式修改为合适的格式以后,调用模型的 predict 函数对其进行去噪。去噪后的图片如图 8.13 所示,可以看出去噪以后的图片中的数字为 4。

```
result = model.predict(img.reshape(1, 28, 28, 1))
plt.imshow(result.reshape(28, 28))
```

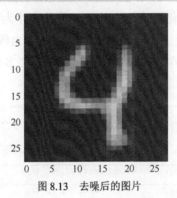

图 8.13 去噪后的图片

8.5 本章小结

本章详细讲述了自编码模型的原理及其在实际项目中的 3 个应用。在机器学习中,除了使用自编码模型对数据进行降维以外,还会使用主成分分析(principle component analysis)方式来降低数据的维度。检测信用卡异常交易项目是对自编码模型一种很巧妙的使用方式。利用自编码模型在其训练数据上的重构误差较小的特点,根据选定的阈值分离出异常交易数据。

在图片去噪项目中,根据项目的需要,本章讲解了反卷积与上采样的原理。在第 9 章中,同样会使用反卷积层与上采样层来构建模型,希望读者通过对本章内容的学习已对其有较好的理解。本章中对图片去噪项目的讲解着重于原理,在掌握了原理后,可以将其应用到其他的项目中。例如,如果将图片中的水印视为噪声,可以使用大量的原始图片以及加入水印的图片训练一个自编码模型来去掉图片中的水印。

第9章 生成对抗网络

在自然语言领域中，可以使用循环神经网络来生成文本数据。尤其对于优秀的模型（如GPT-2）等，能够根据上下文信息产生拥有语境的文本。那么在计算机视觉领域，如何使用深度学习模型来生成图片呢？由此，生成对抗网络（Generative Adversarial Network，GAN）应运而生。生成对抗网络由两个部分组成，分别为生成器（generator）与判别器（discriminator）。虽然在机器学习中已经存在一些能够生成图片的模型，但是其生成的图片要么清晰度不够，要么图片看起来不真实。优秀的生成对抗网络中生成器模型生成的图片与使用照相机拍出来的真实图片几乎差不多。图9.1所示的8张人脸图片均为使用GAN生成的。也就是说，这8个人在现实世界中根本不存在，而无论是从发型还是从面部的微笑等方面看起来，这8张人脸与在好莱坞电影中经常看到的明星几乎没有差别。

图 9.1　使用 GAN 生成的人脸图片

9.1　生成对抗网络的原理

9.1.1　生成对抗网络的工作原理简介

生成对抗网络是如何生成这样逼真的图片的呢？在具体学习生成对抗网络原理之前，首先看以下的例子。

　　假如张三家有一个葡萄园，并且一直以来都靠卖葡萄为生。有一天，他的一个朋友李四带了 3 瓶红酒（红酒的牌子是 1982 年的拉菲）来到他家叙旧。在聊天的过程中，张三第一次知道红酒的价格这么贵，突然联想到自己家中正好有一个每年都产出大量优质葡萄的葡萄园，于是一个大胆的想法就伴随着酸涩的拉菲在他的脑海中产生了——我要创业，要制作出这么好喝的红酒。李四觉得张三的这个想法特别好，他一直想要创业，但是一直苦于没有什么好的思路，现在正好张三有个很好的项目，就决定留下来和他一起创业。

　　在购买了一些设备并研究过一些关于如何制作红酒的图书以后，张三就开始尝试用自家葡萄园的葡萄制作红酒了。过了一段时候以后，第一批红酒就制作好了，他高兴地倒了一杯给李四品尝。由于李四平时不经常喝红酒，因此他无法分辨红酒质量的好坏，于是他拿出他之前带来的拉菲，仅仅对这两种红酒的气味进行了一次对比就发现了张三刚刚制作出的红酒气味不对。为了不打消张三的积极性，李四只指出这杯酒和好的红酒有一定差距，希望他继续努力。同时为了能够更好地帮助张三辨别他做出的红酒与优质红酒的差距，李四又购买了一些其他的优质红酒，然后开始与张三做出的红酒与优质红酒进行对比来增加自己对红酒的鉴别能力。虽然有些气馁，但是张三重新研究了一下制作过程，思考了到底是哪里不对，发现可能的问题后，并调整了之前的制作方法，又开始了新一次的尝试。过了一段时候后，新一批的红酒制作成功了，张三再次高兴地拿给李四品尝。同样，为了分辨出张三制作的红酒与优质红酒的差距，李四拿出了之前购买的多种优质红酒，对比性地闻了闻这两种红酒散发出的气味。这次气味上虽然有点不同，但是差距与上次已经小很多了。于是李四好奇地尝了一下两种红酒的味道，发现张三制作出的红酒味道与拉菲的味道与口感差很多。然而，为了鼓励张三，李四指出这次的红酒比上次的红酒好很多了，再尝试一次，之后李四继续将张三这次制作的红酒与优质红酒进行对比，再次增进了自己对红酒的鉴别能力。张三抱着不成功誓不罢休的态度，分析与调整了上次的制作方式以后，开始了新一次的尝试，一段时候以后他得到了新一批的红酒。拿给李四品尝后，李四与拉菲进行对比后，惊讶地发现，这次的红酒与他带来的拉菲的味道与口感几乎是一样的！由此，"张三李四牌"红酒就这样产生了。

　　在这个例子中，张三制作红酒，李四对比张三制作出的红酒与优质红酒的差距就类似于生成对抗网络中生成器与判别器的工作过程。张三可以被视为生成器，李四可以被视为判别器。表面上看张三与李四是合作关系，但是其实他们之间是"对抗"的关系。张三致力于制造出让李四认为与拉菲一样的红酒，李四致力于分辨出张三制作的红酒与拉菲的差距。类似地，生成对抗网络中的生成器致力于生成让判别器认为图片是真的，但实际上图片是假的，生成对抗网络中的判别器致力于识别出生成器生成的假图片。在生成对抗网络模型中，将数据集中收集到的图片统称为真图片，将生成器生成的图片统称为假图片。判别器的职责就是辨别出数据集中的真图片与生成器生成的假图片。

9.1.2 生成器与判别器的工作原理

在介绍了生成对抗网络的大致工作原理后，本节详细讨论生成器与判别器各自的工作原理。用于图片生成的生成对抗网络中的生成器通常由卷积神经网络模型组成。模型接收的输入为一个指定长度的随机生成的向量（即向量中的值全部为随机值），这个输入向量经过模型中全连接层、反卷积层、上采样层等的处理以后，最终生成一张图片。简而言之，生成器的工作原理为根据一个向量来生成一张假图片，如图 9.2 所示。

得到生成器生成的图片以后，这些图片一律被视为假图片。这些假图片与数据集中原有的真图片都由判别器来分辨真假。其中真图片的作用为帮助判别器更好地分辨出假图片，与例子中李四通过对比各种优质红酒与李四制作的红酒以提升自己红酒辨别能力的方式一样。由此可见，判别器的本质为一个二分类器，以接收的图片数据作为输入，输出二分类后的结果。判别器的工作原理如图 9.3 所示。

图 9.2　生成器的工作原理　　　　　图 9.3　判别器的工作原理

9.1.3 生成对抗网络模型的训练

例子中，一直努力想要制作出优质红酒的张三需要在具有红酒鉴别能力的李四的多次帮助下，不管改进与调整自己的制作方法，最后才能制作出口感很好的红酒。李四需要通过对比张三每次制作出的红酒与拉菲的差异来提升自己对红酒的鉴别能力，才能更好地帮助张三。同样，对于生成对抗网络中的生成器与判别器，需要通过同样的方式反反复复进行训练后，最终才能训练出一个合格的生成器，这个生成器能够生成很多被判别器视为与数据集中图片一样的图片。

生成对抗网络中的生成器与判别器的关系还可以视为运动员与教练之间的关系。教练的作用是给运动员提供指导，使其能够在比赛中获得冠军，但是教练并不参与比赛。类似地，判别器的作用是给生成器提供指导，告诉其生成的假图片与真图片之间的差距，进而帮助生成器进行改进，但是判别器并不参与图片的生成过程。

生成对抗网络中的判别器模型的训练过程如图 9.4 所示。首先，由生成器根据输入的随机值向量来生成一些图片，由生成器生成的图片全部被视为假图片，所有的假图片的标签值被设置为 0。然后，从数据集中取出与这些假图片数量相等的图片，这些数据集中的图片被视为真图片，将所有真图片的标签值设置为 1。得到了等量的真图片与假图片后，将这些图片整合到一起，用于判别器模型的训练，训练的方式与所有神经网络模型一样。使用损失函数来衡量模型的预测值与标签值之间的损失值,使用反向传播与梯度下降算法来更新模型的参数。从中可以进一步地看出,判别器模型的本质为一个应用于图片数据的二分类器,只不过用于其训练的一半数据是由另一个模型生成的,而不是全部使用数据集中的数据。

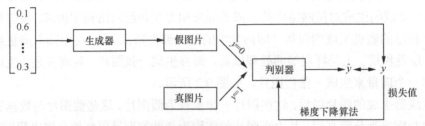

图 9.4　判别器模型的训练过程

　　生成对抗网络中的生成器模型的训练过程与判别器模型的训练过程有很大不同,在对生成器模型进行训练时,需要使判别器模型中的所有参数保持不变。生成器模型的训练过程如图 9.5 所示。首先,生成器根据输入的随机值向量来生成一些假图片,并将这些假图片的标签值设置为 1。然后,将这些生成的假图片传给参数已经保持不变的判别器,经过判别器进行处理以后,得到其预测值。接下来,使用这个预测值及其对应的标签值 1 和损失函数计算出损失值。最后,使用反向传播与梯度下降算法更新生成器模型中的参数。因为判别器模型中的参数全部保持不变,所以在对模型参数进行更新时只会更新生成器模型中的参数。值得注意的是,这里将生成器生成的假图片的标签值全部设置 1,因为生成器模型在进行训练时只有一个目的,努力让生成的图片被判别器判定为真图片。由于判别器模型中的参数在训练时保持不变,将标签值设置为 1 以后,就会让生成器在训练时逐步根据输入的随机值向量来生成让判别器视为真图片的图片,进而提高生成图片与数据集中真实图片的相似度。

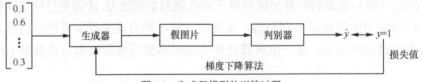

图 9.5　生成器模型的训练过程

　　通过这样的方式分别训练生成对抗网络中的判别器与生成器,在"训练博弈"中逐步提高判别器辨别真假图片的能力,以及生成器生成真实图片的能力。在掌握了生成对抗网络的工作原理后,我们根据其原理完成一个实际的项目。

9.2　生成对抗网络模型的训练技巧

　　虽然生成器与判别器的训练原理与训练过程较容易掌握,但是在实际项目中,通过生成对抗网络训练出一个好的生成器并不容易，往往需要借助一些特殊的训练方法。根据接下来的项目需要，本章讲解两个在模型训练时使用的进阶方法，分别为梯度值剪裁（gradient value clipping）与批量标准化中的动量（momentum for batch normalization）。在这个项目中，应用这两个方法训练生成对抗网络模型，能够使模型在训练时更加稳定。第 5 章已经详细讲解了一些训练模型的常用优化方法，本节讲解的这两个方法为对第 5 章内容的补充。理解了这两个方法以后，直接将其应用在项目中，来进一步加深对它们的理解。

9.2.1　梯度值剪裁

梯度值剪裁是在梯度下降算法中使用计算出的梯度值对模型参数进行更新之前，对梯度值按照指定阈值剪裁。在对模型进行训练时，需要计算出损失函数对模型参数的梯度值，进而通过梯度值对模型参数使用梯度下降算法进行更新。然而，有的时候计算出的梯度值可能过大或者过小，导致模型参数在更新时的变化过大，或者过小。这种现象会直接导致模型在训练时很不稳定。梯度值剪裁通过设定一个阈值，当计算出的梯度值大于这个阈值时，将梯度值直接设置为这个阈值；当计算出的梯度值小于这个阈值的负数时，将梯度值直接设置为这个阈值的负数。

通过这个简单的方法，能够使模型在训练时参数的更新过程更加稳定，减少过大或过小的梯度值对参数更新的影响。例如，如果将阈值设定为 1.0，那么当计算出的梯度值大于 1.0（如 6.8）时，梯度会被直接设置为 1.0；当计算出的梯度值小于−1.0（如−5.8）时，梯度会被直接设置为−1.0；当计算出的梯度值介于−1.0～1.0（如 0.3）时，其值保持不变。

在 Keras 框架中，梯度值剪裁中使用的阈值可以通过梯度下降优化算法中的 `clipvalue` 参数来指定。指定 `clipvalue` 参数以后，模型在训练时每次计算出的梯度值都会与这个阈值进行比较，并对其进行相应的调整，如以下代码所示。

```
from keras.optimizers import RMSprop
optimizer=RMSprop(lr=0.0008, clipvalue=1.0)
```

9.2.2　批量标准化中的动量

第 5 章对批量标准化的原理与使用方法进行了详细讲解。在实际的应用中，通常使用批量标准化中的动量来使批量标准化在运算中得到的结果更加稳定。批量标准化中的动量与梯度下降算法中的动量工作原理一样，批量标准化中的动量决定了在使用计算出的均值对当前批量数据进行标准化时，考虑之前进行批量标准化时计算得到的多少个均值。

在第 5 章中，对数据进行批量标准化时，首先计算出当前处理的批量数据的均值与方差，然后使用计算出的均值与方差对当前批量数据进行标准化。在实际应用中均值的使用方式与这种方式稍有不同。在实际应用中，并不是使用在当前批量数据中计算出的均值，而是使用运行均值（running mean）作为标准化中使用的均值。将动量值设置为 0.9 后，运行均值的计算方式如以下公式所示。

$$\text{running\_mean}[i] = 0.9\,\text{running\_mean}[i-1] + 0.1\,\text{batch\_mean}[i]$$

其中，batch_mean[i]为在当前第 i 批数据中计算出的均值。将 batch_mean[i]乘以 0.1（即 1−动量值）后与第（i−1）批数据中计算得到的 running_mean[i−1]乘以 0.9（动量值）相加，得到当前批量数据的 running_mean[i]。使用这个运行均值计算出方差之后，再利用这个新的运行均值与方差对当前批量数据进行标准化。从以上的计算公式可以看出，如果将动量值设置为 0，那么当前的运行均值与直接计算出的均值相同。

在 Keras 框架中，批量标准化中动量的使用方式很简单，只需要对 momentum 参数进行指定即可，如以下代码所示。momentum 参数的默认值为 0.99，所以在之前使用批量标准化时，虽然没有指定其中的任何参数，但是其实使用了值为 0.99 的动量。

```
from keras.layers import BatchNormalization
BatchNormalization(momentum=0.99)
```

9.3　项目实战

在掌握了生成对抗网络模型的构建与训练原理以后，将所学的知识应用到实际项目中。首先加载项目所需的数据集，然后按照原理部分讲解的顺序，分别构建判别器模型与生成器模型，接下来使用这两个模型构建一个生成对抗网络模型，最后使用训练集数据对模型进行训练。

9.3.1　数据集介绍与加载

项目中使用的数据集来自 *Quick, Draw!* 游戏。这是一款模型涂鸦游戏，玩家需要根据屏幕中显示的单词画出该单词代表的物体轮廓，物体的类别有很多种，如闹钟、小汽车、苹果、杯子、钻石、相机等。这个游戏使用 AI 算法来实时识别玩家绘制的物体，直至玩家在 20s 的时间内画出指定的物体。该游戏一经推出，就有很多玩家参与这个绘图游戏，因此收集到了大量物体的手绘图，部分手绘图样本如图 9.6 所示。

在本次项目中，选用所有苹果的手绘图片作为数据集，这个数据集中共有 144 722 张关于苹果的手绘图片。所有图片均为扁平化处理以后的黑白图片，每张图片的尺寸为 28×28，与 MNIST 数据集的图片尺寸一致。将数据集加载到程序中以后，首先将所有图片中的像素值进行归一化处理，然后把所有扁平化处理以后的图片转换为(图片个数, 长度, 宽度, 通道数)的格式，如以下代码所示。

```
import numpy as np
input_path = "full_numpy_bitmap_apple.npy"
data = np.load(input_path)
```

```
data = data / 255.0
data = np.reshape(data, (-1, 28, 28, 1))
```

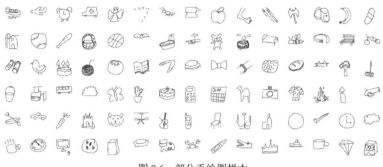

图 9.6　部分手绘图样本

　　将苹果手绘图数据集加载到程序后，可以随机挑选出一张图片，查看图片样式。如以下代码所示，使用 Matplotlib 库可视化随机挑选出的苹果手绘图。从图 9.7 可以看出，这张图片的尺寸为 28×28。

```
import matplotlib.pyplot as plt
%matplotlib inline
plt.imshow(data[333,:,:,0], cmap="Greys")
```

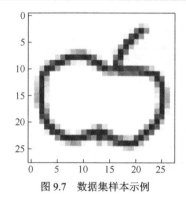

图 9.7　数据集样本示例

9.3.2　判别器模型的构建

　　将用于生成对抗网络模型训练的数据集处理好后，使用 Keras 框架构建生成对抗网络模型中的判别器模型。首先，在程序中加载项目所需要的所有库函数。在项目中，会使用 Model 模型来分别构建判别器模型与生成器模型，使用 Sequential 模型将生成器模型与判别器模型组合起来形成生成对抗网络模型。然后，加载所有在构建模型时需要使用的层，如输入层、全连接层、卷积层等。使用 RMSprop 算法对模型进行训练。具体实现方式如以下代码所示。

```
from keras.models import Sequential, Model
from keras.layers import Input, Dense, Conv2D, BatchNormalization, Dropout, Flatten
```

```
from keras.layers import Activation, Reshape, Conv2DTranspose, UpSampling2D
from keras.optimizers import RMSprop
```

　　判别器模型的主要作用为接收图片，对图片进行分类，判断图片的真假。在对判别器模型进行训练时，数据集中的所有图片被标记为真，由生成器生成的所有图片被标记为假。不难分析出，这个项目中的判别器模型为一个用于完成二分类任务的卷积神经网络。如以下代码所示，将判别器模型用一个函数封装，方便后续的调用。判别器模型的输入为尺寸为 28×28 的单通道黑白图片，然后将接收到的输入图片依次使用多层的卷积层进行处理。将卷积层的输出使用扁平化层处理以后，连接一个只有一个单元的全连接层以完成二分类任务。为了防止判别器模型出现严重的过拟合现象，使用了 Dropout 层。判别器模型的构建方式如以下代码所示。

```
def discriminator():
    # 判别器的输入为图片数据
    inputs = Input((28, 28, 1))
    conv1 = Conv2D(filters=64,
                   kernel_size=(5, 5),
                   strides=2,
                   padding='same',
                   activation='relu')(inputs)
    conv1 = Dropout(0.4)(conv1)
    conv2 = Conv2D(filters=128,
                   kernel_size=(5, 5),
                   strides=2,
                   padding='same',
                   activation='relu')(conv1)
    conv2 = Dropout(0.4)(conv2)
    conv3 = Conv2D(filters=256,
                   kernel_size=(5, 5),
                   strides=2,
                   padding='same',
                   activation='relu')(conv2)
    conv3 = Dropout(0.4)(conv3)
    conv4 = Conv2D(filters=512,
                   kernel_size=(5, 5),
                   strides=2,
                   padding='same',
                   activation='relu')(conv3)
    conv4 = Dropout(0.4)(conv4)
    flatten = Flatten()(conv4)
    # 对输入图片进行真、假分类
    outputs = Dense(units=1,
                    activation='sigmoid')(flatten)
    model = Model(inputs, outputs)
```

```
# 为判别器模型命名
model.name = 'Discriminator'
return model
```

构建好判别器模型以后,对其进行编译。由于这为二分类任务,因此选择二元交叉熵函数作为模型训练时的损失函数。指定 RMSprop 算法中的学习率为 0.000 8,通过指定 decay 使学习率的值在模型训练过程中逐渐减小,并在模型训练过程中对计算出的梯度值应用梯度值剪裁。判别器模型的编译方式如以下代码所示。

```
# 加载判别器模型
discriminator = discriminator()
# 对判别器模型进行编译
discriminator.compile(loss='binary_crossentropy',
                      optimizer=RMSprop(lr=0.0008,
                                        decay=6e-8,
                                        clipvalue=1.0),
                      metrics=['accuracy'])
discriminator.summary()
```

判别器模型的总结如图 9.8 所示。从模型总结中可以看出,模型以尺寸为 28×28 的图片数据作为输入,最后模型的输出为一个表示图片真假的值。

```
Layer (type)                 Output Shape              Param #
=================================================================
input_1 (InputLayer)         (None, 28, 28, 1)         0
_____
conv2d_1 (Conv2D)            (None, 14, 14, 64)        1664
_____
dropout_1 (Dropout)          (None, 14, 14, 64)        0
_____
conv2d_2 (Conv2D)            (None, 7, 7, 128)         204928
_____
dropout_2 (Dropout)          (None, 7, 7, 128)         0
_____
conv2d_3 (Conv2D)            (None, 4, 4, 256)         819456
_____
dropout_3 (Dropout)          (None, 4, 4, 256)         0
_____
conv2d_4 (Conv2D)            (None, 2, 2, 512)         3277312
_____
dropout_4 (Dropout)          (None, 2, 2, 512)         0
_____
flatten_1 (Flatten)          (None, 2048)              0
_____
dense_1 (Dense)              (None, 1)                 2049
=================================================================
Total params: 4,305,409
Trainable params: 4,305,409
Non-trainable params: 0
```

图 9.8 判别器模型的总结

9.3.3 生成器模型的构建

构建好了判别器模型以后,开始构建生成对抗网络中的生成器模型。生成器模型的输入为随机值向量,在这个项目中,使用维度为 100 的随机值向量作为生成器模型的输入。接下来,生成器需要根据随机值向量来构造出图片。

生成器接收到随机值向量后，使用一个有 3 136（即 7×7×64）个单元的全连接神经网络将其维度扩大为 3 136。然后，依次使用批量标准化、ReLU 函数对数据进行进一步的处理。接下来，应用 Reshape 层将维度为 3 136 的向量数据格式转换为(7, 7, 64)，Keras 框架中的 Reshape 层与 NumPy 库中的 reshape 函数工作原理类似。最后，依次使用上采样与反卷积将其变为尺寸为 28×28 的图片。其中，为了防止过拟合现象的出现使用了 Dropout 层，为了加速模型的训练使用了批量标准化。生成器模型的构建方式如以下代码所示。

```python
def generator():
    # 生成器的输入为维度为 100 的随机值向量
    inputs = Input(shape=(100,))
    dense1 = Dense(7 * 7 * 64)(inputs)
    dense1 = BatchNormalization(momentum=0.9)(dense1)
    dense1 = Activation(activation='relu')(dense1)
    dense1 = Reshape((7, 7, 64))(dense1)
    dense1 = Dropout(0.4)(dense1)
    conv1 = UpSampling2D()(dense1)
    conv1 = Conv2DTranspose(filters=32,
                            kernel_size=5,
                            padding='same',
                            activation=None)(conv1)
    conv1 = BatchNormalization(momentum=0.9)(conv1)
    conv1 = Activation(activation='relu')(conv1)
    conv2 = UpSampling2D()(conv1)
    conv2 = Conv2DTranspose(filters=16,
                            kernel_size=5,
                            padding='same',
                            activation=None)(conv2)
    conv2 = BatchNormalization(momentum=0.9)(conv2)
    conv2 = Activation(activation='relu')(conv2)
    conv3 = Conv2DTranspose(filters=8,
                            kernel_size=5,
                            padding='same',
                            activation=None)(conv2)
    conv3 = BatchNormalization(momentum=0.9)(conv3)
    conv3 = Activation(activation='relu')(conv3)
    # 生成器的输出为图片
    outputs = Conv2D(filters=1,
                     kernel_size=5,
                     padding='same',
                     activation='sigmoid')(conv3)
    model = Model(inputs, outputs)
    # 命名生成器模型
    model.name = 'Generator'
    return model
```

```
generator = generator()
generator.summary()
```

构建好的生成器模型的总结如图 9.9 所示。从模型总结中可以看出,生成器根据维度为 100 的向量来生成尺寸为 28×28 的图片。

```
Layer (type)                    Output Shape          Param #
=================================================================
input_2 (InputLayer)            (None, 100)           0

dense_2 (Dense)                 (None, 3136)          316736

batch_normalization_1 (Batch    (None, 3136)          12544

activation_1 (Activation)       (None, 3136)          0

reshape_1 (Reshape)             (None, 7, 7, 64)      0

dropout_5 (Dropout)             (None, 7, 7, 64)      0

up_sampling2d_1 (UpSampling2    (None, 14, 14, 64)    0

conv2d_transpose_1 (Conv2DTr    (None, 14, 14, 32)    51232

batch_normalization_2 (Batch    (None, 14, 14, 32)    128

activation_2 (Activation)       (None, 14, 14, 32)    0

up_sampling2d_2 (UpSampling2    (None, 28, 28, 32)    0

conv2d_transpose_2 (Conv2DTr    (None, 28, 28, 16)    12816

batch_normalization_3 (Batch    (None, 28, 28, 16)    64

activation_3 (Activation)       (None, 28, 28, 16)    0

conv2d_transpose_3 (Conv2DTr    (None, 28, 28, 8)     3208

batch_normalization_4 (Batch    (None, 28, 28, 8)     32

activation_4 (Activation)       (None, 28, 28, 8)     0

conv2d_5 (Conv2D)               (None, 28, 28, 1)     201
=================================================================
Total params: 396,961
Trainable params: 390,577
Non-trainable params: 6,384
```

图 9.9 生成器模型的总结

生成器模型的作用为在模型训练好以后,根据输入的随机值向量生成与真实图片几乎无异的图片。因此,定义一个可视化生成器生成图片的函数,这样在模型训练时,就可以随时查看生成器模型生成的图片的质量。在这个函数中,首先生成 16 个维度为 100 的随机值向量,然后使用生成器根据这 16 个向量生成 16 张图片,最后将图片以 4 行 4 列的方式进行展示。具体实现方式如以下代码所示。

```
def images_generation():
    # 定义每次使用生成器生成的图片张数
    n_samples=16
    # 随机生成 16 个维度为 100 的随机值向量
    random_samples = np.random.uniform(-1.0, 1.0, size=(n_samples, 100))
```

```
# 使用生成器生成 16 张图片
generated_imgs = generator.predict(random_samples)
# 对这些生成的图片进行可视化
plt.figure(figsize=(5, 5))
for i in range(n_samples):
    plt.subplot(4, 4, i+1)
    plt.imshow(generated_imgs[i, :, :, 0], cmap='gray')
    plt.axis('off')
plt.tight_layout()
plt.show()
```

9.3.4　生成对抗网络模型的构建

分别构建好判别器模型与生成器模型以后，将其"组装"到一起形成一个生成对抗网络模型。首先定义一个序列模型，然后依次在模型中加入生成器模型与判别器模型，并对这个全连接生成网络模型进行编译，如以下代码所示。

```
def adversarial_network():
    model = Sequential()
    model.add(generator)
    model.add(discriminator)
    model.compile(loss='binary_crossentropy',
                  optimizer=RMSprop(lr=0.0004,
                                    decay=3e-8,
                                    clipvalue=1.0),
                  metrics=['accuracy'])
    return model
model = adversarial_network()
model.summary()
```

生成对抗网络模型的总结如图 9.10 所示。从模型总结中可以看出，这个生成对抗网络模型由一个生成器模型与一个判别器模型组成。

```
Layer (type)                 Output Shape              Param #
=================================================================
Generator (Model)            (None, 28, 28, 1)         396961
_____
Discriminator (Model)        (None, 1)                 4305409
=================================================================
Total params: 4,702,370
Trainable params: 4,695,986
Non-trainable params: 6,384
```

图 9.10　生成对抗网络模型的总结

9.3.5　生成对抗网络模型的训练

生成对抗网络模型构建好以后，就可以使用数据集中的图片数据对其进行训练。因为在训练生成器模型时，需要使判别器模型中的所有参数保持不变，所以通过一个 trainable 函数，来控制模型的参数在训练时是否为可训练参数。当函数中的 value 被指定为 False 时，模型中的所有参数值为不可训练参数；当被指定为 True 时，模型中的所有参数在训练时会使用指定的梯度下降算法进行更新。trainable 函数的定义如以下代码所示。

```
def trainable(model, value):
    model.trainable = value
    for layer in model.layers:
        layer.trainable = value
```

接下来，开始对生成对抗网络中的判别器模型与生成器模型分别进行训练。将模型训练时使用的数据批量指定为 128，一共对模型进行 3 001 次迭代训练，使用 n_data 变量来存储数据集中图片数据的个数。

为了对判别器模型进行训练，首先从数据集中随机取出 128 张图片，使用生成器根据 128 个维度为 100 的随机值向量生成 128 张图片，并将所有的数据整合（concatenate）到一起，形成一个有 256 张图片的小数据集，使用变量 X 来表示。然后将所有从数据集中取出的图片标签值设置为 1，将所有由生成器生成的图片标签值设置为 0，这个小数据集的所有图片标签使用 y 来表示。最后使用这个小数据集来对判别器模型进行训练。

将判别器模型训练好了以后，开始训练生成器模型。首先，将生成对抗网络中的所有参数设置为不可训练参数，使其参数值在训练生成器模型时保持不变。然后，准备 128 个维度为 100 的随机值向量作为生成器模型的输入，使用 random_samples 变量表示。接着，将这 128 个随机值向量对应的标签值全部设置为 1，使用变量 y 来表示，这样就形成了一个可用于生成器模型训练的小数据集。最后，使用这个小数据集对生成器模型进行训练。在生成器模型的训练过程中，参数保持不变的判别器模型起到一个辅助的作用，使得生成器模型在训练时的目标为努力生成被判别器模型判定为真图片的图片。

为了查看生成器模型的训练情况，每迭代训练 500 次以后，使用 images_generation 查看使用当前生成器生成图片的质量，进而了解模型的训练情况。整个生成对抗网络模型的训练过程如以下代码所示。

```
batch_size = 128
epochs = 3001
n_data = data.shape[0]
for i in range(epochs):
    # 从数据集中取出批量的真图片
    real_imgs = data[np.random.choice(n_data, batch_size, replace=False)]
    real_imgs = np.reshape(real_imgs, (batch_size, 28, 28, 1))
    # 使用生成器来生成批量假图片
    random_samples = np.random.uniform(-1.0, 1.0, size=(batch_size, 100))
    fake_imgs = generator.predict(random_samples)
    # 将真图片与假图片数据整合起来
```

```
X = np.concatenate((real_imgs, fake_imgs))
# 将真图片的标签值全部指定为 1
y = np.ones((2*batch_size, 1))
# 将假图片的标签值全部指定为 0
y[batch_size:, :] = 0
# 使用整合好的数据集来训练判别器模型
trainable(discriminator, True)
discriminator.train_on_batch(X, y)
# 将判别器模型训练好以后，接下来训练生成器模型
# 使判别器模型的所有参数保持不变
trainable(discriminator, False)
# 准备批量的随机值向量作为生成器的输入
random_samples = np.random.uniform(-1.0, 1.0, size=(batch_size, 100))
# 将所有生成器生成的图片标签值指定为 1
y = np.ones((batch_size, 1))
# 使用刚刚处理好的数据集训练生成器模型
model.train_on_batch(random_samples, y)
# 每迭代训练 500 次以后，查看生成器生成图片的质量
if i % 500 == 0:
    print(f"============= 第{i}次训练 =============")
    images_generation()
```

运行以上代码来对这个生成对抗网络模型进行训练。在没有对生成器模型进行训练时，生成器生成的 16 张图片如图 9.11 所示。这些图片只是由一些随机像素值形成的，没有任何实际意义。

当模型经过 500 次迭代训练以后，生成器生成的图片如图 9.12 所示。从图中可以看出，这个时候生成器已经能够生成一些有苹果轮廓的图片，但是这些图片的质量较差。

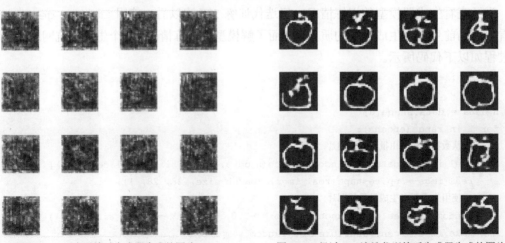

图 9.11　没有训练时生成器生成的图片　　　图 9.12　经过 500 次迭代训练后生成器生成的图片

当模型完成 3 001 次迭代训练以后，生成器生成的图片如图 9.13 所示。从图中可以看出，图片中的苹果轮廓更清晰，与之前生成的图片质量相比，有了明显提高。

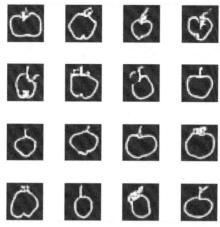

图 9.13　经过 3 001 次迭代训练后生成器生成的图片

到此为止，就完成了对整个生成对抗网络模型的训练。在这个项目中，使用了 144 722 张苹果手绘图作为数据集，感兴趣的读者还可以下载小汽车手绘图、长城手绘图等数据集来构建与训练生成对抗网络模型。

需要再次强调的是，生成对抗网络模型中的判别器主要以一个"教练"的身份来指导生成器进行训练。在训练过程中，判别器需要不断改进，进而以更加"严格"的态度来让生成器生成的图片更加逼真。

9.4　本章小结

本章详细讲解了深度学习中一种很独特的神经网络，即生成对抗网络。最近几年，随着对生成对抗网络的不断研究与探索，人们已经能够将其应用在其他很多的领域中。例如，超分辨率生成对抗网络（Super Resolution GAN，SRGAN）可以将低分辨率的图片转换为高分辨率的图片，SRGAN 模型的结构与本章中使用的模型结构很类似，其中使用了较多的卷积层、批量标准化等。这个应用具有较好的商业前景，如用于提高手机拍摄的照片的清晰度等。

除了掌握生成对抗网络模型的工作原理，更重要的是学习这种模型的设计思想。实际上，自编码模型的构建原理与生成对抗网络有异曲同工之妙。在自编码模型中，可以把编码器看作生成对抗网络中的生成器，用于根据输入数据生成一个编码。可以把解码器看作生成对抗网络中的判别器，根据这个编码能够判断在何种程度上重构出编码器接收到的输入数据。

　　将所学知识进行类比和联系，能够加深对知识本身的理解。如在第 10 章中会学习深度强化学习中的一个重要算法，即演员-评判家算法。在这个算法中，演员模型按照一定的策略采取动作，评判家模型对演员模型的训练提供辅助。这个算法的工作原理与生成对抗网络的原理很类似。通过这种类比学习的方式，找到算法的共同点，才能融会贯通。

第 10 章 深度强化学习

2016 年，阿尔法围棋（AlphaGo）与世界围棋冠军李世石进行围棋人机大战，最后以 4：1 的总比分获胜，如图 10.1 所示。在接下来的一段时间里，阿尔法围棋与 10 位围棋高手进行对战，连续 60 局无一败绩。在 2017 年的中国乌镇围棋峰会上，它与排名世界第一的中国棋手何洁对决，以 3：0 的总比分获胜。从此，阿尔法围棋名声大噪。围棋是世界上非常复杂的棋类游戏，大部分的专业选手需要经过几年甚至十几年的专心研究与学习才能精通围棋。AlphaGo Zero 是阿尔法围棋的升级版本，它经过仅仅 3 天的自我训练，就打败了旧版阿尔法围棋。自我训练指的是阿尔法围棋在训练时不知道棋谱，让其在训练时自己掌握围棋的落子规则，并学习在这个规则下战胜对手。这几个事实足以说明阿尔法围棋的强大。那么是什么技术让阿尔法围棋通过自我训练的方式“精通”围棋的呢？在阿尔法围棋应用的所有技术中，最关键的技术是深度强化学习（deep reinforcement learning）。

图 10.1　围棋人机大战

在机器学习中，可以将模型分为 3 类，分别为有监督学习模型、无监督学习模型及强化学习模型。简单来说,在模型训练时若需要使用样本标签,则为有监督学习模型;反之,则为无监督学习模型。本书中的线性回归算法、逻辑回归算法、使用 CNN 模型进行图片分类、使用 RNN 模型进行情感分析等属于有监督学习。这些有监督学习模型在训练时都需要使用到样本中的标签值,模型训练的目标为将样本中的特征值与标签值联系起来。自编码模型、生成对抗网络等属于无监督学习,这些无监督学习模型在训练时只需要使用到样本中的特征值,如图片中的像素值。强化学习模型在训练时使用的数据全部由智能体(agent)与环境(environment)在交互过程中产生。本章会详细讲解深度强化学习的原理及其在实际项目中的应用。

10.1 深度强化学习简介

深度强化学习是深度学习技术与强化学习技术的结合。到目前为止,我们已经学习了多种深度学习模型,如全连接神经网络、卷积神经网络、循环神经网络等。在强化学习中应用深度学习技术即为深度强化学习。深度强化学习主要解决的问题是智能体在环境中的状态(state)与环境进行交互的过程中,如何采取合适的动作(action)以获得最高的奖励(reward)。深度强化学习的原理如图 10.2 所示。智能体首先从环境中获取当前环境的状态,并根据这个状态采取一个动作,环境会根据智能体采取的这个动作给予智能体合适的奖励。奖励可能是正值也可能是负值,当奖励为负值时,实际为惩罚。为了术语的统一,通常只用奖励来进行描述,使用奖励的正、负来区分奖励与惩罚。智能体的动作会对环境造成影响,从而使智能体接下来从环境中获取到的状态会与之前接收到的状态有所不同,智能体则需要再次根据当前获取的状态来采取一个动作,

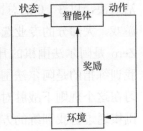

图 10.2 深度强化学习原理

环境根据这个动作给予智能体合适的奖励。这个动作会再次对环境造成一定的影响,从而改变其状态。智能体通过这样的方式与环境进行反复交互,直至智能体接收到环境中的最后一个状态。

这个抽象化的讲解可能不容易理解,接下来通过一个示例进一步说明。以无人驾驶汽车为例,为了便于理解,可以将无人驾驶汽车视为智能体,但是实际上智能体为控制这辆汽车的智能计算机。这辆无人驾驶汽车所处的位置与街道情况、周围汽车的行驶情况、周围的行人行走情况及前方红绿灯情况等为汽车所在的环境。汽车中装有很多传感器、导航系统等,可以从当前环境中实时获取到环境的状态,如当前的状态为周围有 9 辆停止的汽车、正前方有 3 个行人及前方的红绿灯为红灯等。无人驾驶汽车获取到当前环境的状态后,采取一个动作,如加速行驶。在无人驾驶汽车完成这个加速行动以后,会接收到一个负的奖励,因为前方为红灯而且正前方有行人通过,所以加速行驶是很危险的。然后,无人驾驶汽车继续从环境中获取周围的状态,周围有 11 辆停止的汽车、正前方有 1 个行人、前方的红绿灯为红灯等。当接收到状态以

后，无人驾驶汽车采取刹车动作。这时会接收到一个正的奖励，因为前方有行人而且为红灯，刹车是正确的。在接收到奖励以后，无人驾驶汽车继续获取周围的状态，周围有 3 辆正在加速的汽车与 8 辆停止的汽车、正前方没有行人、前方的红绿灯为绿灯等，当无人驾驶汽车接收到这个状态以后，采取加速动作。这时会接收到一个正的奖励，因为当前为绿灯而且前方没有行人通过。依次类推，无人驾驶汽车继续获取环境中的状态，根据当前的状态来采取一个动作，并得到奖励，直到这辆无人驾驶汽车到达最终的目的地。

10.2 深度强化学习详解

深度强化学习技术除了应用在无人驾驶、机器人领域外，还广泛应用在各种游戏中，如围棋、象棋、斗地主等棋牌类游戏，《超级马里奥》《愤怒的小鸟》《月球登陆》（*LunarLander*）等娱乐游戏。《月球登陆》游戏的画面如图 10.3 所示，在游戏中玩家需要控制从屏幕上方出现的飞行器中的引擎来控制飞行器的飞行速度与方向，并使其准确降落在着陆点。飞行器上安装了 3 个引擎，分别为左引擎、右引擎、主（下）引擎，飞行器在空中可以通过这 3 个引擎控制飞行的方向与速度。当飞行器打开左引擎时，会产生向右的加速度；当打开右引擎时，会产生向左的加速度；当打开主引擎时，飞行器会产生向上的加速度。当所有引擎都关闭时，飞行器不对自身的飞行做任何调整，因此飞行器会按照惯性飞行。由此可见，飞行器在飞行时可以采取 4 个动作，分别为自由飞行、打开左引擎、打开右引擎、打开主引擎。

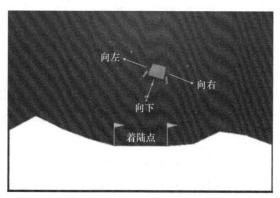

图 10.3 《月球登陆》游戏的画面

为了能够将强化学习算法应用到游戏中，OpenAI 公司开发了 Gym，Gym 为二维游戏的模拟器。Gym 中已经整合了多种游戏，其中就包括这款《月球登陆》游戏。游戏中的飞行器为智能体，游戏的画面为智能体所在的环境。对于一般的游戏，游戏中的画面需要使用图片来表示；而对于一些小游戏，使用向量就能够表示游戏中的画面。在 Gym 这个模拟器中，《月球登陆》游戏的画面使用一个维度为 8 的向量来表示，向量中前两个值为飞行器当前所在位置的坐标值，着陆点设置在坐标为（0,0）的位置。其余 6 个值为飞行器的水平速度、垂直速度、角速度等信息。因为游戏中的坐标系已经固定，而且着陆点一直都在原点的位置处，所以使用维度为 8 的向量就可以表示环境中的状态。

飞行器在飞行期间可以采取的动作使用 4 个数值来表示，分别为 0（代表自由飞行）、1（代表打开主引擎）、2（代表打开左引擎）、3（代表打开右引擎）。飞行器在飞行过程中根据以下规则来得到奖励。当飞行器准确降落在着陆点而且速度几乎为 0 时，得到 100～140 分的奖励。当飞行器撞击到地面时，会得到-100 分的奖励；当平稳着陆时，会得到 100 分的奖励。当飞行器使用左边或右边的缓冲装置平稳着陆时，会再次得到 10 分的奖励。当打开主引擎时，会连续得到-0.3 分的奖励，直至关闭引擎。当打开左或右引擎时，会连续得到-0.03 分的奖励，直至关闭引擎。当飞行器撞击到地面或平稳着陆时，游戏结束，从游戏开始到游戏结束称为一个回合（episode）。从《月球登陆》游戏的奖励机制中可以分析出，飞行器如果要在一个回合中获得累计最高的奖励，就需要在尽量少打开引擎的情况下，使用两边的缓冲装置平稳降落在着陆点。

使用数学符号表示以上智能体与环境进行交互并获得奖励的过程，这样可以对其有更加深入的理解。智能体与环境交互的过程如图 10.4 所示。智能体首先获得环境的初始状态 s_1，然后根据这个初始状态做出一个动作 a_1，得到奖励 r_1。然后，智能体从环境中获得下一个状态 s_2，根据这个状态做出一个动作 a_2，得到奖励 r_2。依次类推，直到智能体从环境中获得最后一个状态 s_T，根据这个状态做出一个动作 a_T，得到奖励 r_T，完成一个回合。

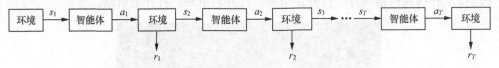

图 10.4　智能体与环境交互的过程

智能体与环境交互的过程可以使用变量 τ 来表示，变量 τ 表示智能体与环境在一个回合的交互过程中走过的轨迹（trajectory），轨迹中包含了从开始到最后的每一次交互中产生的状态 s、动作 a、奖励 r，如下所示。

$$\tau = \{s_1, a_1, r_1, s_2, a_2, r_2, \cdots, s_T, a_T, r_T\}$$

对于智能体，它的目标为在一个回合中获得累计最高的奖励。智能体在一个回合中获得的累计奖励等于把智能体在采取每一个动作时获得的奖励相加，也就是把轨迹中每一次交互过后得到的奖励值 r_t 全部加起来，如以下公式所示。

$$R(\tau) = \sum_{t=1}^{T} r_t$$

式中，$R(\tau)$ 表示智能体在一个回合中获取到的累计奖励值；T 表示在一个回合中智能体与环境进行交互的次数；r_t 表示第 t 次交互时获得的奖励值。一个好的智能体不应该只在一个回合中获得最高的奖励，应该能够在很多个回合中获得最高的奖励。这类似于一个好的选手不应该只在一场比赛中取得胜利，应该在很多场比赛中获胜，这样才更具有说服力。所以衡量智能体一个更合适的办法就是让这个智能体与环境进行很多次交互，如 N 次，然后取这 N 次进行交互后智能体获得的平均奖励，最后通过智能体获得的平均奖励值来对其进行评价，如以下公式所示。

$$\overline{R} = \frac{1}{N} \sum_{n=1}^{N} R(\tau^n)$$

式中，τ^n 为智能体在与环境进行第 n 次交互后的轨迹；$R(\tau^n)$ 表示在第 n 次交互后，智能体获得到的累计奖励值；$\overline{R}$ 表示在智能体在与环境进行 N 次交互以后，得到的平均累计奖励值。

由此可以分析出，在深度强化学习中需要解决的问题只有一个——如何训练出一个智能体，使其在与环境进行多次交互后能够获得最高的平均奖励值。

本章将详细讲解 3 个用于解决这个问题的算法，分别为 Deep Q-Learning 算法、策略梯度（policy gradient）算法及演员-评判家算法。

10.3 Deep Q-Learning 算法

本节讲解深度强化学习中最经典的算法之一，即 Deep Q-Learning 算法。从这个算法的名字可知 Deep Q-Learning 算法是深度学习与强化学习中的 Q-Learning 算法的结合。我们对深度学习已经很熟悉了，本节主要讲解 Q-Learning 算法的工作原理以及如何将其与深度学习模型相结合。

10.3.1 Q-Learning 算法详解

在 Q-Learning 算法中，引入了 Q 值（Quality value）的概念。Q 值的准确表示为 $Q(s_t, a_t)$，其含义为智能体在接收到状态 s_t 并采取动作 a_t 后，期待在本回合结束后能够得到的累计奖励值。$Q(s_t, a_t)$ 的值用来衡量在状态 s_t 采取动作 a_t 的"质量"。通过 Q 值，智能体在接收到任何一个状态后，都可以采取对应 Q 值最大的动作，从而保证在一个回合结束后，所得到的累计奖励值是最高的。

智能体在接收到状态 s_t 并采取动作 a_t 后得到的 $Q(s_t, a_t)$ 值由 Q 值表来决定。Q 值表中存储了环境中的每个状态与智能体在接收这个状态以后所采取的每一个动作对应的 Q 值。需要经过初始化，再通过训练的方式对 Q 值表中的 Q 值进行逐步更新。可以将 Q 值表中的所有 Q 值初始化为 0，也可以对其使用随机值进行初始化。

以《月球登陆》游戏为例，在智能体接收到某一个状态 s_t 后，可以采取的动作有 4 个，分

别用 a_1、a_2、a_3、a_4 来表示。智能体在一个环境中能够采取的所有动作的集合称为动作空间（action space），因此在这个游戏中智能体的动作空间为 $[a_1,a_2,a_3,a_4]$。对于无人驾驶汽车，智能体的动作空间为汽车可以采取的所有动作，包括点火、刹车、左转、右转、加速等。对于下围棋，智能体的动作空间为棋盘上所有可以落子的位置。《月球登陆》游戏中的智能体使用的 Q 值表可以定义为图 10.5 所示的形式，图中所有的 Q 值被初始化为 0。有了 Q 值表，就可以根据对应的状态 s_t 与动作 a_t 在表中查找出对应的 Q 值。

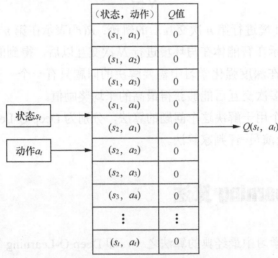

图 10.5　经过初始化后的 Q 值表

在 10.2 节中，经过分析得出智能体的训练目标为在一个回合中得到最高的累计奖励值。对应到 Q 值的概念中，就是让智能体从环境中接收到每一个状态 s_t 时，有选择地采取一个动作 a_t，使得 $Q(s_t,a_t)$ 的值最大。为了实现这个目标，提出了贝尔曼方程（Bellman Equation），如下所示。贝尔曼方程是一种用来对 Q 值表中的 Q 值进行更新的方式，使用这种方式对 Q 值表进行更新能够保证智能体在每次接收到状态后，采取让 Q 值最大的动作，这样在回合结束后能够得到最高的累计奖励值。

$$Q(s_t,a_t) = r(s_t,a_t) + \gamma \max_{a_{t+1}} Q(s_{t+1}, a_{t+1})$$

其中，$Q(s_t,a_t)$、$Q(s_{t+1},a_{t+1})$ 分别为状态 s_t 与动作 a_t、状态 s_{t+1} 与动作 a_{t+1} 在 Q 值表中对应的 Q 值，可以从 Q 值表中查找；$r(s_t,a_t)$ 为智能体在接收到状态 s_t 采取动作 a_t 后获得的奖励；$\max_{a_{t+1}} Q(s_{t+1}, a_{t+1})$ 表示在智能体接收到状态 s_{t+1} 并采取动作 a_{t+1} 后所得到的最大 Q 值；γ 为折扣率。

从方程中可以看出，在对 Q 值表进行更新时，当前的状态 s_t 与动作 a_t 的 Q 值取决于当前得到的奖励 $r(s_t,a_t)$ 与在下一个状态 s_{t+1} 中所能得到的最大 Q 值。折扣率用于让 Q 值表在进行更新时更加注重当前所得到的奖励。这样，通过贝尔曼方程就可以完成对 Q 值表的更新。

但是还存在一个问题，在智能体接收到状态 s_t 后，如果每次只采取能够让其所对应的 Q 值最大的动作，那么就有可能导致智能体在每次接收到状态 s_t 后，只会采取固定的一个动作，尽管其他的动作可能得到更高的 Q 值。例如，如果经过多次更新以后，当前的 Q 值表中状态 s_t 与 4 个动作 a_1、a_2、a_3、a_4 所对应的 Q 值分别如下。

$$Q(s_t, a_1) = 0$$
$$Q(s_t, a_2) = 3.3$$
$$Q(s_t, a_3) = 1.1$$
$$Q(s_t, a_4) = 0$$

于是，智能体在每个回合中接收到状态 s_t 后，只会采取动作 a_2，因为动作 a_2 对应最大的 Q 值。动作 a_1 与 a_4 对应的 Q 值全部为初始化时设置的 0，这说明智能体在接收到状态 s_t 后，还没有采取过这两个动作。所以存在一个可能性，智能体采取 a_1 或者 a_4 动作后，得到的 Q 值可能比采取 a_2 时更大。不过按照规定智能体每次只能采取对应 Q 值最大的动作，使得智能体无法采取 a_1 与 a_4 这两个动作中的任何一个。

为了解决这个问题，需要使用贪婪策略（greedy strategy）来对动作进行选择。在贪婪策略中，需要设定一个探索率。智能体每次从环境中接收到一个状态后，基于贪婪策略都会使用 random 函数来生成一个随机值。当这个随机值小于探索率时，智能体在动作空间中随机选择执行一个动作；当这个生成的随机值大于探索率时，则根据 Q 值表的规则选择一个动作。通过这样的方式，让智能体有采取其他动作的机会，而不会只按照 Q 值表的规则来机械地选择动作。在 Q 值表刚开始更新时，通常将探索率的值设置得较大，让智能体能够有机会尝试不同动作所得到的 Q 值。随着 Q 值表更新次数的增多，需要适当减小探索率进行，使得 Q 值表的更新更加稳定，直到将探索率减小到一个指定的最小值，探索率保持不变。

10.3.2 Deep Q-Learning 算法详解

在 Q-Learning 算法中，通过使用 Q 值表并应用贝尔曼方程对 Q 值表进行更新的方式能够训练出一个好的智能体。但是，对于这个 Q 值表，如果环境中的状态无法穷举，如《月球登陆》游戏中的画面，这样就无法使用 Q 值表来得到所有状态与动作对应的 Q 值，这就是为什么需要使用到深度学习模型。Deep Q-Learning 算法与 Q-Learning 算法的唯一不同之处在于，前者使用一个深度学习模型来替换掉后者使用的 Q 值表。Deep Q-Learning 算法中用于计算 Q 值的神经网络模型通常称为 Deep Q-Network 模型，简称为 DQN 模型。

以《月球登陆》游戏为例，DQN 模型的工作原理如图 10.6 所示。游戏环境中的状态 s_t 使用维度为 8 的向量表示，这个 DQN 模型为一个全连接神经网络。DQN 模型的输入层接收到状态 s_t，然后使用全连接层对其进行处理，最后连接到有 4 个单元的全连接层即输出层。输出层 4 个单元的输出分别代表当接收到状态 s_t 时，分别采取 a_1、a_2、a_3、a_4 这 4 个动作后所得到

的 Q 值。因为神经网络模型具有泛化能力，所以当 DQN 模型进行训练以后，即使对于训练数据中没有的状态，仍然能够计算出每一个动作所对应的 Q 值，这样就完美地解决了 Q 值表无法穷举环境中所有状态的问题。

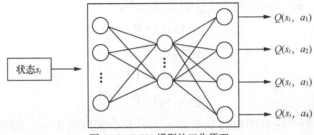

图 10.6 DQN 模型的工作原理

在《月球登陆》游戏中，状态可以使用一个定长的变量来表示，所以使用全连接神经网络就能够对其进行处理。对于一些画面比较复杂的游戏，则只能使用游戏的实际画面图片来对其状态进行表示，因此就需要使用卷积神经网络来对图片数据进行处理。

掌握 DQN 模型的工作原理以后，如何来对模型进行训练呢？对于本书所讲解的所有深度学习模型，都可以使用已经收集的数据集进行训练，如何收集用于训练 DQN 模型所需要的数据呢？

在 Deep Q-Learning 算法中，采用经验回放（experience replay）的方式来收集数据并对 DQN 模型进行训练。经验回放指的是在智能体与环境的交互过程中，记录下所有交互过程中的当前状态 s_t、采取的动作 a_t、得到的奖励 r_t、从环境中获取到的下一个状态 s_{t+1}，并将其全部存储在记忆库中。然后，就可以每次从记忆库中随机取出批量的数据用于 DQN 模型的训练。对 DQN 模型进行训练时，同样利用贝尔曼方程，如下所示。

$$Q(s_t, a_t; \theta) = r(s_t, a_t) + \gamma \max_{a_{t+1}} Q(s_{t+1}, a_{t+1}; \theta)$$

其中，θ 表示 DQN 模型的参数；$Q(s_t, a_t; \theta)$ 表示当模型的参数为 θ 时，接收到状态 s_t 后采取动作 a_t 得到的 Q 值；$r(s_t, a_t)$ 表示模型在接收到状态 s_t 时采取动作 a_t 后得到的奖励；$\max_{a_{t+1}} Q(s_{t+1}, a_{t+1}; \theta)$ 表示模型在接收到状态 s_{t+1} 并采取动作 a_{t+1} 后能得到的最大 Q 值。在训练深度学习模型时，都需要使用损失函数。首先对损失函数求梯度，然后使用梯度下降算法来对模型的参数进行更新。根据贝尔曼方程，可以将 DQN 模型的损失函数定义为下式。

$$\text{Loss}(\theta) = \left[Q(s_t, a_t; \theta) - \left(r(s_t, a_t) + \gamma \max_{a_{t+1}} Q(s_{t+1}, a_{t+1}; \theta) \right) \right]^2$$

这个损失函数是不是有点熟悉？没错，这个损失函数其实就是均方差函数，如下所示。

$$\text{Loss}(\hat{y}^i, y^i) = \frac{1}{N} \sum_{i=1}^{N} (\hat{y}^i - y^i)^2$$

其中，$\hat{y}^i$ 表示模型对第 i 个样本的预测值；y^i 表示第 i 个样本的标签值。DQN 模型的损失函数

中的 $Q(s_t, a_t; \theta)$ 对应均方差中的 $\hat{y}^i$，$r(s_t, a_t) + \gamma \max_{a_{t+1}} Q(s_{t+1}, a_{t+1}; \theta)$ 对应均方差中的 y^i。因为 y^i 表示样本的标签值，所以 $r(s_t, a_t) + \gamma \max_{a_{t+1}} Q(s_{t+1}, a_{t+1}; \theta)$ 这个式子的计算结果也称为目标 Q 值（Q target）。

总结一下，Deep Q-Leaning 算法的实现过程分为如下两个步骤。

（1）记录智能体与环境交互过程中根据状态 s_t 使用贪婪策略采取的动作 a_t、从环境中得到的反馈信息、得到的奖励 r_t、下一个状态 s_{t+1}、回合是否结束等信息，并将这些信息一起存储在记忆库中。在智能体与环境的交互过程中，环境会实时反馈给智能体在采取行动 a_t 后当前回合是否结束。环境反馈的回合结束信息一直为 True，直到最后回合结束，返回 False。

（2）从记忆库中随机取出批量的数据样本，计算出每一个样本的目标 Q 值，并与每一个样本中的当前状态一起用作标签值与特征值，以对 DQN 模型进行训练。一直重复这个过程，直到最后 DQN 模型能够准确地预测出每一个状态与动作所对应的 Q 值。

10.3.3 Deep Q-Learning 算法的应用

掌握 Deep Q-Learning 算法的工作原理后，实际应用这个算法来训练一个智能体，使其能够从零开始到"精通"《月球登陆》游戏。在这个算法中，智能体本质上为算法中所使用的 DQN 模型。

首先，定义训练 DQN 模型时需要使用的记忆库。为了使代码更整洁与容易理解，使用一个类来定义这个记忆库。在这个类中有 3 个函数，分别为对记忆库进行初始化的 __init__ 函数，存储智能体接收到的当前状态、执行的动作、得到的奖励、从环境中得到的下一个状态、与执行当前动作后回合是否结束的 store_memory 函数，从记忆库中随机取出批量数据的 sample 函数。

在对记忆库进行初始化时，将记忆库的空间大小指定为 1 000 000，这样这个记忆库就能存储 1 000 000 个智能体与环境进行交互的信息。使用 mem_cntr 变量来表示已经使用的记忆库的空间。在《月球登陆》游戏中，环境的状态使用维度为 8 的向量表示，智能体的动作空间大小为 4，分别使用 input_dims 与 n_actions 变量表示。batch_size 变量的值为每次从记忆库中随机取出的用于 DQN 模型训练的数据个数，最后分别定义用于存储当前状态、采取的动作、得到的奖励、环境的下一个状态及回合结束的存储空间。

当将智能体与环境交互的信息存储在初始化时定义的存储空间时，只需要将对应的信息存储在对应的存储空间即可。每次存储之后，需要对表示已使用存储空间大小的 mem_cntr 变量值加 1。函数中使用 index 变量来应对存储空间不足的情况，当存储空间不足时，从存储空间数组的最开始对已经存储的内容进行覆盖。

当从记忆库中随机采样出数据时，首先生成指定个数的随机数，然后将这些随机数用作每一个存储空间的下标，取出下标所对应的数据，进而实现随机取样的功能。记忆库的定义如以下代码所示。

```python
import numpy as np
class MemoryBuffer(object):
    def __init__(self):
        # 指定记忆库的大小
        self.mem_size = 1000000
        self.mem_cntr = 0
        # 指定输入向量的维度
        self.input_dims = 8
        # 指定动作的个数
        self.n_actions = 4
        # 指定每次随机取出的数据样本个数
        self.batch_size = 64
        # 定义用于存储当前状态、动作、奖励、下一个状态、回合结束的存储空间
        self.state_memory = np.zeros((self.mem_size, self.input_dims))
        self.action_memory = np.zeros(self.mem_size, dtype=np.int8)
        self.reward_memory = np.zeros(self.mem_size)
        self.next_state_memory = np.zeros((self.mem_size, self.input_dims))
        self.done_memory = np.zeros(self.mem_size, dtype=np.bool)
    def store_memory(self, state, action, reward, next_state, done):
        index = self.mem_cntr % self.mem_size
        # 对当前状态、动作、奖励、下一个状态、回合结束进行存储
        self.state_memory[index] = state
        self.action_memory[index] = action
        self.reward_memory[index] = reward
        self.next_state_memory[index] = next_state
        self.done_memory[index] = 1 - int(done)
        self.mem_cntr += 1
    def sample(self, batch_size):
        max_mem = min(self.mem_cntr, self.mem_size)
        # 从记忆库中随机取出批量的数据
        batch = np.random.choice(max_mem, batch_size)
        states = self.state_memory[batch]
        actions = self.action_memory[batch]
        rewards = self.reward_memory[batch]
        next_states = self.next_state_memory[batch]
        dones = self.done_memory[batch]
        return states, actions, rewards, next_states, dones
```

接下来，使用 Agent 类来封装智能体中所需要使用的函数。使用 __init__ 函数来对智能体进行初始化。使用 build_dqn 函数来定义智能体中的 DQN 模型。使用 remember 函数将智能体与环境的交互信息存储到记忆库中。使用 choose_action 来根据贪婪策略，在接收到环境中的状态后，使用 DQN 模型中预测的 Q 值来选择采取的动作，采取的动作为 Q 值最大的动作。使用 learn 函数和从记忆库中随机采样出的批量数据对 DQN 模型进行训练。

在初始化函数中，主要指定用于 DQN 模型训练时的一些变量值。因为环境中的状态为维度为 8 的向量，所以将 DQN 模型的输入向量的维度设为 8。动作空间中有 4 个动作 a_1、a_2、a_3、a_4，分别使用 0、1、2、3 这 4 个数字来表示。将贝尔曼方程中的折扣率设置为 0.99。将贪婪策略中使用的探索率初始化为 1.0，DQN 模型在训练过程中按照 epsilon_decay 变量中指定的值将探索率逐渐减小，直到探索率减小到 epsilon_min 变量的值，其值保持不变。将 DQN 模型训练时使用的批量数据大小指定为 64。使用 memory 与 dqn 变量分别表示记忆库与 DQN 模型。

为了构建一个全连接神经网络作为 DQN 模型，在 DQN 模型中，首先接收维度为 8 的状态向量作为模型的输入，然后使用两个均包含 256 个单元的全连接层作为中间层，最后连接一个有 4 个单元的输出层。输出层中每一个单元的输出表示动作空间中每一个动作的 Q 值。在对模型进行编译时，需要将损失函数指定为均方差函数。

在 remember 函数中调用记忆库中的 store_memory 函数，将智能体与环境的交互信息存储到记忆库中。

在 choose_action 函数中，接收环境中的状态作为参数。根据贪婪策略，首先生成一个随机值，当随机值小于探索率时，在动作空间中随机选择一个动作。当随机值大于或等于探索率时，使用 DQN 模型预测在当前状态下采取动作空间中每一个动作对应的 Q 值，然后采取对应 Q 值最大的动作。

最后，定义训练 DQN 模型的函数。因为模型每次训练时需要使用批量数据，所以当记忆库中存储的数据大于指定的批大小时才有足够的数据用于模型的训练。当记忆库中有足够的数据时，首先调用记忆库中的 sample 函数来随机取出批量的数据。然后，使用 DQN 模型来分别预测批量数据中使用当前状态 s_t 作为模型的输入时动作空间中每一个动作对应的 Q 值。接下来，预测使用下一个状态 s_{t-1} 作为模型的输入时每一个动作对应的 Q 值，然后按照 $r(s_t, a_t) + \gamma \max_{a_{t+1}} Q(s_{t+1}, a_{t+1}; \theta)$ 计算出目标 Q 值。最后，使用批量数据的每一个样本中的状态与对应的目标 Q 值对 DQN 模型进行训练。在每次模型完成训练后，逐次减小贪婪策略中使用的探索率。智能体的定义如以下代码所示。

```python
from keras.layers import Dense
from keras.models import Sequential
from keras.optimizers import Adam
class Agent(object):
    def __init__(self):
        # 指定输入向量的维度
        self.input_dims = 8
        # 指定动作空间
        self.action_space = [0, 1, 2, 3]
        # 指定动作的个数
        self.n_actions = 4
        # 指定折扣率
```

```python
        self.gamma = 0.99
        # 指定探索率
        self.epsilon = 1.0
        self.epsilon_decay = 0.996
        self.epsilon_min = 0.01
        # 指定批尺寸
        self.batch_size = 64
        self.memory = MemoryBuffer()
        self.dqn = self.build_dqn()
    # 构建 DQN 模型
    def build_dqn(self):
        model = Sequential()
        model.add(Dense(units=256,
                        input_shape=(self.input_dims,),
                        activation='relu'))
        model.add(Dense(units=256,
                        activation='relu'))
        model.add(Dense(units=self.n_actions,
                        activation=None))
        model.compile(optimizer=Adam(lr=0.0005),
                      loss='mse',
                      metrics=None)
        return model
    # 存储当前状态、动作、奖励、下一个状态、回合结束信息
    def remember(self, state, action, reward, next_state, done):
        self.memory.store_memory(state, action, reward, next_state, done)
    # 根据当前状态使用贪婪策略选择一个动作
    def choose_action(self, state):
        state = state[np.newaxis, :]
        # 生成一个随机值
        rand = np.random.random()
        if rand < self.epsilon:
            # 随机选择一个动作
            action = np.random.choice(self.action_space)
        else:
            # 使用 DQN 模型预测每一个动作对应的 Q 值
            actions = self.dqn.predict(state)
            # 采取对应 Q 值最大的动作
            action = np.argmax(actions)
        return action
    # 训练 DQN 模型
    def learn(self):
        # 当存储空间中的数据个数大于批尺寸时才开始训练
        if self.memory.mem_cntr < self.batch_size:
            return
        # 取出批量的数据
```

```
state, action, reward, next_state, done = self.memory.sample(self.batch_size)
# 对当前状态每一个动作的 Q 值使用 DQN 模型进行预测
q_eval = self.dqn.predict(state)
# 对下一个状态每一个动作的 Q 值使用 DQN 模型进行预测
q_next = self.dqn.predict(next_state)
# 目标 Q 值
q_target = q_eval.copy()
batch_index = np.arange(self.batch_size, dtype=np.int8)
# 对目标 Q 值进行计算
q_target[batch_index, action] = reward + self.gamma * np.max(q_next, axis=1) * done
# 对 DQN 模型进行训练
self.dqn.fit(state, q_target, verbose=0)
# 在训练过程中逐渐减小探索率
if self.epsilon > self.epsilon_min:
    self.epsilon = self.epsilon * self.epsilon_decay
else:
    self.epsilon = self.epsilon_min
```

准备好智能体后，就可以使用其中的 DQN 模型与《月球登陆》游戏模拟器中提供的环境进行交互与训练。从模拟器中加载《月球登陆》游戏的环境以后，使用 DQN 模型与环境进行 50 个回合的交互与训练。在每一个回合中，首先从环境中获取初始状态，直到到达终止状态之前，智能体每次根据从环境中获得的状态选择一个动作。然后，环境对智能体所采取的动作做出反馈，反馈信息包括下一个状态、当前得到的奖励等。接下来，将得到的奖励值进行累计，将交互信息存储在记忆库中，并对当前状态值进行更新。在每一次智能体与环境完成交互后，对 DQN 模型进行训练。具体实现方式如以下代码所示。

```
import gym
# 从模拟器中加载《月球登陆》游戏的环境
env = gym.make('LunarLander-v2')
# 使用智能体与环境进行 50 个回合的交互与训练
n_episodes = 500
# 加载智能体
agent = Agent()
for i in range(n_episodes):
    # 当前回合是否结束
    done = False
    # 当前回合获得的累计奖励值
    total_reward = 0
    # 获取环境的初始状态
    state = env.reset()
    while not done:
        # 智能体根据状态选择一个动作
        action = agent.choose_action(state)
        # 环境根据智能体采取的动作做出反馈
        next_state, reward, done, _ = env.step(action)
```

```
        # 计算当前回合智能体获取到的累计奖励值
        total_reward += reward
        # 将智能体与环境的交互信息进行存储
        agent.remember(state, action, reward, next_state, done)
        state = next_state
        # 对智能体中的 DQN 模型进行训练
        agent.learn()
    print(f'Episode {i}/{n_episodes} ---> Total Reward: {total_reward}')
```

智能体中的 DQN 模型在训练过程的最后 5 个回合中得到的累计奖励值如图 10.7 所示。从图中可以看出，每一个回合中的累计奖励值都超过了 200，这说明这个 DQN 模型经过训练后能很好地对 Q 值进行预测。

```
Episode 495/500 ---> Total Reward: 283.262149637344
Episode 496/500 ---> Total Reward: 280.6867442955944
Episode 497/500 ---> Total Reward: 266.3494989359849
Episode 498/500 ---> Total Reward: 269.5910441569088
Episode 499/500 ---> Total Reward: 221.9217154328477
```

图 10.7　最后 5 个回合中得到的累计奖励值

10.4　策略梯度算法

在 Deep Q-Learning 算法中，首先使用 DQN 模型来决定对于状态 s_t 采取动作空间中的每一个动作能够得到的 Q 值，然后根据 Q 值来选取一个动作。除了这种方式以外，还可以通过一种很直接的方式决定智能体从环境中接收到状态 s_t 后，应该采取动作空间中的哪一个动作。这种方式使用了一个深度学习模型，模型以环境的状态 s_t 作为输入，模型直接输出采取动作空间中每一个动作的概率。这样的模型称为策略模型，如图 10.8 所示。

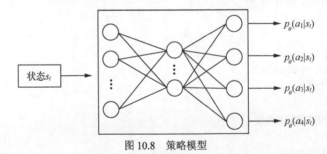

图 10.8　策略模型

策略模型通常使用 $\pi_\theta(s)$ 来表示，其中 θ 为模型的参数，s 为模型接收到的输入状态。如图 10.8 所示，以《月球登陆》游戏作为环境，在策略模型接收到状态 s_t 作为输入以后，模型的输出为采取动作空间 $[a_1, a_2, a_3, a_4]$ 中每一个动作的概率，分别为 $p_\theta(a_1|s_t)$、$p_\theta(a_2|s_t)$、$p_\theta(a_3|s_t)$、$p_\theta(a_4|s_t)$。$p_\theta(a_1|s_t)$ 表示的含义为当策略模型的参数为 θ 时，接收到状态 s_t 作为输入

后，采取动作 a_1 的概率，依次类推。

使用策略模型可以决定在接收到状态后，采取动作空间中每一个动作的概率。这个想法其实与玩家在实际玩游戏时的场景是一样的，玩家直接通过游戏的画面来决定应该采取什么动作。对于深度学习中的模型，将模型定义好以后，通常需要构建一个损失函数，然后使用梯度下降算法对模型进行训练。

10.4.1 策略梯度算法原理详解

在深度强化学习中，需要解决的问题是如何训练出一个智能体，使其与环境进行多次交互后，能够获得最高的平均累计奖励值。在策略梯度算法中，可以将策略模型视为智能体。这个问题就转化为如何训练出一个策略模型，使其在与环境进行多次交互后，能够获得最高的平均累计奖励值。策略模型与环境完成一个回合的交互后，轨迹使用 τ 来表示。

$$\tau = \{s_1, a_1, r_1, s_2, a_2, r_2, \cdots, s_T, a_T, r_T\}$$

使用这个策略模型与环境进行一个回合的交互后，能够获得 τ 的概率，可以使用以下公式表示。

$$p_\theta(\tau) = p(s_1)p_\theta(a_1 \mid s_1)p(s_2|s_1,a_1)p_\theta(a_2 \mid s_2)\cdots p(s_T|s_{T-1},a_{T-1})p_\theta(a_T \mid s_T)$$

式中，$p(s_2|s_1,a_1)$ 表示在接收到状态 s_1 时，采取动作 a_1 后环境的状态变为 s_2 的概率，环境状态的转变本身与策略模型无关，完全由环境自身来决定。$p_\theta(a_2 \mid s_2)$ 表示当参数为 θ 的策略模型接收到状态 s_2 时，采取动作 a_2 对应的概率。

得到 τ 的概率后，应用这个策略模型与环境进行无数个回合的交互，得到的平均累计奖励值 $\overline{R_\theta}$ 可以通过以下公式计算。

$$\overline{R_\theta} = \sum_\tau R(\tau) p_\theta(\tau)$$

式中，$R(\tau)$ 表示在某一个轨迹中所有的奖励的总和，即为累计奖励值，累计奖励值为将在 τ 个轨迹中的 T 个奖励全部加起来，如以下公式所示。

$$R(\tau) = \sum_{t=1}^{T} r_t$$

式中，T 表示在 τ 个轨迹中得到的奖励个数。这样，问题就转化为如何对策略模型的参数 θ 进行训练，使得 $\overline{R_\theta}$ 的值最大。在计算 $\overline{R_\theta}$ 的这个式子中，只有模型的参数 θ 为参数，其余的值可以从环境中直接得到。因此，为了使得 $\overline{R_\theta}$ 的值最大，首先求 $\overline{R_\theta}$ 关于参数 θ 的梯度值，然后使用梯度上升算法逐步对参数进行更新。求平均累计奖励值 $\overline{R_\theta}$ 关于参数 θ 的梯度值的过程如下所示。

$$\nabla \overline{R}_\theta = \sum_\tau R(\tau) \nabla p_\theta(\tau)$$

$$= \sum_\tau R(\tau) p_\theta(\tau) \frac{\nabla p_\theta(\tau)}{p_\theta(\tau)}$$

$$= \sum_\tau R(\tau) p_\theta(\tau) \nabla \lg p_\theta(\tau)$$

以上的计算过程基于策略模型与环境进行无数次交互的情况，但在实际情况下，策略模型不可能与环境进行无数个回合的交互。可以使用策略模型与环境进行 N 次交互过后的结果进行近似，因此以上的公式的结果可以使用以下公式来近似表示。

$$\nabla \overline{R}_\theta \approx \frac{1}{N} \sum_{n=1}^N R(\tau^n) \nabla \lg p_\theta(\tau^n)$$

$$\approx \sum_{n=1}^N \sum_{t=1}^{T_n} R(\tau^n) \nabla \lg p_\theta(a_t^n \mid s_t^n)$$

式中，将 $p_\theta(\tau^n)$ 展开后可以表示为 $p_\theta(a_t^n \mid s_t^n)$，因为状态的转换完全由环境来决定，所以在对策略参数模型 θ 求梯度时，这部分的概率值可以视为常数，进而可以忽略。$R(\tau^n)$ 为策略模型与环境在完成第 n 个回合后获得的累计奖励值，通过以下公式进行计算。

$$R(\tau^n) = \sum_{t=1}^{T_n} r_t^n$$

通过以上公式能够计算出平均累计奖励值 $\overline{R}_\theta$ 关于参数 θ 的梯度值 $\nabla \overline{R}_\theta$，通过这个梯度值就可以对参数值进行更新。但是在实际的项目中，为了能够更好地对策略模型进行训练，需要对梯度值 $\nabla \overline{R}_\theta$ 中的累计奖励值 $R(\tau^n)$ 做一下优化，优化后的 $R(\tau^n)$ 使用 $G(\tau^n)$ 来表示，如下所示。

$$\nabla \overline{R}_\theta = \sum_{n=1}^N \sum_{t=1}^{T_n} G(\tau^n) \nabla \lg p_\theta(a_t^n \mid s_t^n)$$

$$G(\tau^n) = \sum_{k=t}^{T_n} \gamma_k r_k^n$$

在计算 $G(\tau^n)$ 的这个公式中，γ_k 表示对奖励值 r_k^n 的折扣率，折扣率 γ_k 的值通常随着 k 值的增加而逐渐减小，从而对未来的奖励实现更大"折扣"。最后，得到梯度值 $\nabla \overline{R}_\theta$ 后，就可以使用梯度上升算法来找到合适的参数 θ 值，使得平均累计奖励值 $\overline{R}_\theta$ 最大，如下所示。

$$\theta_n = \theta_{n-1} + \mathrm{lr} \nabla \overline{R}_\theta$$

以上就是策略梯度算法的工作原理。梯度值 $\nabla \overline{R}_\theta$ 的计算公式中的 $\lg p_\theta(a_t^n \mid s_t^n)$ 正好为策略模型在第 n 个回合中接收到状态 s_t^n 时采取动作 a_t^n 的概率。因此，可以通过以下的方式对模型进行训练。在策略模型每一回合与环境进行交互的过程中，将模型从环境中接收到的状态 s_t^n、

采取的动作 a_t^n 及得到的奖励 r_t^n 分别进行存储。在每一回合的交互结束后，使用在本回合中存储的数据对模型进行训练。在策略梯度模型训练时，不需要使用记忆库，因为每一次策略梯度训练时，只使用当前回合中的交互数据，而不需要前面回合中的交互数据。在每一个回合的交互数据中，以每一个样本中的状态值 s_t^n 作为特征值，以每一个样本中的动作 a_t^n 作为标签值。模型训练时使用的损失函数为经过修改后的交叉熵函数，因为在计算梯度值 $\nabla \overline{R_\theta}$ 中需要利用 $G(\tau^n)$，所以在交叉熵函数中引入 $G(\tau^n)$，这样修改过的交叉熵函数就可用作模型训练时的损失函数了。

10.4.2　策略梯度算法项目实战

在掌握了策略梯度算法以后，使用《月球登陆》游戏作为环境来对策略模型进行训练，使其能够精通如何在这个环境中采取合适的动作，最后获得最高的累计奖励值。首先在程序中加载所需要的模块，在这个项目中构建的策略模型为一个全连接神经网络，所以需要使用到全连接层。在程序中，需要对表示动作的数字进行独热编码处理，所以需要使用到 to_categorial 函数。因为需要对交叉熵函数进行修改，构建自定义的损失函数，所以需要使用到 Keras 框架中的 backend。模型的加载方式如以下代码所示。

```
from keras.layers import Input, Dense
from keras.models import Model
from keras.optimizers import Adam
from keras.utils import to_categorical
import keras.backend as K
import numpy as np
```

使用 Agent 类对策略模型进行封装。使用 __init__ 函数完成初始化，在 build_policy_network 函数中构建策略模型，使用 choose_action 函数来根据接收到的状态选择一个动作。使用 store_transition 函数对策略模型与环境进行交互时的状态、动作与奖励进行存储，最后使用 learn 函数对模型进行训练。

在初始化函数中，指定在计算 $G(\tau^n)$ 时需要使用到的折扣率。使用 input_dims 和 n_action 分别表示模型接收到的输入状态向量的维度与动作空间中动作的个数。分别使用 state_memory、action_memory、reward_memory 这 3 个列表来存储策略模型与环境交互过程中的状态、动作与奖励。

在构建策略模型时，需要构建两个模型。第一个模型为实际的策略模型，用于接收从环境中得到的状态，输出采取动作空间中每个动作的概率值。第二个模型用于对策略模型进行训练，这个模型中除了接收状态以外，还需要接收计算出的 $G(\tau^n)$ 的值。这两个模型共享所有的参数，所以在对第二个模型进行训练时，策略模型的参数也得到了训练。模型在接受输入以后，使用两个都有 128 个单元的隐藏层进行处理，最后连接一个有 4 个单元的、激活函数为 Softmax 的输出层。使用 Softmax 函数作为激活函数后，就能够使最后模型的输出表示采取动作空间中每个动作的概率。在实现自定义损失函数时，首先，要对模型的预测值 y_pred 进行剪裁，因为在对 y_pred 取对数时，当 y_pred 的值为 0 时，取对数以后得到的值为负无穷，为了避免这样的情况，需要对 y_pred 的值进行剪裁。然后，基于 y_true 计算损失值，按照原理部分讲解的公式，需要在最后乘以 $G(\tau^n)$ 的值。

当根据接收到的状态选择动作时，首先从策略模型中得到采取动作空间中每个动作的概率，然后按照这个概率来选择一个动作。

在 store_transition 函数中，只需要把从参数中传入的动作、状态、奖励分别存储到对应的列表中即可。

最后，训练那个用于对策略模型进行训练的模型。首先，将存储动作、状态、奖励的列表转换为 NumPy 数组的格式，并对表示动作的数字进行独热编码处理。然后，按照公式计算 $G(\tau^n)$ 的值。在项目中，通常把所有样本中的 $G(\tau^n)$ 的值进行标准化以后，再用于模型的训练，以得到更好的效果。接下来，将处理好的数据用于模型的训练。最后，将存储本回合中状态、动作、奖励的列表清空，为存储下一个回合的交互信息做准备。定义 Agent 类的代码如下所示。

```python
class Agent(object):
    def __init__(self):
        # 初始的折扣率
        self.gamma = 0.99
        self.input_dims = 8
        self.n_actions = 4
        # 定义状态、动作、奖励的存储空间
        self.state_memory = []
        self.action_memory = []
        self.reward_memory = []
        # 定义动作空间
        self.action_space = [0, 1, 2, 3]
        self.policy, self.model = self.build_policy_network()
    # 构建策略模型
    def build_policy_network(self):
        # 接收状态
        inputs = Input(shape=(self.input_dims,))
        # 接收 G 值
        G = Input(shape=[1])
        # 两个隐藏层
        dense1 = Dense(units=128,
                       activation='relu')(inputs)
        dense2 = Dense(units=128,
                       activation='relu')(dense1)
        # 模型的输出
        outputs = Dense(units=self.n_actions,
```

```
                           activation='softmax')(dense2)
        # 自定义损失函数
        def custom_loss(y_true, y_pred):
            y_pred = K.clip(y_pred, 1e-8, 1-1e-8)
            log_lik = y_true * K.log(y_pred)
            loss = K.sum(-log_lik * G)
            return loss
        # 构建策略模型
        policy = Model(inputs, outputs)
        # 构建对策略模型进行训练的模型
        model = Model([inputs, G], outputs)
        model.compile(optimizer=Adam(lr=0.001),
                      loss=custom_loss,
                      metrics=None)
        return policy, model
    def choose_action(self, state):
        state = state[np.newaxis, :]
        # 预测当前状态下采取每一个动作的概率
        probabilities = self.policy.predict(state)[0]
        # 依据概率选择一个动作
        action = np.random.choice(self.action_space, p=probabilities)
        return action
    # 将状态、动作、奖励进行存储
    def store_transition(self, state, action, reward):
        self.action_memory.append(action)
        self.state_memory.append(state)
        self.reward_memory.append(reward)
    # 对策略模型进行训练
    def learn(self):
        state_memory = np.array(self.state_memory)
        action_memory = np.array(self.action_memory)
        reward_memory = np.array(self.reward_memory)
        # 对动作进行独热编码处理
        actions = to_categorical(action_memory, num_classes=self.n_actions)
        # 计算G值
        G = np.zeros_like(reward_memory)
        for t in range(len(reward_memory)):
            G_sum = 0
            discount = 1
            for k in range(t, len(reward_memory)):
                # 将奖励值乘以折扣率
                G_sum += reward_memory[k] * discount
                # 对未来奖励增加折扣的力度
                discount *= self.gamma
```

```
        G[t] = G_sum
    # 将 G 值标准化
    mean = np.mean(G)
    std = np.std(G)
    G = (G - mean) / std
    # 对模型进行训练
    self.model.train_on_batch([state_memory, G], actions)
    # 清空状态、动作、奖励的存储空间
    self.state_memory = []
    self.action_memory = []
    self.reward_memory = []
```

策略模型封装好以后，将其应用到《月球登陆》游戏中。策略模型的训练方式基本与 Deep Q-Learning 算法中的 DQN 模型的训练方式一致，最大的不同就是策略模型需要在完成每一个回合的交互、收集到一个回合的交互数据以后，将本回合收集到的数据用于模型的训练。具体实现方式如以下代码所示。

```
import gym
agent = Agent()
env = gym.make('LunarLander-v2')
n_episodes = 2000
for i in range(n_episodes):
    done = False
    total_reward = 0
    state = env.reset()
    while not done:
        action = agent.choose_action(state)
        next_state, reward, done, _ = env.step(action)
        total_reward += reward
        # 保存当前回合在交互过程中的状态、动作及奖励
        agent.store_transition(state, action, reward)
        state = next_state
    # 在每次回合结束后，对策略模型进行训练
    agent.learn()
    print(f'Episode {i}/{n_episodes} ---> Total Reward: {total_reward}')
```

策略模型在训练过程的最后 5 个回合中获得的累计奖励值如图 10.9 所示。从图中可以看出，大多数回合的累计奖励值超过了 200，这说明这个策略模型经过训练后能根据环境的状态较准确地预测应该采取的每个动作的概率。

```
Episode 1995/2000 ---> Total Reward: 277.3018347774736
Episode 1996/2000 ---> Total Reward: 155.7722270503994
Episode 1997/2000 ---> Total Reward: 287.8166134417358
Episode 1998/2000 ---> Total Reward: 262.32631728474746
Episode 1999/2000 ---> Total Reward: 245.40612271489564
```

图 10.9　策略模型在最后 5 个回合中获得的累计奖励值

演员-评判家算法

在 Deep Q-Learning 算法中，对于接收到的状态 s_t，使用 DQN 模型来预测采取动作空间中每一个动作的 Q 值。在策略梯度算法中，通过策略模型来预测对于接收到的状态 s_t，采取动作空间中每一个动作的概率。演员-评判家算法是这两种算法的整合，在演员-评判家算法中，同时使用演员（actor）模型与评判家（critic）模型。演员模型其实就是策略模型，以从环境中获取的状态 s_t 作为输入，输出为采取动作空间中每一个动作的概率 $\pi_\theta(s_t)$。评判家模型又称为状态值函数（state value function），以从环境中获取的状态 s_t 作为输入，输出在使用演员模型时得到的期待累计奖励值 $V^\pi(s_t)$，$V^\pi(s_t)$ 也称为状态值（state value）。状态值 $V^\pi(s_t)$ 表示从当前的状态 s_t 开始到回合的结束状态使用演员模型的期待累计奖励值。评判家模型与 DQN 模型的不同之处在于，评判家模型的输出为状态值，DQN 模型的输出是在当前状态下采取每一个动作的 Q 值。

在演员-评判家算法中，评判家模型用于帮助演员模型进行更好的训练。二者的关系与生成对抗网络中的生成器与判别器的关系有些类似。

10.5.1 演员-评判家算法原理详解

在演员-评判家算法中，通过使用优势函数（advantage function）来将演员模型与评判家模型相结合。优势函数的表达式如下所示，其中 s_t^n 表示从环境中接收到的当前状态，s_{t+1}^n 表示从环境中接收到的下一个状态。$V^\pi(s_t^n)$ 与 $V^\pi(s_{t+1}^n)$ 分别表示将状态 s_t^n 与 s_{t+1}^n 输入评判家模型中后得到的状态值。

$$A(s_t^n, s_{t+1}^n) = r_t^n - (V^\pi(s_t^n) - V^\pi(s_{t+1}^n))$$
$$= r_t^n + V^\pi(s_{t+1}^n) - V^\pi(s_t^n)$$

根据状态值 $V^\pi(s_t^n)$ 与 $V^\pi(s_{t+1}^n)$ 表示的含义，可以分析出 $V^\pi(s_t^n) - V^\pi(s_{t+1}^n)$ 表示使用评判家模型对奖励 r_t^n 的预测值。由此可见，优势函数用来衡量使用评判家模型对奖励 r_t^n 的预测值与 r_t^n 的实际值之间的差距。通过评判家模型计算出优势值后，用计算出的优势值 $A(s_t^n, s_{t+1}^n)$ 替换掉之前训练演员模型（策略模型）时所使用的平均累计奖励梯度 $\nabla \overline{R}_\theta$ 中的 $G(\tau^n)$，即可对模型进行训练，如下所示。

$$\nabla \overline{R}_\theta = \sum_{n=1}^{N} \sum_{t=1}^{T_n} A(s_t^n, s_{t+1}^n) \nabla \lg p_\theta(a_t^n \mid s_t^n)$$

在实际项目中，通常通过图 10.10 所示的方式来构建演员模型与评判家模型。由于演员模型与评判家模型的输入均为从环境中得到的状态 s_t^n，因此这两个模型可以共享一部分的模型参数。在这个共享模型的后面，分别连接不同的模型，或者不同的输出层来分别实现演员模型与评判家模型。

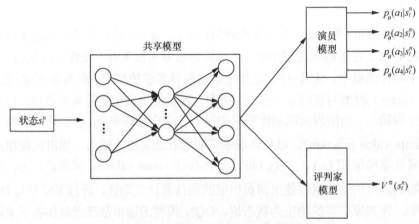

图 10.10 演员模型与评判家模型的构建方式

演员模型的训练方式与梯度模型的训练方式一致。评判家模型在训练时，使用的标签值为在演员模型从环境中接收状态 s_t^n 以后，能够得到的期待累计奖励值 $V^\pi(s_t^n)$。同样根据 $V^\pi(s_t^n)$ 的定义不难分析出，$V^\pi(s_t^n)$ 的值可以通过以下的公式计算出。

$$V^\pi(s_t^n) = r_t^n + V^\pi(s_{t+1}^n)$$

因此在对评判家模型进行训练时，通过以上公式得到的 $V^\pi(s_t^n)$ 的值即为评判家模型在训练时的标签。在 Deep Q-Learning 算法中，对 DQN 模型的训练使用了记忆库，记忆库中保存了 DQN 模型与环境交互的所有回合过程中的所有信息。在策略梯度算法中，策略模型每次与环境完成一个回合的交互后，使用一个回合的交互数据对模型进行训练。在对演员模型与评判家模型进行训练时，不需要使用任何形式的记忆库，而使用每一次与环境进行交互的数据直接对模型进行训练。

10.5.2 演员-评判家项目实战

掌握演员-评判家算法的工作原理与模型的构建方式后，同样使用《月球登陆》游戏作为环境，来实际应用演员-评判家算法。首先，在程序中加载需要使用的模块，加载的模块与 10.4.2 节中使用的模块一样，如以下代码所示。

```python
from keras.layers import Input, Dense
from keras.models import Model
from keras.optimizers import Adam
from keras.utils import to_categorical
import keras.backend as K
import numpy as np
```

　　然后，构建演员模型与评判家模型。定义一个 Agent 类对模型进行封装。在初始化函数中指定输入状态向量的维度、动作空间中动作的个数，以及动作空间中的每个动作。

　　接下来，分别构建演员模型与评判家模型。这两个模型共享两个全连接层，第 1 层中有 1 024 个单元，第 2 层中有 512 个单元。演员模型同时以状态与优势值作为输入，输出层使用 softmax 函数作为激活函数，这样输出层的输出为采取动作空间中每个动作的概率。评判家模型以状态作为输入，输出层为只有一个单元的全连接层，输出的值表示当前输入状态的状态值。除此之外，还需要定义一个策略模型，策略模型接收状态作为输入，输出为采取动作空间中每个动作的概率。演员模型与评判家模型用于训练策略模型的参数，除了不需要使用优势值作为输入以外，策略模型与演员模型的其他参数一样。

　　当使用策略模型来选择动作时，首先根据接收到的状态从模型中得到采取动作空间中每个动作的概率，然后根据概率来选择一个动作。

　　当分别对演员模型与评判家模型进行训练时，首先获取当前的状态值 s_t^n、在采取动作 a_t^n 后得到的状态 s_{t+1}^n。使用评判家模型对这两个状态下的状态值进行预测，分别表示为 $V^\pi(s_t^n)$、$V^\pi(s_{t+1}^n)$。然后，根据公式 $V^\pi(s_t^n) = r_t^n + V^\pi(s_{t+1}^n)$ 计算出评判家模型对于当前的输入 s_t^n 的标签值。接下来，根据公式 $A(s_t^n, s_{t+1}^n) = r_t^n + V^\pi(s_{t+1}^n) - V^\pi(s_t^n)$ 计算出优势值。最后，对使用数字表示的动作进行独热编码，使用计算出的值分别对演员模型与评判家模型进行训练。具体实现方式如以下代码所示。

```python
class Agent(object):
    def __init__(self):
        self.input_dims = 8
        self.n_actions = 4
        self.action_space = [0, 1, 2, 3]
        self.actor, self.critic, self.policy = self.build_actor_critic_network()
    def build_actor_critic_network(self):
        # 接收状态
        inputs = Input(shape=(self.input_dims,))
        # 接收优势值
        advantages = Input(shape=[1])
        dense1 = Dense(units=1024,
                       activation='relu')(inputs)
        dense2 = Dense(units=512,
                       activation='relu')(dense1)
        # 输出采取动作空间中每个动作的概率
        outputs = Dense(units=self.n_actions,
                        activation='softmax')(dense2)
        # 状态值函数的输出
        values = Dense(units=1,
                       activation=None)(dense2)
        # 自定义演员模型的损失函数
        def custom_loss(y_true, y_pred):
```

```
                y_pred = K.clip(y_pred, 1e-8, 1-1e-8)
                log_lik = y_true * K.log(y_pred)
                return K.sum(-log_lik * advantages)
        # 构建演员模型
        actor = Model([inputs, advantages], outputs)
        actor.compile(optimizer=Adam(lr=0.00001),
                      loss=custom_loss,
                      metrics=None)
        # 构建评判家模型
        critic = Model(inputs, values)
        critic.compile(optimizer=Adam(lr=0.00005),
                       loss='mse',
                       metrics=None)
        # 构建策略模型
        policy = Model(inputs, outputs)
        return actor, critic, policy
    def choose_action(self, state):
        state = state[np.newaxis, :]
        # 预测当前状态下采取每一个动作的概率
        probabilities = self.policy.predict(state)[0]
        # 根据概率值选择一个动作
        action = np.random.choice(self.action_space, p=probabilities)
        return action
    def learn(self, state, action, reward, next_state, done):
        # 当前状态
        state = state[np.newaxis, :]
        # 下一个状态
        next_state = next_state[np.newaxis, :]
        # 当前状态值
        critic_value = self.critic.predict(state)
        # 下一个状态值
        next_critic_value = self.critic.predict(next_state)
        # 评判家模型的训练目标
        target = reward + next_critic_value * (1 - int(done))
        # 计算优势值
        advantage = target - critic_value
        # 对动作进行独热编码处理
        action = to_categorical(action, num_classes=self.n_actions)
        action = action[np.newaxis, :]
        # 训练演员模型
        self.actor.fit([state, advantage], action, verbose=0)
        # 训练评判家模型
        self.critic.fit(state, target, verbose=0)
```

最后，使用构建好的策略模型与《月球登陆》游戏的环境进行交互，并使用交互数据分别对演员模型与评判家模型进行训练。在模型的训练过程中，首先得到与环境进行本次交互过程中的状态、采取的动作、得到的奖励及环境的下一个状态，然后使用这 4 个交互数据完成一次模型的训练。具体实现方式如以下代码所示。

```python
import gym
agent = Agent()
env = gym.make('LunarLander-v2')
n_episodes = 2000
for i in range(n_episodes):
    done = False
    total_reward = 0
    state = env.reset()
    while not done:
        action = agent.choose_action(state)
        next_state, reward, done, _ = env.step(action)
        total_reward += reward
        agent.learn(state, action, reward, next_state, done)
        state = next_state
    print(f'Episode {i}/{n_episodes} ---> Total Reward: {total_reward}')
```

在对演员模型与评判家模型进行的 2 000 次训练的最后 5 次训练中，使用策略模型与环境交互的最后 5 个回合中得到的累计奖励值如图 10.11 所示。从图中可以看出，大多数回合的累计奖励值超过了 200。

```
Episode 1995/2000 ---> Total Reward: 246.24011805171392
Episode 1996/2000 ---> Total Reward: 218.45815072212852
Episode 1997/2000 ---> Total Reward: 87.01714384923443
Episode 1998/2000 ---> Total Reward: 223.87114845457234
Episode 1999/2000 ---> Total Reward: 203.82784352465973
```

图 10.11   模型在最后 5 个回合中获得的累计奖励值

10.6 本章小结

本章讲解了深度强化学习中 3 个重要的算法，这 3 个算法分别为 Deep   Q-Learning 算法、策略梯度算法、演员-评判家算法，并以《月球登陆》游戏作为环境，分别使用这 3 个算法进行了代码实战。本章重点讲解了算法的应用，对算法的细节方面没有进行深入的说明，读者可以结合原理部分的公式与实战部分的代码对算法细节进行进一步的分析。

Gym 这个游戏模拟器提供了较多的游戏，可以用于对算法进行测试。在掌握了本章中 3 个深度学习算法以后，建议以其他游戏作为环境来构建模型，并对模型进行训练，以此来加深对算法的理解。本章中展示的模型不一定是对《月球登陆》游戏环境来说最合适的模型，所展示的模型仅为对原理部分内容的代码实现。读者可以根据自己的理解，对模型进行修改从而得到更高的累计奖励值。